基礎生物学テキストシリーズ 2

分子生物学
MOLECULAR BIOLOGY

深見 泰夫 編著

化学同人

◆ 「基礎生物学テキストシリーズ」刊行にあたって ◆

　21世紀は「知の世紀」といわれます．「知」とは，知識（knowledge），知恵（wisdom），智力（intelligence）を総称した概念ですが，こうした「知」を創造・継承し，広く世に普及する使命を担うのは教育です．教育に携わる私たち教員は，「知」を伝達する教材としての「教科書」がもつ意義を認識します．

　近年，生物学はすさまじい勢いで発展を遂げつつあります．従来，解析が困難であったさまざまな問題に，分子レベルで解答を見いだすための新たな研究手法が次々と開発され，生物学が対象とする領域が広がっています．生物学はまさに躍動する生きた学問であり，私たちの生活と社会に大きな影響を与えています．生物学に関する正しい知識と理解なしに，私たちが豊かで安心・安全な生活を営み，持続可能な社会を実現することは難しいでしょう．

　ところで，生物学の進展につれて，学生諸君が学ぶべき事柄は増える一方です．理解しやすく，教えやすい，大学のカリキュラムに即したよい「生物学の教科書」をつくれないか．欧米の翻訳書が主流で日本の著者による教科書が少ない現状を私たちの力で打開できないか．こうした思いから，私たちは既存の類書にはない新しいタイプの教科書「基礎生物学テキストシリーズ」をつくり上げようと決意しました．

　「基礎生物学テキストシリーズ」が目指す目標は，『わかりやすい教科書』に尽きます．具体的には次の3点を念頭に置きました．①多くの大学が提供する生物学の基礎講義科目をそろえる，②理学部および工学部の生物系，農学部，医・薬学部などの1, 2年生を対象とする，③各大学のシラバスや既刊類書を参考に共通性の高い目次・内容とする．基本的には15時間2単位用として作成しましたが，30時間4単位用としても利用が可能です．

　教科書には，当該科目に対する執筆者の考え方や思いが反映されます．その意味で，シリーズを構成する教科書はそれぞれ個性的です．一方で，シリーズとしての共通コンセプトも全体を貫いています．厳選された基本法則や概念の理解はもちろん，それらを生みだした歴史的背景や実験的事実の理解を容易にし，さらにそれらが現在と未来の私たちの生活にもたらす意味を考える素材となる「教科書」，科学が優れて人間的な営みの所産であること，そして何よりも，生物学が面白いことを学生諸君に知ってもらえるような「教科書」を目指しました．

　本シリーズが，学生諸君の勉学の助けになることを希望します．

　　　　　　　　　　　　　　　　　　　　　シリーズ編集委員　　中村　千春
　　　　　　　　　　　　　　　　　　　　　　　　　　　　　　　奥野　哲郎
　　　　　　　　　　　　　　　　　　　　　　　　　　　　　　　岡田　清孝

基礎生物学テキストシリーズ 編集委員

中村　千春　神戸大学名誉教授, 前龍谷大学特任教授　Ph.D.
奥野　哲郎　京都大学名誉教授, 前龍谷大学農学部教授　農学博士
岡田　清孝　京都大学名誉教授, 基礎生物学研究所名誉教授, 総合研究大学院大学名誉教授　理学博士

「分子生物学」執筆者

入江　一浩	京都大学名誉教授　農学博士	7章
木岡　紀幸	京都大学大学院農学研究科教授　博士（農学）	7章, 8章
白井　康仁	神戸大学大学院農学研究科教授　博士（農学, 医学）	1章, 9章, 13章
◇深見　泰夫	神戸大学名誉教授　理学博士	11章, 12章
升方　久夫	大阪大学大学院理学研究科名誉教授　理学博士	2章, 5章, 6章, 10章
増田　誠司	近畿大学農学部教授　博士（農学）	3章, 4章

（五十音順, ◇は編著者）

扉絵：青山　明（画家, 理学博士）

はじめに

　21世紀の知識人には生命科学の知識が必須であるといわれている．それは，ここ半世紀ほどの間に生物学の一分野である分子生物学が長足の進歩を遂げたことによって，われわれヒトがもつ遺伝情報のすべて（ヒトゲノム）が明らかにされ，人間とは何かという根源的な問題があらためて問われているからである．

　本書の前半は，生命の基本単位である細胞とその構成成分について述べた1章に始まり，生物の遺伝情報を支配しているゲノムとゲノムの中にある遺伝子の成り立ちを解説した2章，ゲノムから遺伝情報が引き出されるしくみについて詳細に記述した3章と4章，遺伝情報がどのように複製され維持されるかについて解説した5章，遺伝情報の多様性が生み出される組換えの機構について述べた6章から構成されている．ここまでで，ゲノムと遺伝子についての概念とそれらの特性を理解できるようにした．

　後半においては，7章から9章で，遺伝子によって定められているタンパク質の構造と機能，タンパク質によって支配される細胞の働きなど，生命維持の基本的しくみについて概説した．そして，残りの10章から13章を使って，細胞の増殖や細胞死，個体を再生産する受精と発生のしくみ，免疫や神経をつかさどる細胞間コミュニケーションなど，より高度な細胞機能について解説した．さらに，それらの異常から起こる疾患に関連する分子生物学的知見についても紹介した．本書は，「基礎生物学テキストシリーズ」の他の巻と同様に，生物系の大学1～3年生を対象とした場合，約15回2単位の講義の教科書として使用することによって，分子生物学の基礎知識が身につくように構成されている．

　また，各章の冒頭にはその章の内容をイメージした扉絵を配した．これらの絵は，画家でありかつ分子生物学者でもある私の友人の青山 明氏によるもので，本書に独自の雰囲気を与えるために構想段階から企画されたものである．生きものをこよなく愛する青山氏のファンタジーを楽しんでいただければ幸いである．

　さて，動物としてのヒトは，ゲノム情報の98％がヒトと共通とされるチンパンジー同様，肉体的にはゲノムの限界から逃れることはできない．しかしその一方で，人間としてのわれわれは他の動物と異なり，ゲノムに縛られない数多くの所産をもっている．たとえば，言葉や文字と，それらを用いて思考することによって得た数々の発明や発見，ピラミッドや橋，コンピュータ，文学，絵画，彫刻，音楽，その他の有形無形の文化的所産を，われわれ人間は遺伝情報に依存することなくつくり出してきた．学問や芸術，スポーツ，政治，経済などの人間活動のほとんどは遺伝情報に規定されない．すなわち，あらゆる生物のなかでヒトだけがゲノムを超えた能力をもつ存在なのである．しかも現代に生きるわれわれは，すでに自身のゲノムのすべてを明らかにし，自らを遺伝的に変えることすら可能にしている．それを自覚すること，これこそが，生物学を専門とする者だけでなく，すべての知識人にとって生命科学の知識が必須とされるゆえんである．

もしもわれわれヒトが，このかけがえのない地球上で自身を含むすべての生物の運命を左右する力を与えられた存在であるとしても，それには条件がつくと私は思う．それは，動物であるヒトがゲノムを超えた存在であることを自覚し，それにふさわしい行動をとることである．そして，それは決して不可能なことではない．なぜなら，多くの先人たちが言い残しているように，「ヒトは教育によって人間になる」からである．

　本書が，ゲノムにおいてチンパンジーとわずか数％の違いに過ぎないヒトとしてのわれわれを認識する手助けになれば，著者としてこれ以上の喜びはない．

　本書の企画を提案いただいてから原稿が完成するまでの長期間，化学同人編集部にはたいへんお世話になった．ここに深く感謝の意を表したい．

　　2011年2月

著者を代表して
深見　泰夫

目　次

1章　生命の基本単位「細胞」とその構成成分

1.1　生物の構成成分 ……………………………………………………… 2
1.2　タンパク質とアミノ酸 ………………………………………………… 2
1.3　糖と炭水化物 …………………………………………………………… 4
1.4　核酸とヌクレオチド …………………………………………………… 4
1.5　脂　質 …………………………………………………………………… 8
1.6　ビタミン ………………………………………………………………… 11
1.7　生物の種類と構造 ……………………………………………………… 11
1.8　細胞の構造 ……………………………………………………………… 12
　　Column　ミトコンドリア・イブ　15
●練習問題　16

2章　遺伝情報「ゲノム」の構造と「遺伝子」

2.1　ゲノム …………………………………………………………………… 18
2.2　原核生物のゲノム ……………………………………………………… 22
2.3　真核生物のゲノム ……………………………………………………… 24
2.4　染色体 …………………………………………………………………… 27
　　Column　遺伝物質がDNAであることは，どのようにしてわかったか？　20／レトロウイルスの生活環とエイズウイルス　25
●練習問題　30

3章　遺伝情報の発現・転写・プロセシング

3.1　DNAからRNAへの遺伝情報の伝達 ………………………………… 32
3.2　RNA転写を制御するDNA上の領域 ………………………………… 33
3.3　転写にかかわる因子とRNA …………………………………………… 37
3.4　mRNAの転写とプロセシング ………………………………………… 38
　　Column　原核細胞の遺伝子発現　41／マイクロアレイ　45
●練習問題　49

4章　遺伝情報の輸送・翻訳

- 4.1　RNAからタンパク質への遺伝情報の伝達 ……… 51
- 4.2　mRNAの細胞質への輸送とその運命 ……… 51
- 4.3　mRNAからタンパク質への翻訳にかかわる因子 ……… 58
- 4.4　翻　訳 ……… 62
- 4.5　タンパク質高次構造の形成 ……… 68
  - Column　miRNA（マイクロRNA）の機能　*60*
- ●練習問題　70

5章　遺伝情報の複製，変異と修復

- 5.1　DNA複製 ……… 72
- 5.2　変異と修復 ……… 80
  - Column　社会に貢献する複製酵素　*74*
- ●練習問題　86

6章　遺伝的組換えのしくみと意義

- 6.1　相同組換え ……… 88
- 6.2　部位特異的組換え ……… 93
- 6.3　飛び回る遺伝子——トランスポゾン ……… 95
  - Column　アサガオの花弁の変化はトランスポゾンの転移の証　*99*
- ●練習問題　100

7章　タンパク質の構造と機能

- 7.1　はじめに ……… 102
- 7.2　アミノ酸 ……… 102
- 7.3　タンパク質の構造 ……… 105
- 7.4　タンパク質の機能 ……… 116
  - Column　質量分析法とは　*114*
- ●練習問題　121

8章　細胞膜，細胞骨格，細胞接着と細胞運動

- 8.1　はじめに ……………………………………………………………… 123
- 8.2　細胞膜 ………………………………………………………………… 123
- 8.3　細胞骨格 ……………………………………………………………… 129
- 8.4　細胞接着と細胞運動 ………………………………………………… 137
  - Column　1分子イメージングと生細胞観察　*134*
- ●練習問題　144

9章　細胞のシグナル伝達

- 9.1　シグナル伝達とは …………………………………………………… 147
- 9.2　一次メッセンジャーと伝達の種類 ………………………………… 147
- 9.3　受容体の種類 ………………………………………………………… 149
- 9.4　三量体Gタンパク質 ………………………………………………… 150
- 9.5　エフェクター分子とセカンドメッセンジャー …………………… 152
- 9.6　細胞内下流シグナル分子 …………………………………………… 153
- 9.7　シグナル伝達の例 …………………………………………………… 158
- 9.8　植物のシグナル伝達 ………………………………………………… 164
  - Column　シグナル伝達と分子標的薬　*164*
- ●練習問題　166

10章　細胞周期とアポトーシス

- 10.1　細胞周期とその制御 ………………………………………………… 168
- 10.2　チェックポイント機構 ……………………………………………… 174
  - Column　DNA複製と細胞周期の密接な関係　*179*
- ●練習問題　180

11章　受精と胚発生の分子メカニズム

- 11.1　生殖細胞と配偶子の形成 …… 182
- 11.2　受精 …… 188
- 11.3　胚発生 …… 191
  - Column　体細胞クローン技術と再生医療　195／クロマチン免疫沈降　198
- ●練習問題　198

12章　「がん」と「老化」の分子生物学

- 12.1　細胞の不死化とがん化 …… 200
- 12.2　発がんと遺伝子 …… 205
- 12.3　老化と遺伝子 …… 209
  - Column　遺伝子疾患と遺伝子治療　208
- ●練習問題　213

13章　「免疫」と「神経」の分子生物学

- 13.1　免疫 …… 215
- 13.2　神経 …… 225
  - Column　病は気から？　神経系と免疫系のクロストーク　231
- ●練習問題　232

- ■参考図書 …… 233
- ■索引 …… 234

練習問題の解答は，化学同人ホームページ上に掲載されています．
https://www.kagakudojin.co.jp

1章 生命の基本単位「細胞」とその構成成分

細胞がうまれ　はじまった

1章　生命の基本単位「細胞」とその構成成分

1.1　生物の構成成分

われわれの体は何から構成されているのだろう．「われわれが生きていくうえで必要な栄養素は？」と聞かれたら，タンパク質，アミノ酸，脂質，ビタミンなどの答えが返ってくるに違いない．ほとんどの生物において最も多い成分は水分である．ついで，動物ではタンパク質（アミノ酸），脂質，核酸，ビタミンなどの無機物，炭水化物（糖）の順であり，植物では炭水化物（糖）が2番目に多い（図1.1）．これらの成分は生物の営み（生命現象）において重要な働きをしている．たとえば，さまざまな反応を行う酵素はタンパク質であったり，遺伝子情報は核酸であったり，細胞膜を構成するのが脂質であったりする．分子生物学を学ぶ前に，本章ではまず，各成分について概説する．

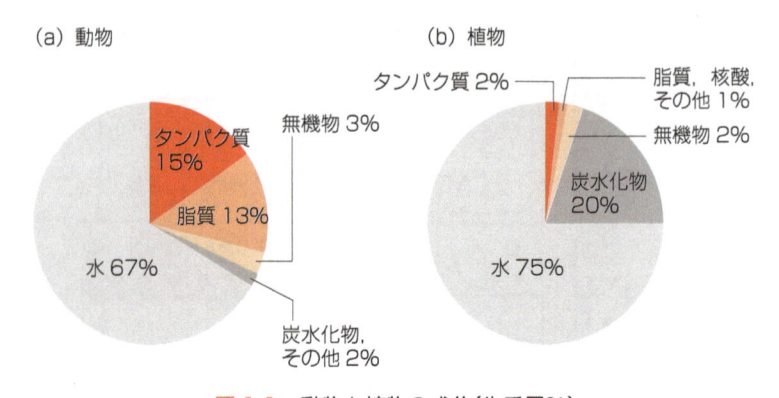

図1.1　動物と植物の成分（生重量%）

1.2　タンパク質とアミノ酸

1.2.1　タンパク質

さまざまな生体反応を触媒する酵素や，情報を受け取る受容体（レセプター），外来の異物に対する抗体などは**タンパク質**（protein）からできている．また，生体構造を形成するコラーゲンやケラチン，筋肉を動かしているアクチンやミオシン，血液中で酸素を運んでいるヘモグロビンもタンパク質である．つまりタンパク質は，生体内で反応の触媒，構造の維持，情報の伝達，生体防御，運動，運搬などの幅広い機能をもつ．

タンパク質はアミノ酸がペプチド結合でつながったもので，その配列を一次構造と呼ぶ．この一次構造によって基本的なタンパク質の性質が決められる．またタンパク質は，βシート構造やαヘリックスなど，二次構造と呼ばれる立体構造をもつ．さらに，二次構造が集まり三次構造と呼ばれる立体構造をとる．なかには，タンパク質が複数集まって（会合），より複雑な高次構造（四次構造）をつくるものもある．これらの高次構造はタンパク質の機能発現にとって非常に重要である．また，タンパク質は一般に酸や熱や圧力に

1.2 タンパク質とアミノ酸

弱いが，これらの外的環境によって機能が失われるのは，この高次構造が破壊されるためである（タンパク質の機能や高次構造については7章を参照）．

1.2.2 アミノ酸

アミノ酸（amino acid）はタンパク質を構成する基本単位である．言い換えれば，アミノ酸は加水分解することにより生じる．アミノ酸は，炭素原子（C）を中心にカルボキシル基（—COOH），アミノ基（—NH_2），R基（炭化水素基），水素が結合している．R基の種類によって，20種類のアミノ酸が存在する（図1.2）．ヒトでは合成できないアミノ酸が8種類（リジン，トレオニン，バリン，ロイシン，イソロイシン，フェニルアラニン，メチオニン，トリプトファン）あり，食物から摂取する必要がある．さらに，アミノ酸はその性質から，親水性アミノ酸と疎水性アミノ酸に大別できる．親水性アミノ酸はさらに，その電気的性質の違いから酸性アミノ酸，中性アミノ酸，塩基性アミノ酸に分けることができる．また，R基に芳香環をもつアミノ酸を芳香族アミノ酸という．

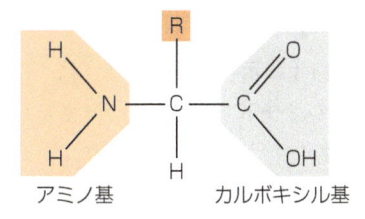

アミノ酸名	3文字表記	1文字	性質など	
アスパラギン酸	Asp	D	酸性	親水性アミノ酸
グルタミン酸	Glu	E	酸性	親水性アミノ酸
リジン	Lys	K	塩基性	親水性アミノ酸
アルギニン	Arg	R	塩基性	親水性アミノ酸
ヒスチジン	His	H	塩基性	親水性アミノ酸
グリシン	Gly	G	中性	親水性アミノ酸
セリン	Ser	S	中性	親水性アミノ酸
アスパラギン	Asn	N	中性	親水性アミノ酸
トレオニン	Thr	T	中性	親水性アミノ酸
グルタミン	Gln	Q	中性	親水性アミノ酸
システイン	Cys	C	中性	親水性アミノ酸
チロシン	Tyr	Y	芳香族	
フェニルアラニン	Phe	F	芳香族	疎水性アミノ酸
トリプトファン	Trp	W	芳香族	疎水性アミノ酸
メチオニン	Met	M		疎水性アミノ酸
プロリン	Pro	P		疎水性アミノ酸
アラニン	Ala	A		疎水性アミノ酸
バリン	Val	V		疎水性アミノ酸
ロイシン	Leu	L		疎水性アミノ酸
イソロイシン	Ile	I		疎水性アミノ酸

図1.2 アミノ酸の構造と種類

1.3 糖と炭水化物

炭水化物(carbohydrate)とは糖が集まってできた有機化合物の総称であり，単糖，二糖，多糖類に分類される（図1.3）．おもな働きとしてはエネルギー源やタンパク質の機能的修飾（タンパク質の糖鎖修飾）が挙げられる．

単糖(monosaccharide)とは，炭水化物を加水分解したときに生じる最小単位である．炭素数が6の六炭糖と5の五炭糖がある．ブドウ糖（グルコース），果糖（フルクトース），ガラクトースは六炭糖であり，リボース，デオキシリボースは五炭糖である．この五炭糖は核酸やヌクレオチドの構成成分となっている．

二糖(disaccharide)には，ガラクトースとフルクトースが結合したショ糖（スクロース），グルコースが二つ結合した麦芽糖（マルトース），ガラクトースとグルコースが結合した乳糖（ラクトース）などがある．

多糖(polysaccharide)とは，さらに糖がたくさんつながったものをいう．デンプンとグリコーゲンは，それぞれ植物と動物における代表的な貯蔵物質である．また，キチン[*1]は甲殻類の外骨格として機能し，糖が直鎖状につながったセルロースは植物の細胞壁の主成分となっている．

[*1] N-アセチルβ-D-グルコサミンが1-4結合したムコ多糖である．

1.4 核酸とヌクレオチド

核酸(nucleic acid)の構成単位は，図1.4に示すように塩基，糖，リン酸が結合（ホスホジエステル結合）した**ヌクレオチド**(nucleotide)である．核酸にはデオキシリボ核酸（DNA）とリボ核酸（RNA）の2種類があり，その機能は遺伝情報の伝達やタンパク質の合成である．機能の詳細については2章から勉強することにして，ここではその概要について簡単に触れておく．

1.4.1 DNA

図1.4に示したように，**DNA**(deoxyribonucleic acid)の糖はデオキシリボースであり，塩基はアデニン（A），グアニン（G），チミン（T），シトシン（C）のどれかである．アデニンとグアニンはプリン基と呼ばれ，チミンとシトシンはピリミジン基と呼ばれる．DNA鎖には方向性があり，5′から3′方向へと遺伝情報が写し取られていく（転写）．お互い逆方向の2本のDNA鎖が，アデニンとチミン，グアニンとシトシンが対をなすことによって，二重らせん構造をつくる．この二重らせんの直径は約20Å（オングストローム，$1Å = 10^{-10}$ m），一巻きは34Åで約10塩基対に対応する．また，二重らせんには2種類の溝ができ，大きいほうを**主溝**(major groove)，小さいほうを**副溝**(minor groove)という．DNAの機能は遺伝情報の本体を担っていることであり，真核生物では核内に折りたたまれている．

1.4 核酸とヌクレオチド

(a) 単糖

六炭糖（ヘキソース）$C_6H_{12}O_6$

グルコース（ブドウ糖）
代表的な呼吸基質．ブドウなどの果実に含まれる．甘い

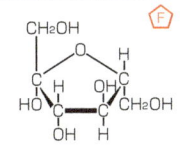

フルクトース（果糖）
甘い果実やハチミツに含まれる．最も甘い

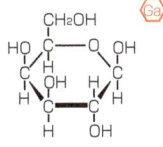

ガラクトース
遊離状態ではほとんど存在しない．乳糖を分解して得られる．甘い

五炭糖（ペントース）

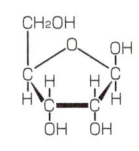

リボース $C_5H_{10}O_5$
RNA のヌクレオチドや ATP の構成成分

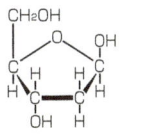

デオキシリボース $C_5H_{10}O_4$
DNA のヌクレオチドの構成成分

(b) 二糖

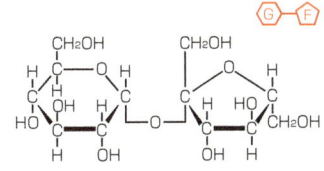

スクロース（ショ糖）
砂糖の主成分．甘みが強い．スクラーゼで分解される

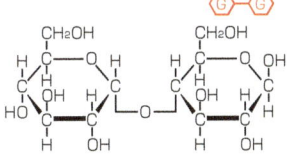

マルトース（麦芽糖）
デンプンが分解されるときの中間産物．甘い．マルターゼで分解される

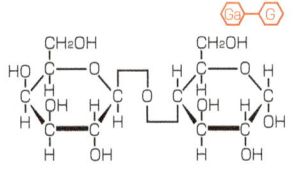

ラクトース（乳糖）
乳汁の成分．甘い．ラクターゼで分解される

(c) 多糖

デンプン
植物の代表的貯蔵物質
アミロースとアミロペクチンからなる

アミロース
らせん状分子
グルコース数 240〜3800

アミロペクチン
分枝状分子
グルコース数 1000〜37,000

グリコーゲン
動物の代表的貯蔵物質
分枝状分子
グルコース数 約31,000

セルロース
植物の細胞壁
直鎖状分子
グルコース数 3000〜570,000

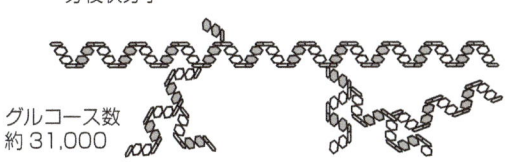

図 1.3 糖の構造

図1.4 核酸の構造

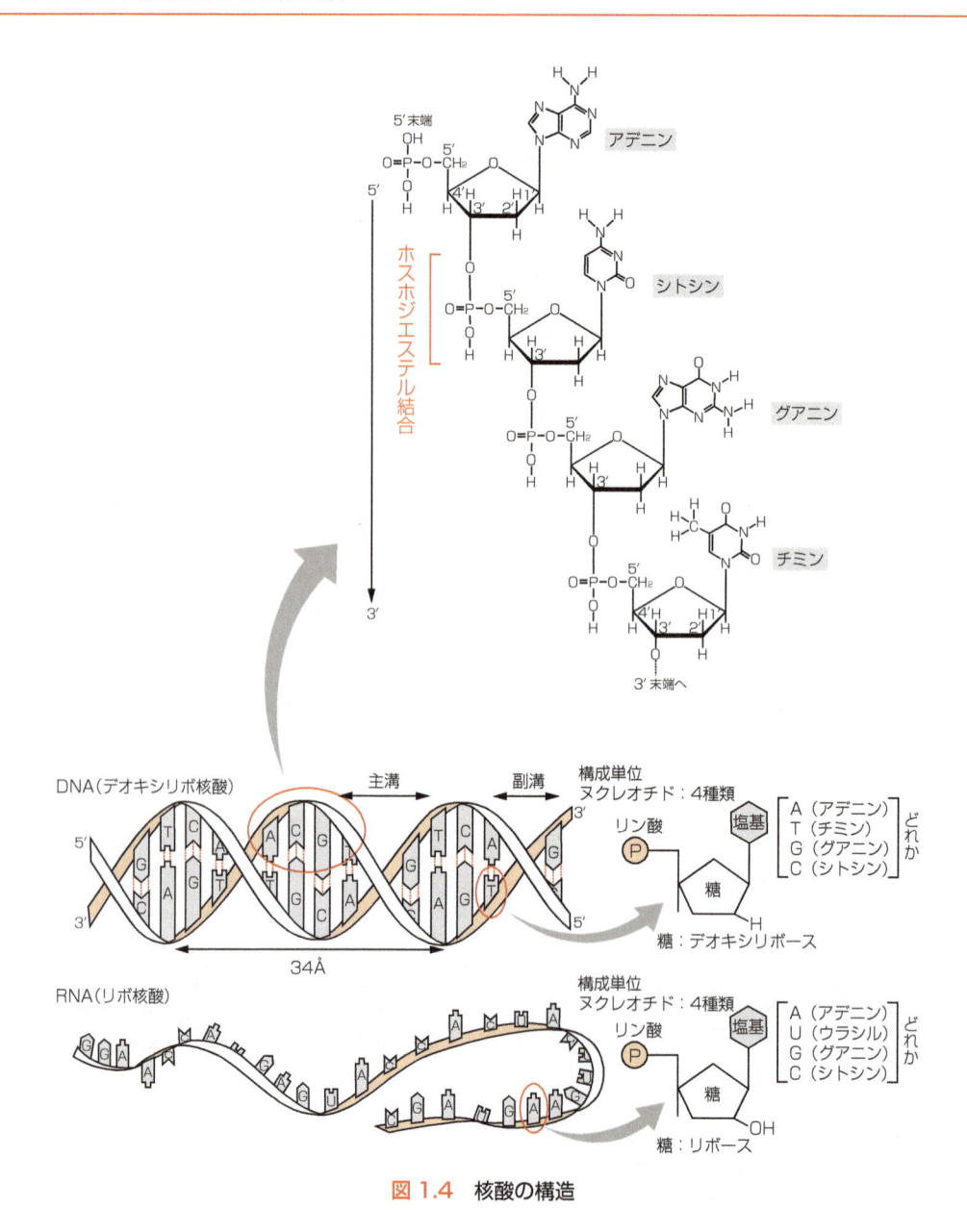

1.4.2 RNA

RNA（ribonucleic acid）の構造も基本的にDNAと同じであるが，糖がリボースに，塩基がチミンのかわりにウラシル（U）になっている．また，RNAは一般的に一本鎖であり，DNAに比べて短い．RNAには，おもにメッセンジャーRNA（mRNA），トランスファーRNA（tRNA），リボソームRNA（rRNA）の3種類がある．また，最近注目されているマイクロRNA（miRNA）という小さなRNAもある（4章コラム参照）．

1.4 核酸とヌクレオチド

　mRNAは，DNAを鋳型としてRNAポリメラーゼという酵素によって合成され（転写），タンパク質に翻訳されうるDNA情報をもつ．

　tRNAは，アミノ酸結合部位と，mRNAが結合するための相補的な3塩基（アンチコドン）をもち，タンパク質を合成する（翻訳する）際に，特定のアミノ酸をタンパク質合成の場であるリボソーム内部へと導入するRNAである．74～93塩基からなる短いRNA鎖である．

　rRNAは，リボソームを構成しているRNAである．真核生物のrRNAは4本のRNA鎖（18S, 5.8S, 28S, 5S[*2]）から構成されている．rRNAは大量に存在し，真核細胞ではRNAの80%近くになるものもある（tRNAは十数%, mRNAは数%）．

*2 Sは沈降速度の単位で，スベドベリ（Svedberg）の略である．数字が大きいほど，沈降速度が速い．rRNAなどの生体高分子や複合体の大きさを表すときにも用いられる．ただし，分子量とは正比例しないので注意すること．

1.4.3 ATPとGTP

　生体内でエネルギー通貨として使われているアデノシン三リン酸（**ATP**）も，塩基，糖，リン酸が結合したヌクレオチドである．すなわち，ATPは糖としてリボース，塩基としてアデニンを，さらに三つのリン酸をもっている（図1.5）．アデニンのかわりにグアニンをもつものをグアノシン三リン酸

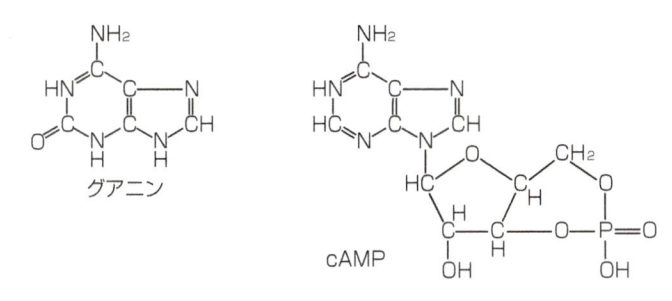

図1.5　ATPとGTP

(GTP)という．われわれは，このATPからリン酸を一つ取ってアデノシン二リン酸(ADP)に分解するときに出るエネルギーを使い，さまざまな生命現象を可能にしている．また，ATPは生体内でエネルギーとして使われるだけでなく，神経情報伝達物質として情報を伝える役目もしている．一方，GTPとGDPはGタンパク質に結合し，そのタンパク質の働きを調節している(9章参照)．また，リン酸が一つで環状構造をもつcAMP(図1.5)とcGMPも，さまざまな酵素の活性を調節し，細胞内で情報を伝える重要な役割を果たしている．

1.5 脂質

脂質(lipid)は水に溶けず，有機溶媒[*3]に溶ける性質をもつ．脂質はさまざまな化合物を含んでおり，単純脂質と複合脂質に分類できる．単純脂質には脂肪(グリセリド)，ろうなどが含まれ，複合脂質にはリン脂質，糖脂質が含まれる．また，脂質には構成成分として脂肪酸やステロイドが含まれている．

脂質の働きとしては，エネルギーの供給，細胞膜の成分，情報伝達因子としての機能などが挙げられる．

脂肪酸(fatty acid)は多くの脂質の構成成分であり，たとえばステアリン酸やオレイン酸などが含まれる．その構造は炭素原子がつながったものである(図1.6)．飽和脂肪酸と不飽和脂肪酸があり，不飽和脂肪酸には少なくとも1個の二重結合が含まれている．意外かもしれないが，酢酸も大きな意味で脂肪酸の仲間である(低級脂肪酸)．

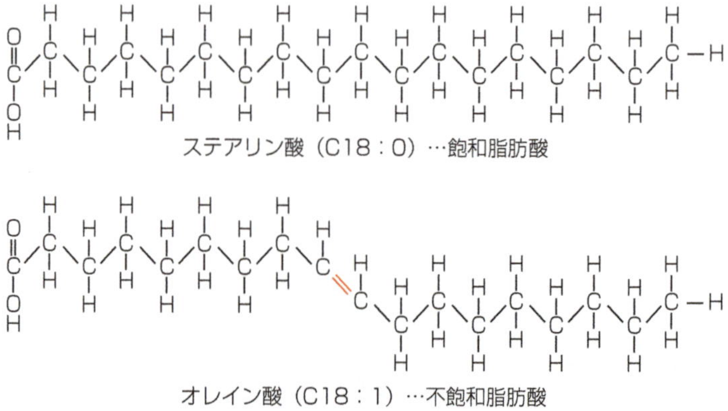

[*3] アルコールやアセトン，ヘキサンなどの有機化合物．

ステアリン酸（C18：0）…飽和脂肪酸

オレイン酸（C18：1）…不飽和脂肪酸

図1.6　脂肪酸の構造

1.5 脂質

脂肪(**グリセリド**, glyceride)は1分子のグリセリン(グリセロール)と3分子の脂肪酸がエステル結合したものである(図1.7)．脂肪酸が2個ついたものをジグリセリド(ジアシルグリセロール)，1個のものをモノグリセリド(モノアシルグリセロール)という．

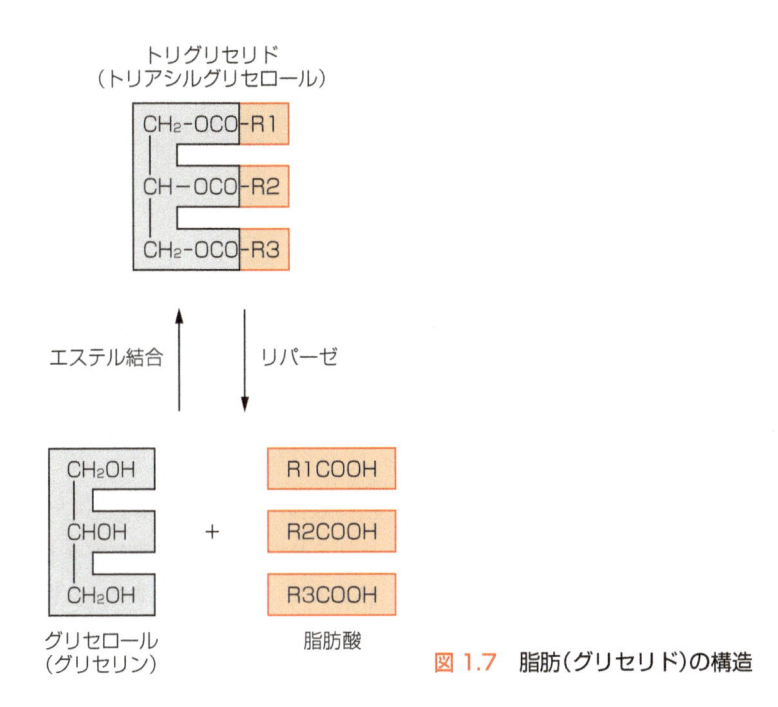

図1.7 脂肪(グリセリド)の構造

ろう(wax)は，奇数個の炭素原子をもつ長鎖アルカンや，ケトンなどを含む複雑な混合物である．しかし，その働きは身近で，植物や果物を保護するコーティングや，水鳥が浮くために必要な撥水効果などの役割を担っている．

リン脂質(phospholipid)は二つの脂肪酸とグリセロール(グリセリン)およびリン酸と親水基をもっている(図1.8)．たとえば，親水基がコリンであるとホスファチジルコリン，セリンであるとホスファチジルセリン，イノシトールであるとホスファチジルイノシトールと呼ばれる．ホスファチジルコリンやホスファチジルセリンは細胞膜の重要な構成成分である．これらの脂質は，頭部が親水性であり，尾部は疎水性となっている．この両親媒性が細胞膜を形成するのに役立っている．

スフィンゴ脂質(sphingolipid)は，脂肪のなかでスフィンゴシンに代表される長鎖のアミノアルコールをもつ脂質をいう．リンを含むものをスフィンゴリン脂質，糖を含むものをスフィンゴリン糖脂質という．前者はリン脂質として，後者は糖脂質としても分類できる．スフィンゴリン脂質は細胞膜の特定の領域に多く存在し，情報伝達の場を提供していると考えられている．

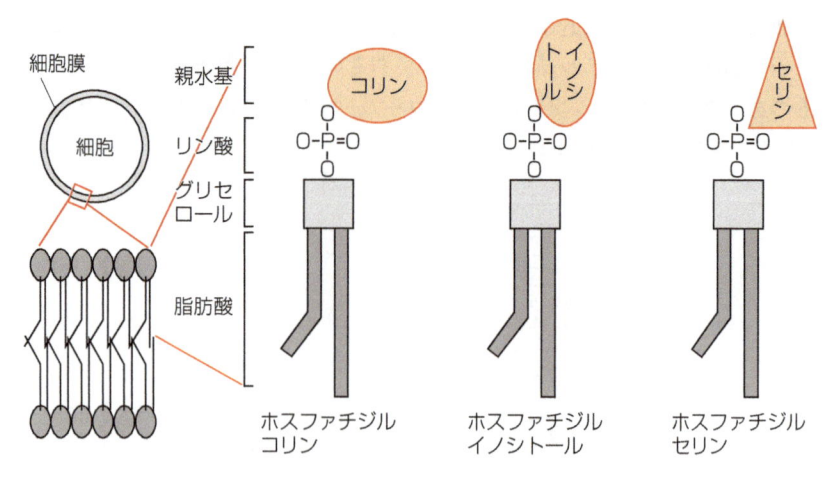

図 1.8　リン脂質と脂質二重膜

　代表的なスフィンゴリン脂質であるスフィンゴミエリンからは，セラミドやスフィンゴシン-1-リン酸など最近注目を浴びているシグナル伝達分子が産生される（図 1.9）．

　ステロイド（steroid）は，ステロイド骨格と呼ばれる共通構造をもつ脂質をいう．コレステロールは代表的なステロイドであり，生体膜に存在し，膜に適切な「固さ」を与えている．また，性ホルモン（男性ホルモン，女性ホルモン），黄体ホルモン，副腎皮質ホルモンなどのステロイドホルモンもこの仲間である（図 1.10）．

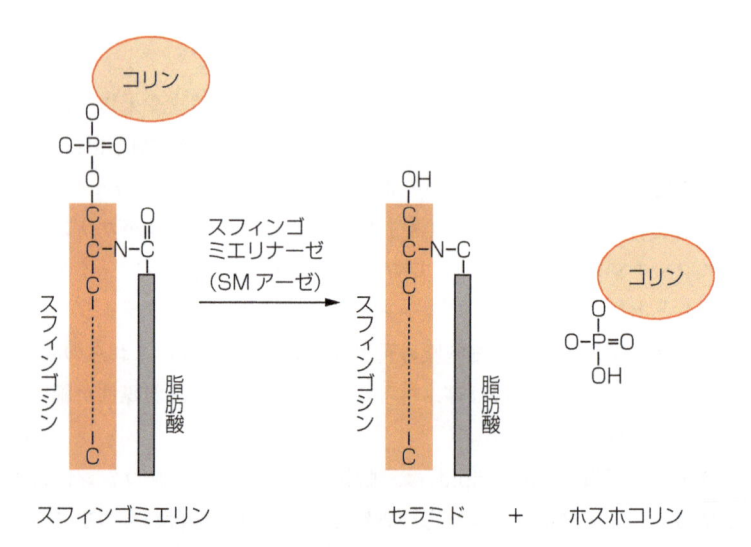

図 1.9　スフィンゴミエリンとセラミド
膜に存在するスフィンゴミエリンをスフィンゴミエリナーゼが加水分解すると，セラミドとホスホコリンが産生される．またセラミドからスフィンゴシン-1-リン酸などがつくられる．なお，図は簡略化した．

コレステロール　　　　男性ホルモン
　　　　　　　　　　　（テストステロン）

ビタミン D₂　　**図 1.10**　ステロイドとビタミン D

1.6　ビタミン

ビタミン(vitamin)は，少量であるが生物に必要な栄養素である．水に溶ける水溶性ビタミンと，油に溶ける脂溶性ビタミンに分けることができる．ビタミン B や C は水溶性ビタミンであり，D(図 1.10)や E は脂溶性ビタミンである．

ビタミンの重要な働きの一つは酵素を助ける補酵素としての機能であり，その抗酸化作用を活かして生体防御に寄与したり，情報を伝えるシグナル伝達因子の本体でもある(9 章参照)．

1.7　生物の種類と構造

われわれの回りには，昆虫，花，野菜，動物から顕微鏡でしか見えないようなものなど，さまざまな生物が存在する．これらの生物を大きく二つのグループに分けてみよう．動物と植物あるいは多細胞と単細胞などの分け方も可能だが，進化学的に見れば，生物を核膜で区切られた核をもつ**真核生物**(eukaryote)と明確な核をもたない**原核生物**(prokaryote)とに分けるのが妥当である．たとえば，大腸菌などの**細菌**(bacterium，複数形が bacteria)は原核生物であり，通常われわれが目にする多くの植物や動物は真核生物である．真核生物と原核生物の違いは核の有無だけではない．原核生物には**オルガネラ**(organelle)と呼ばれる細胞小器官がなく，細胞壁をもつ単細胞である[*4]．一方，真核生物には細胞小器官があり，単細胞と多細胞の両方がある．もちろん，進化的には原核生物のほうが真核生物より原始的である．真核生物はさらに，原生動物，菌類，植物，動物と分けられる．たとえば，よく実験に使われるアメーバやゾウリムシは原生動物，酵母は菌類，線虫[*5]やマ

[*4] 細かく見ると，原核生物のなかにも，複合体のような簡単な多細胞構造をとるものもある．

[*5] 線虫の一種である *C. elagans* は，ショウジョウバエなどと並び，多細胞生物のモデル生物として発生や分化の研究などに用いられている．

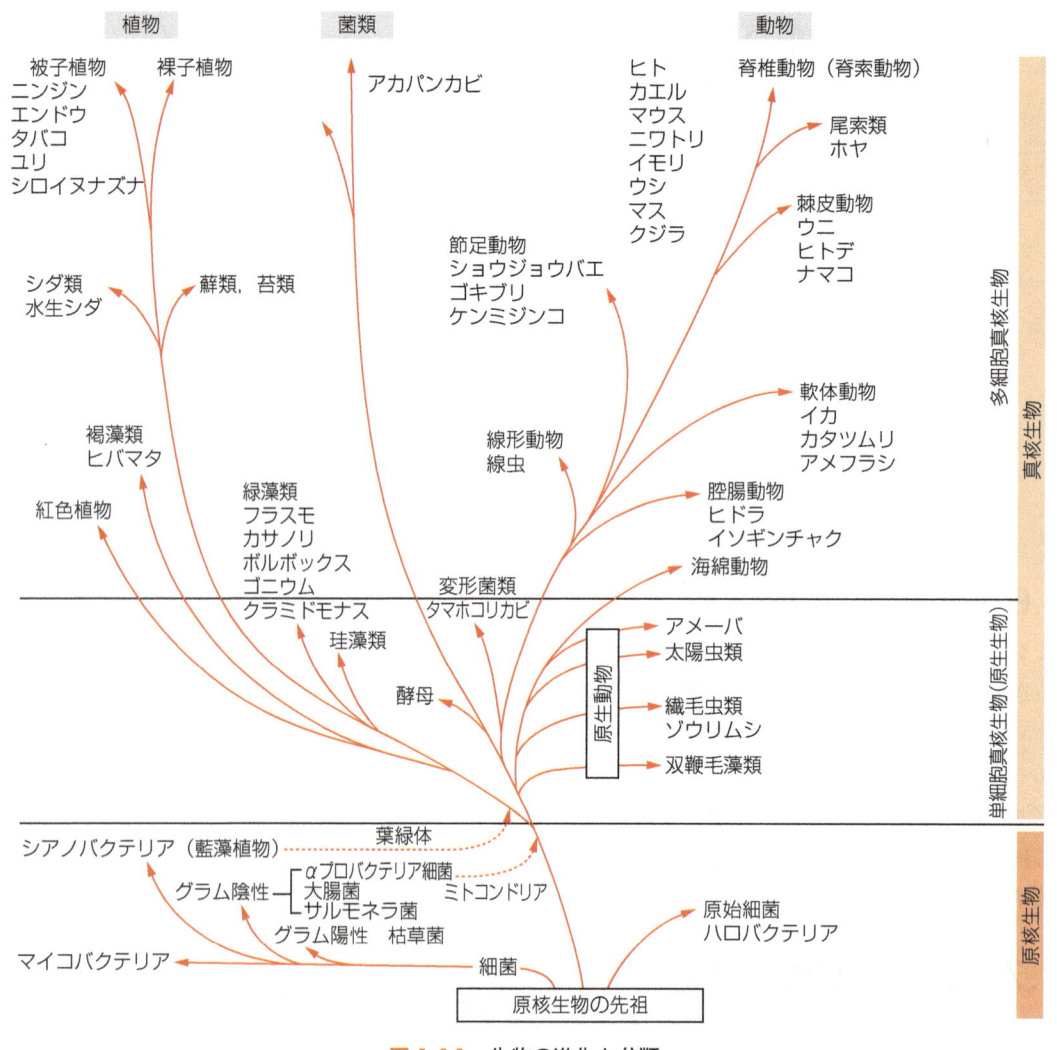

図 1.11 生物の進化と分類

*6 アブラナ科シロイヌナズナ属のアラビドプシス(*Arabidopsis thaliana*)は,形質転換法が確立されていることなどから,モデル生物として植物の分子生物学によく利用される.

ウスは動物,シロイヌナズナ*6 は植物となる(図 1.11).それでは,各生物の細胞構造とその働きを見ていこう.

1.8 細胞の構造
1.8.1 動物,植物,細菌の細胞

まず細菌の代表である**大腸菌**(*Escherichia coli*)の細胞を見てみよう.図 1.12 に示すように,細菌の細胞には核がなく,遺伝子の本体である DNA は細胞質に存在し,核様体を構成している.次に,ビールやお酒をつくるのに使われている**酵母**(yeast)を見てみよう.酵母も大腸菌と同じように単細胞であるが,図に示すように明確な核と細胞小器官(オルガネラ)をもっている.

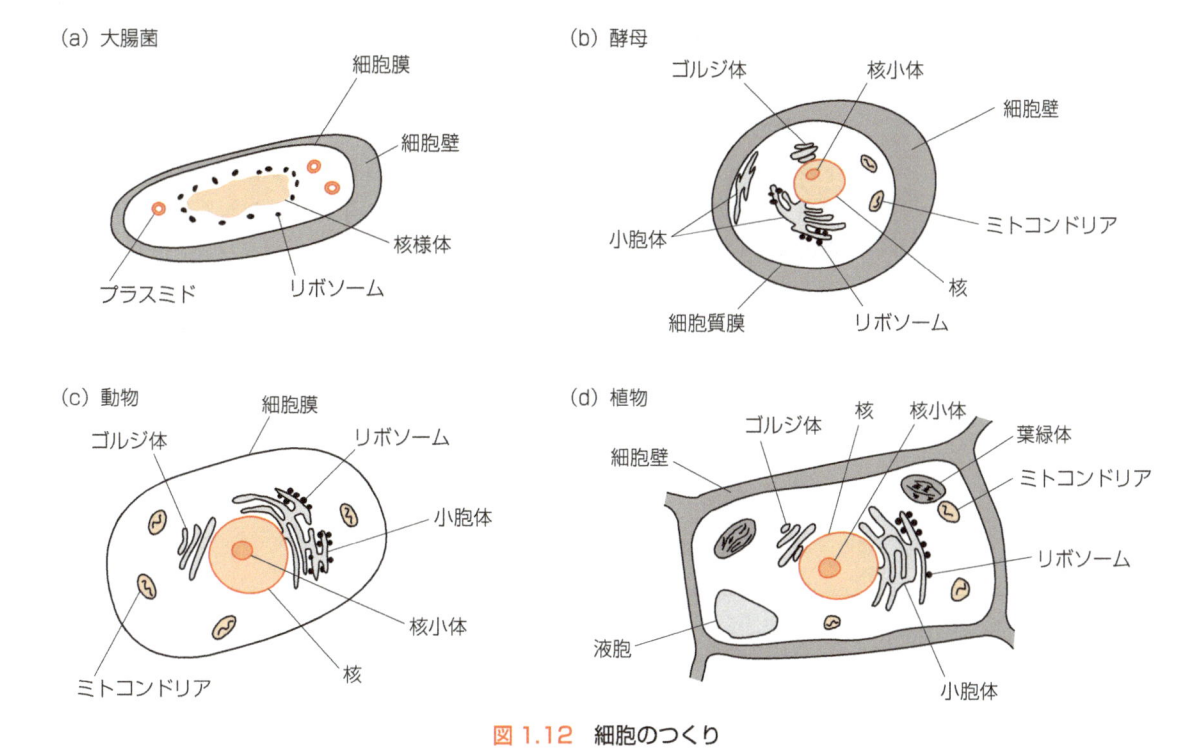

(a) 大腸菌 — 細胞膜、細胞壁、核様体、リボソーム、プラスミド

(b) 酵母 — ゴルジ体、核小体、細胞壁、ミトコンドリア、核、リボソーム、細胞質膜、小胞体

(c) 動物 — ゴルジ体、細胞膜、リボソーム、小胞体、核小体、核、ミトコンドリア

(d) 植物 — 細胞壁、ゴルジ体、核、核小体、葉緑体、ミトコンドリア、リボソーム、小胞体、液胞

図 1.12　細胞のつくり

つまり，酵母は真核生物である．また，意外かもしれないが大腸菌や酵母には細胞壁がある．それに対し，一般の動物の細胞には細胞壁がない．一方，植物細胞には，菌類や動物細胞にはない葉緑体や液胞といった細胞小器官がある．

1.8.2　各オルガネラの形と機能

細胞膜(plasma membrane)は細胞の構造を維持するために重要であるだけでなく，細胞外からの情報を細胞内に伝える大事な場となっている．また，細胞膜はおもにリン脂質からできている．このリン脂質は水によくなじむ性質(親水性)と水になじまない性質(疎水性)をあわせもっており，疎水性領域同士をくっつけ合って二重膜構造をとっている(図1.8 参照)．細胞膜にはリン脂質以外にも，他の脂質やタンパク質などが埋まっている．すなわち，細胞膜は一様なリン脂質の海ではなく，脂質組成の異なる領域(島)があったりする．最近，この細胞膜の構造は流動的であることがわかってきている．

核(nucleus)は，2重の脂質二重膜である核膜に囲まれた細胞小器官で，中に遺伝情報の本体である DNA が折りたたまれて入っている．核膜は小胞体とも連続している．核膜には核膜孔と呼ばれる穴があいており，mRNA やタンパク質が選択的に輸送されている．

ミトコンドリア(mitochondrion, 複数形がmitochondria)はいわば細胞内の発電所で，エネルギーをつくり出している．構造的には，外膜と内膜という2枚の膜によって細胞質から隔てられている，長さ10 μm（マイクロメートル，$1 \mu m = 10^{-6}$ m），幅0.2 μm程度の球形あるいは細長い円筒状の粒子であり，細胞の種類にもよるが，1個の細胞の中に数百個ある（図1.13）．独自のDNAをもつことから，原始細胞の中に呼吸能力のある細菌が入り込んで，共生を始めたのがミトコンドリアの起源であると考えられている．

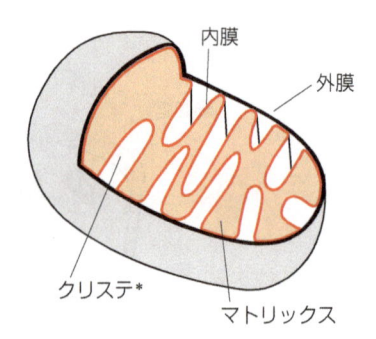

図1.13 ミトコンドリアの構造
＊クリステとは，内膜が内部に折れ込んで形成されたひだ状の構造を示す．

　小胞体(endoplasmic reticulum)のうち，リボソームが付着している粗面小胞体ではタンパク質の合成・修飾が行われる．一方，リボソームが付着していない滑面小胞体では脂質の合成などが行われる．また，小胞体はカルシウムの貯蔵などさまざまな機能をもっている．構造的には2重の脂質二重膜からなり，核膜とつながっている．

　ゴルジ体(Golgi body)では，おもにタンパク質に糖鎖を付加する糖鎖修飾が行われる．ゴルジ体は偏平な袋状のものが複数折り重なった層構造をしており（図1.14），通常，核付近に存在する．また，小胞体に近接し，一部小胞体とつながっている．ゴルジ体はゴルジ小胞と呼ばれる小さな袋の生成と取

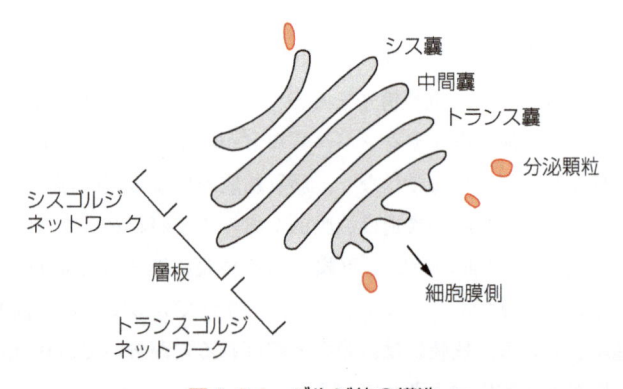

図1.14 ゴルジ体の構造

込み(融合)を繰り返しており,各層間で物質の授受が行われている.同様の機構で周辺の細胞小器官との物質の授受(とくに小胞体－シスゴルジネットワーク[*7]間)や,トランスゴルジネットワーク[*7]からの分泌小胞やリソソームなどをつくっている.

　葉緑体(chloroplast)は葉緑素などの色素を含み,光合成を行う.その形はさまざまであるが,被子植物においては直径5μm程度の楕円盤形のものが

[*7] ゴルジ体は小胞体と近接していることが多く,小胞体側の網目構造をシスゴルジネットワーク,反対側をトランスゴルジネットワークと呼ぶ.

Column

ミトコンドリア・イブ

　「ミトコンドリア・イブ」という言葉を聞いたことがあるだろうか.ミトコンドリア・イブとは,われわれの共通の祖先と目される女性である.

　意外に思うかもしれないが,ミトコンドリアDNAは必ず母親から子に受け継がれる(母性遺伝という).言い換えると,父親のミトコンドリアDNAは遺伝しない.このことが意味するのは,ミトコンドリアDNAを調べれば,母親の母親,さらにはその母親と,その母系祖先をたどることができる.また,ミトコンドリアDNAは組換えを経ることがないため,DNA間の違いは突然変異によってのみ起こると考えられる.さらに,突然変異は一定の確率で起こるとすると(中立説),その発生頻度は進化の過程で経過した年月と相関することになる.すなわち,さまざまな民族のミトコンドリアDNAを調べていくと,それぞれの民族がどのくらいの時代に分かれたのか,あるいは共通の祖先がわかる(ただし,女性に限る).

　この原理を利用して,カリフォルニア大学バークレー校のキャン(R. Cann)とウィルソン(A. Wilson)のグループは,さまざまな民族に属する147人のミトコンドリアDNAの塩基配列を調べた.その結果,人類は二つの大きな集団に分類され,一つはアフリカ人のみからなり,もう一つはアフリカ人の一部と,その他すべての人種からなることが明らかになった.後者は「全人類の共通の祖先である女性が約16±4万年前にアフリカにいた」ことを示唆していた(1987年の*Nature*に掲載).この理論的に考えられた古代の女性に対して,マスコミが名づけたのがミトコンドリア・イブである.

　この論文は,ダーウィンも推測した「人類のアフリカ起源説」を裏づける重要な証拠となり,大きなインパクトを与えた.その一方で,さまざまな誤解も生んだ.たとえば,ミトコンドリア・イブが生きていた時代は最大で20万年前と結論づけられているが,これはあくまでも計算上の話であり,しかも4万年の誤差を含んでいる(もっと誤差が大きいとする説もある).もう一つは,あたかも「すべての人類はたった1人の女性から始まった」とか「ミトコンドリア・イブ以外の女性の子孫は存在しない」とするものである.実際には,他の女性の子孫に関しては,どこかの時代で男の子しか生まれなかっただけであって,その遺伝子はしっかりと受け継がれているはずである.したがって,上述のように「すべての人類は母方の家系をたどると,約12～20万年前に生きていた1人の女性にたどり着く」が正しい.

　さらに,ミトコンドリア・イブは特定の女性を指すのではなく,時代によって変動する.もしも仮に5万年前の人類のミトコンドリアDNAサンプルを得たならば,そこからさかのぼったミトコンドリア・イブは,現代人にとってのミトコンドリア・イブよりも古い時代の1人の女性を指し示すであろう.つまりミトコンドリア・イブ自身は,女系を通してたくさんの子孫に恵まれたという以外,何も特別な点はない.そこで最近では「ラッキー・マザー」と呼ばれることもある.ともかくも,ミトコンドリア一つから,いろいろなことがわかるというお話である.

多い．外側は2枚の脂質二重膜で覆われており，内部空間（ストロマ）には袋状の構造（チラコイド）をもっている．このチラコイドが複数層状に集まってグラナを形成する．また，グラナをつなぐ薄いチラコイドをストロマチラコイドという（図1.15）．

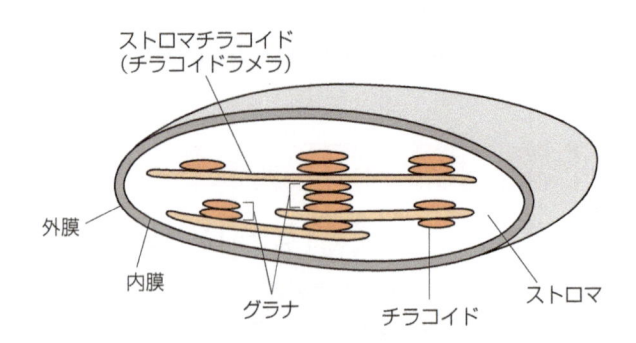

図1.15 葉緑体の構造

そのほか細胞内には，リソソーム，ペルオキシソームなどの小胞も存在する．いずれも，1枚の脂質二重膜で覆われている．**リソソーム**（lysosome）はライソソームとも言われ，細胞内のゴミ焼却場であり不要な生体高分子の消化の場である．**ペルオキシソーム**（peroxisome）はおもに酸化反応を行う場であり，多くは球形であるが，環境や細胞によって必要とされる機能が異なるため，数や大きさはさまざまである．

練習問題

1. 以下のアミノ酸を三つのグループに大別し，その理由も説明しなさい．
   リジン，アルギニン，グルタミン酸，セリン，グリシン，アスパラギン酸
2. 以下の文章の正誤を判断し，間違っている場合には訂正しなさい．
   ① 大腸菌は細胞壁をもっている．
   ② スクロース（ショ糖）が加水分解されると，グルコースとガラクトースになる．
   ③ 細胞膜と核膜は二重の膜に覆われている．
   ④ 核酸には糖が含まれている．
   ⑤ リボソームは細胞小器官（オルガネラ）である．
   ⑥ 細胞膜を構成しているリン脂質には，ホスファチジルコリンやコレステロールなどがある．
3. 原核生物と真核生物の違いについて述べなさい．
4. ATPとGTPについて，構造およびその機能に着目して説明しなさい．
5. さまざまな酵素や抗体などがタンパク質からできている．その多様性を可能にしている理由をアミノ酸の数を考慮して答えなさい．

2章 遺伝情報「ゲノム」の構造と「遺伝子」

小さいものも 大きいものも

2.1 ゲノム
2.1.1 ゲノムとは

　生物が個体として生存し，子孫を残していくために必要な遺伝情報のセットを**ゲノム**（genome）と呼ぶ．1920年，ドイツのウィンクラー（H. Winkler）が遺伝子（gene）と染色体（chromosome）からつくった造語である[*1]．ヒト，マウス，イネなど異なる生物はそれぞれヒトゲノム，マウスゲノム，イネゲノムというように固有のゲノムをもつ．ヒトなどの二倍体生物の細胞は，父方と母方に由来する2セットのゲノムをもっている．この情報は細胞から細胞へ，あるいは個体から個体へと伝えられる（遺伝する）．この地球上の生物が存在し続けているのは，ゲノムが世代を超えて安定に伝えられているからであり，あらゆる生物はゲノムを正確に受け継ぐための巧妙なしくみを備えている．

*1 日本の木原均は，コムギの雑種の染色体が7の倍数であることから，7本の染色体が一組となって「ゲノム」を形成することを提唱した．

2.1.2 ゲノムの構造

　ゲノムは**核酸**という物質からできている．核酸にはデオキシリボ核酸（**DNA**）とリボ核酸（**RNA**）の2種類があるが，一部のウイルスを除き，ほぼすべての生物のゲノムはDNAからできている．DNAやRNAは4種類のヌクレオチドが鎖状につながった構造をしており，ヌクレオチドがどういう順番で並ぶかが遺伝情報となる．鎖の長さが長くなることによって膨大な量の情報を保持することが可能になる．真核生物では，ゲノムは何本ものDNAに分かれており，それぞれのDNAはタンパク質と結合した染色体として存在する．ヒトの場合には23本の染色体がゲノムを構成する．

　ゲノムは「遺伝子領域」と「非遺伝子領域」から構成される．遺伝子は生物の性質を規定する単位であり，ほとんどの場合，タンパク質のアミノ酸情報を指定する．DNAは5′と3′という方向性をもつ分子であり，5′側から3′方向に三つのヌクレオチドで一つのアミノ酸を指定し，この三つ組を**コドン**（codon）という（図2.1）．そのしくみは，暗号を使って情報を伝達するのに似ていることから，**遺伝暗号**（genetic code）と呼ばれる．コドンはヌクレオチド三つずつの組合せによって$4\times4\times4=64$通りを指令できるため，20種類のアミノ酸を指定するのに十分である．どのコドンがどのアミノ酸を指定するかというルールは，すべての生物でほぼ共通である．DNA上の遺伝子からタンパク質がつくられるときには，DNA配列はいったん前駆体メッセンジャーRNAに転写される．タンパク質をコードする配列の手前（上流）と後ろ（下流）には，それぞれ遺伝子の転写を開始あるいは終了するために働く配列が存在する．これらの領域を含めて遺伝子と呼ぶのがふさわしいであろう．さらに真核生物では，遺伝子内にタンパク質に翻訳されない領域（**イントロン**，intron）が含まれており，イントロンはRNAとして転写された後で除去

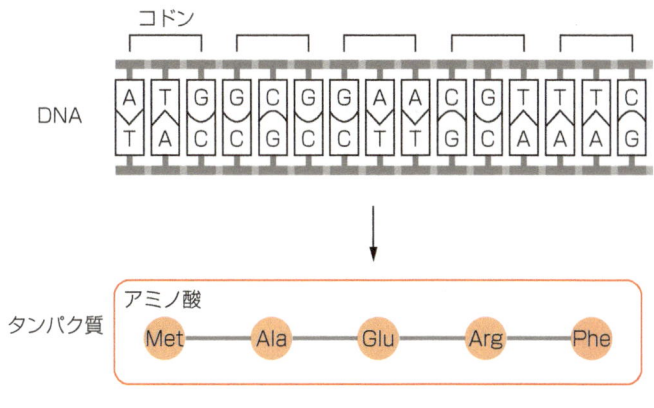

図2.1 DNAによるアミノ酸配列の指定

され（この反応をスプライシングという），イントロンを含まない成熟mRNAが翻訳される．ヒトの遺伝子は大量のイントロンを含んでいる（3章の転写に関する説明を参照）．

ゲノム上にはタンパク質をコードしない遺伝子も存在する．たとえばトランスファーRNAやリボソームRNAなどの機能的RNAをコードするDNA領域も，遺伝子と呼ぶべきであろう．原核生物のゲノムは遺伝子以外の領域をほとんど含まないのに対し，真核生物ゲノムでは「非遺伝子領域」の占める割合が多くなる．非遺伝子領域には，DNAを複製させるために必要な配列や，複製したDNAを娘細胞に分配するためのセントロメア領域や，DNA末端を保護するテロメアなどが含まれる．セントロメアやテロメアでは短い配列が繰り返している（**反復配列**, repeated sequence）．さらにヒトなどの高等動物や植物では遺伝子と遺伝子の間隔が広くなり，繰返し配列を含む長い非遺伝子領域が存在する．以前は，繰返し配列は役割をもたない無駄な配列だと考えられていたが，最近の研究から，遺伝子の発現制御に重要なはたらきをもつと考えられるようになった．

2.1.3 ゲノムの大きさと遺伝子数

ゲノムはそれぞれの生物に固有であり，ゲノムによって生物の違いがつくり出されている．さまざまな生物種のゲノムの大きさと遺伝子数を表2.1（p.22）にまとめた．大腸菌など原核生物の遺伝子数は約3000個であり，酵母など単細胞の真核生物は約5000個の遺伝子をもつ．ヒトなどの二倍体生物の場合，体細胞は2組のゲノムをもち，配偶子である精子と卵子には1組のゲノムが含まれる．ヒトゲノムの大きさは約30億（3×10^9）塩基対〔塩基対（base pair）はDNAの基本単位，bpと表記〕であり，約25,000個の遺伝子がコードされている．大腸菌から酵母へ，単細胞から多細胞生物へ，さらに個

2章 遺伝情報「ゲノム」の構造と「遺伝子」

Column

遺伝物質がDNAであることは，どのようにしてわかったか？

19世紀にオーストリア・ブリュン（現在はチェコのブルノ）のメンデル（G. J. Mendel）によって発見された「遺伝子」という概念は，1900年に3人の研究者によって再発見され，広く受け入れられるようになった．「遺伝子（gene）」という言葉は1909年にデンマークのヨハンセン（W. L. Johansen）が提唱した．その後，遺伝子は染色体上にあると考えられるようになってからも，きわめて複雑な性質を決定する遺伝子の本体はタンパク質であろうと考える研究者が多かった．DNAが遺伝子の実体であることが広く受け入れられたのは，次のような経緯による．

まず，1928年にイギリスのグリフィス（F. Griffith）らは，マウスに感染し肺炎を引き起こす肺炎双球菌 Streptococcus pneumoniae に二つのタイプがあることに着目した（図2A）．一つはゼラチン様の保護膜をもち，寒天培地上で滑らか（smooth）なコロニー（集落）をつくるS型で，マウスに注射すると肺炎を引き起こして致死となる．もう一つは保護膜をもたずコロニーの表面がギザギザ（rough）になるR型で，これはマウスに注射しても免疫によって排除されて肺炎を引き起こさない．通常，S型とR型は互いに変化することはない．ところが驚くべきことに「生きたR型」と「熱処理で殺したS型」を一緒に注射すると，肺炎を引き起こしマウスは死んだ．さらに死んだマウスからは「生きたS型」の菌が見つかった．もちろん熱処理したS型だけを注射しても肺炎にはならないし，S型は回収されない．この結果からグリフィスは，熱処理で死んだS型菌の何らかの物質がR型菌の性質を変化させ，その変化は子孫に遺伝することを発見した．この現象を**形質転換**（transformation）と呼ぶ．

形質転換を引き起こす物質がDNAであることをアメリカのアヴェリー（O. Avery）らが解明したのは，グリフィスの発見からさらに15年以上後の1944年である．彼らはS型の菌からDNAを抽出することに成功し，調製したDNAをR型菌の培養液に加えるとS型菌が生じることを示した（図2B）．彼らの調製サンプルには微量のタンパク質とRNAが含まれていたが，RNAを分解する酵素やタンパク質を分解する酵素で抽出物を処理しても形質転換能に変化はなく，DNA分解酵素処理によって形質転換能は失われた．これらの結果により，形質転換を引き起こす物質，すなわち遺伝物質がDNAであることが証明された．しかしアヴェリーらの結論は簡単には受け入れられなかった．

1952年，アメリカのハーシー（A. D. Hershey）とチェイス（M. Chase）によって**バクテリオファージ**（bacteriophage，以下ファージと呼ぶ）を使った実験が実施されるにいたって，ようやくDNAこそが遺伝子であると広く受け入れられるようになった（図2C）．ファージはタンパク質とDNAをほぼ等量ずつ含み，大腸菌などの細菌を宿主とするウイルスで，感染した宿主内で増殖・溶菌して50～100個の子孫ファージを産生する．バクテリオファージとは「バクテリアを食べる」という意味である．ハーシーらは，子孫ファージをつくるための遺伝物質がDNAであるかタンパク質であるかを判別するために，DNAだけに含まれるリン（^{32}P）の放射性同位体で標識したファージと，タンパク質だけに含まれる硫黄（^{35}S）で標識したファージをそれぞれ大腸菌に感染させ，遺伝物質が中に入った頃に強烈な撹拌力で

		注射されたマウス
S型菌	→	肺炎になり死ぬ
R型菌	→	肺炎にならない
熱処理したS型菌	→	肺炎にならない
熱処理したS型菌と生きたR型菌	→	肺炎になり死ぬ

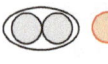

図2A グリフィスらの形質転換実験

大腸菌の外にあるファージの殻を引きはがした．その結果，大腸菌内には ^{32}P 標識した DNA が入っていたのに対し，^{35}S 標識のタンパク質はほとんど入らなかった．さらに産生した子孫ファージに ^{32}P は検出されたが，^{35}S はほとんど検出されなかった．これらの結果，ファージの遺伝物質は DNA であることが確定した．ハーシーらの実験にまつわる逸話として，大腸菌に付着しているファージの殻を引きはがすためにさまざまな手段を使ってもうまくいかず困っていたが，台所で使っていたキッチンブレンダー（ミキサー）を使ったところいっぺんでうまくいったそうである．

S型菌から抽出したDNA → R型菌に加えると S型菌が生じた
S型菌から抽出したタンパク質 → R型菌のまま
S型菌から抽出した糖 → R型菌のまま
S型菌から抽出したDNAをタンパク質分解酵素で処理 → S型菌が生じた
S型菌から抽出したDNAをRNA分解酵素で処理 → S型菌が生じた
S型菌から抽出したDNAをDNA分解酵素で処理 → R型菌のまま

図2B アヴェリーらの形質転換実験

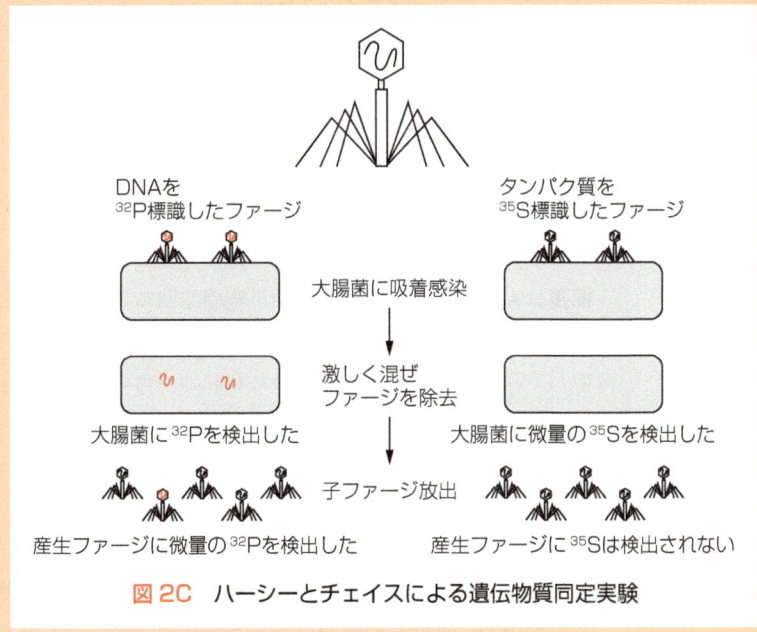

DNAを ^{32}P 標識したファージ／タンパク質を ^{35}S 標識したファージ
大腸菌に吸着感染
激しく混ぜファージを除去
大腸菌に ^{32}P を検出した／大腸菌に微量の ^{35}S を検出した
子ファージ放出
産生ファージに微量の ^{32}P を検出した／産生ファージに ^{35}S は検出されない

図2C ハーシーとチェイスによる遺伝物質同定実験

表2.1 生物種のゲノムサイズと遺伝子数

生物種	ゲノムサイズ	遺伝子数
マイコプラズマ	5.8×10^5	521
大腸菌	4.6×10^6	3000
出芽酵母	1.2×10^7	5000
線虫	9.7×10^7	10,000
ショウジョウバエ	1.8×10^8	20,000
ヒト	3.0×10^9	25,000
マウス	3.3×10^9	25,000
シロイヌナズナ	1.3×10^8	26,000
イネ	3.9×10^8	32,000
コムギ	1.7×10^{10}	30,000
ユリ	1.2×10^{11}	30,000

体の構造が複雑になるにつれて，ゲノムの大きさと遺伝子数には相関が見られる．ところが，ある程度複雑な生物の間では必ずしもゲノムの大きさと遺伝子数は相関しない．たとえばヒトはショウジョウバエ（1.8×10^8 bp）の約16倍のゲノムサイズをもっているが，遺伝子数は約2割多いだけである．植物のモデル生物としてよく使われるシロイヌナズナは，ショウジョウバエとほぼ同じゲノムサイズで1.3倍の遺伝子数である．一方，コムギやユリはヒトに比べて数倍〜50倍もゲノムが大きいが，遺伝子数はわずかに多いだけである．遺伝子数に反映されないゲノムサイズ増加の大部分は，さまざまな繰返し配列による．

2.2 原核生物のゲノム
2.2.1 細菌のゲノム

　細菌は大きさが数 μm しかない単細胞生物で，細胞核などの細胞小器官をもたない．通常われわれの目に見えないこの小さな生物たちは，基本的な生命のしくみを備えているため，われわれの生命の理解に大きな貢献をしてきた．なかでも**大腸菌**は最もよく研究されてきた生物であり，大腸菌なくしては今日の分子生物学の進歩はなかったであろう．細菌のゲノムDNAは，ほぼ例外なく環状二重鎖構造をとっている（図2.2）．細菌のゲノムは細胞核のような細胞小器官に収納されていないが，ある程度まとまって存在する〔**核様体**（nucleoid）と呼ぶ〕．細菌ゲノムの特徴は，遺伝子が隙間なくぎっしりと並んでいて，無駄な配列がほとんど含まれないことである．一つ一つの遺伝子は，RNAに転写されてタンパク質へと翻訳されるために必要な情報を含んでいる．おもしろいことに，アミノ酸生合成反応など一続きの反応に携わる遺伝子群は発現を効率的に調節するため互いに隣接して存在し，1本のRNAとして転写される場合が多い．このような遺伝子群を**オペロン**（operon）

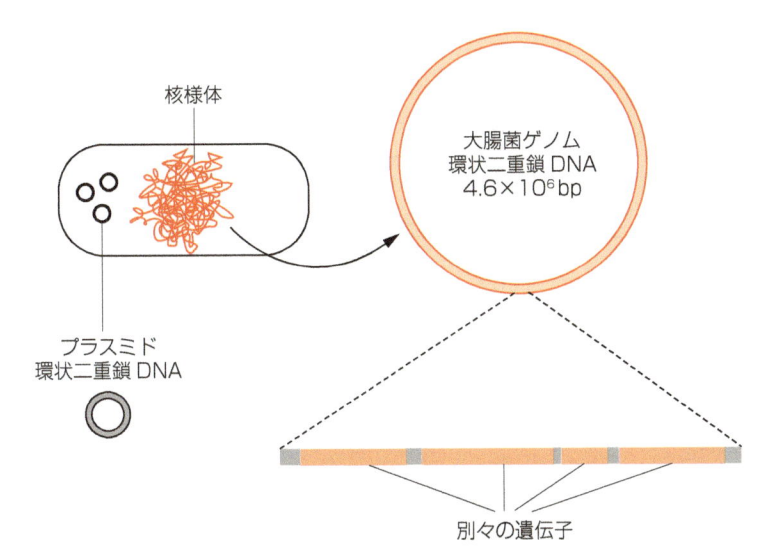

図 2.2 原核生物（大腸菌）のゲノム DNA とプラスミド

という．

　細菌内には，細菌自身のゲノム以外に，**プラスミド**（plasmid）と呼ばれる独自の DNA がある．プラスミドも環状二重鎖 DNA である．細菌内の DNA が末端をもつ線状構造をとらず環状となっていることには，二つの大きな意味がある．一つは，細胞内には DNA を末端から分解するヌクレアーゼが多くあるため，ゲノム安定化のためには末端のない環状構造が有利である．もう一つは，12 章で述べるように，DNA を複製するときに末端を完全に複製することができず短くなっていくという問題を回避している．

2.2.2　ミトコンドリアと葉緑体のゲノム

　ミトコンドリアは真核細胞に存在する数 μm の大きさの細胞小器官である．細胞内に数百から数千個存在し，酸素を消費して二酸化炭素を放出する過程で，ATP を産生するエネルギー産生器官である．ミトコンドリアをもたない種類の真核生物は，酸素を有効に利用することができず，嫌気的環境でしか生存できない．ミトコンドリアには環状二重鎖 DNA からなる独自のゲノム（mtDNA）が存在し，ミトコンドリアのタンパク質をコードする．ミトコンドリアの遺伝子は真核生物よりも細菌によく似た特徴をもつ．これらのことから，ミトコンドリアは嫌気性の祖先型真核細胞に酸素呼吸をする好気性細菌が取り込まれて「共生」するようになったものであるとの説（**ミトコンドリア共生説**）が有力である（図 2.3）．一方，植物細胞はミトコンドリアに加えて，光合成を行う**葉緑体**をもっており，葉緑体も独自のゲノムを有している．葉緑体の成り立ちについても，ミトコンドリアを共生で獲得していた初期真

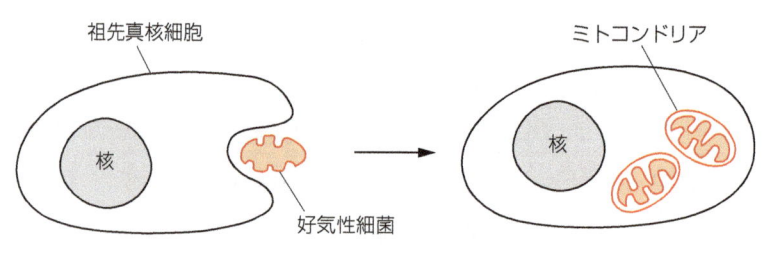

図2.3 ミトコンドリア共生説

核細胞が，さらに光合成細菌を取り込んで共生するようになったと考えられている（**葉緑体共生説**）．

2.2.3 ウイルスのゲノム

ウイルス（virus）は宿主細胞に感染しなければ増殖できないため，通常，生物とは見なされない．しかしウイルスも遺伝情報を担うゲノムをもっており，生命の特殊な一形態であると解釈することができる．ウイルスには細菌に感染するバクテリオファージから動物や植物に感染するものまで多くの種類がある．ウイルスの一般的な構造は，タンパク質からできた**コート**（coat，殻）の中に，ゲノムとしてDNAあるいはRNAが収納されている．感染は宿主細胞へのゲノムの注入によって起こり，宿主の転写・翻訳機構を利用して自らのゲノムとコートタンパク質をつくり，子孫ウイルスを産生する．動物に感染するウイルスは病原性を示すものが多く，また植物ウイルスにも病気を引き起こすものが多いというように，ウイルス感染は宿主細胞にとって致死的あるいは有害なことが多い．ウイルスのゲノムはDNAのみならずRNAの場合もあり，それぞれ一本鎖や二本鎖のもの，線状や環状のものなどさまざまである．ウイルスにはわずか3個程度の遺伝子しかもたないものから数百の遺伝子をもつものまであるが，いずれにせよ宿主細胞に感染しなければ増殖できない．また複雑なウイルスでもタンパク質合成系やATP合成系をもつものは見つかっていないため，進化の順としては宿主細胞が存在した後にウイルスが現れたと考えられる．

2.3 真核生物のゲノム

2.3.1 端のある線状構造

＊2 原核生物と真核生物の特徴については1.7節を参照．

われわれヒトを含む**真核生物**（eukaryote）[＊2]では，ゲノムDNAは細胞内の区切られた空間である**核**（細胞核）に収納されており，細胞内のいろいろな反応の影響を受けにくくなっている（図2.4）．真核生物のゲノムDNAも原核生物と同様にタンパク質のアミノ酸配列を決める遺伝子からできているが，一つずつの遺伝子の大きさがとても大きい．これは最終産物であるタン

2.3 真核生物のゲノム

Column

レトロウイルスの生活環とエイズウイルス

ウイルスのなかで**レトロウイルス**（retrovirus）と呼ばれるグループは，非常に変わっていて興味深い（図2D）．レトロウイルスとは，一本鎖RNAゲノムをもち，細胞内に入ったRNAが**逆転写酵素**（reverse transcriptase）によってDNAへと変換されて増殖するウイルスの総称である．RNAと逆転写酵素はタンパク質の殻（**キャプシド**，capsid）に包まれていて，さらにその外側を脂質とタンパク質からなる外被（**エンベロープ**，envelope）が覆っている．外被が宿主細胞の細胞膜と融合してRNAゲノムと逆転写酵素が細胞内に取り込まれる．逆転写酵素はRNAを鋳型にしてDNAを合成し，さらにRNA分解酵素H（RNアーゼH）によってRNAを分解しながら相補鎖DNAを合成し，二重鎖DNAとなる．さらに二重鎖DNAは**トランスポゾン**（transposon，転移因子，6章で詳述）と同様のしくみによって宿主のゲノムに組み込まれ，宿主ゲノムの一部になりすまして維持されていく．何らかのきっかけでレトロウイルスゲノムが転写されると，殻や外被のタンパク質がつくられ，RNAゲノムを含み宿主の細胞膜をまとった完熟ウイルスが細胞から放出される．

通常の遺伝情報の流れはDNAからRNA，さらにタンパク質へと変換される**セントラルドグマ**（central dogma）に従っている．逆転写酵素はセントラルドグマに例外があることを示す重大な発見であった．さらに，ヒトを含む高等動植物のゲノムの大半は，レトロウイルスとよく似たしくみで転移するレトロトランスポゾンに由来すると考えられるため，ゲノムの成り立ちを考えるうえでもレトロウイルスの存在は興味深い．また，人類の脅威の一つであるエイズウイルス（ヒト免疫不全ウイルス，HIV）はレトロウイルスの一種である．エイズウイルスは血液や体液を介して感染後，ヒトゲノムに組み込まれて数年から数十年潜伏し，再びウイルスとして増殖すると免疫細胞の機能を破壊し，生命を危機に陥れる．エイズウイルスがいまだに根絶できない理由の一つに，エイズウイルスの遺伝子が変化しやすいことが挙げられる．HIVの増殖を抑える治療薬をつくっても，標的となるタンパク質が変化して薬の効かない「耐性」ウイルスがすぐに現れてしまう．DNAには遺伝子配列を安定に維持する「修復」というしくみが働くのに対し（5章参照），RNAを修復するしくみが存在しないため，レトロウイルスゲノムは変化しやすい．

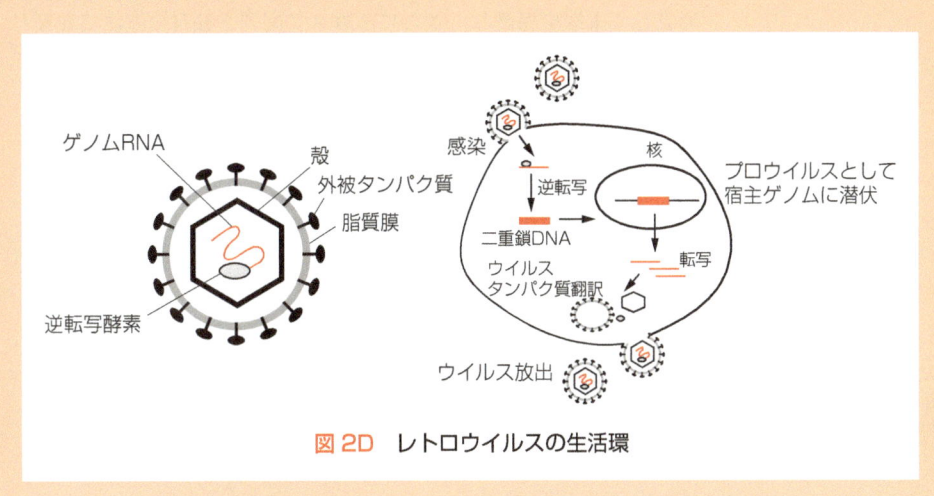

図2D　レトロウイルスの生活環

線状二重鎖 DNA
$1×10^7〜1×10^{11}$ bp

テロメア　　セントロメア　　テロメア

図 2.4　真核生物のゲノム

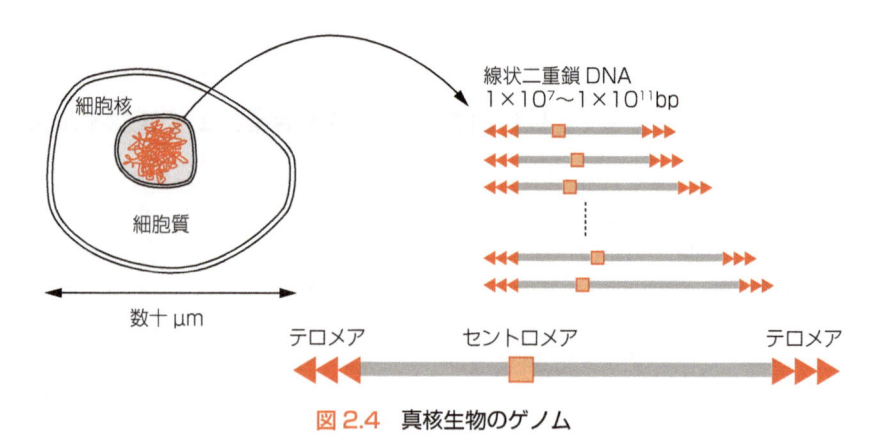

パク質が大きいわけではなく，タンパク質にならない配列であるイントロンという領域が遺伝子内に大量に存在するためである（図 2.5）．さらに遺伝子と遺伝子の間隔が広く，繰返し配列などの非遺伝子領域が多く見られる．

核内でゲノム DNA は 2 本から数十本の長い DNA に分かれて，それぞれがタンパク質と結合した**染色体**という状態で存在する．核内でゲノムから情報を写し取った RNA は核外へ輸送され，**翻訳**（translation）を経てそれぞれの機能を果たす．また細胞質から核内へイオンやタンパク質が選択的に移動するしくみがある．また，興味深いことに真核生物のゲノム DNA は例外なく線状の二重鎖構造をしている．2.2.1 項で述べたように，DNA の末端をもつことはゲノム安定性のうえで困難な問題を引き起こすと考えられる．そこで真核生物のゲノムの末端は，6 塩基の配列が何百回も繰り返す**テロメア**（telomere）という特殊な領域をもつことによって，タンパク質との複合体を形成して末端を保護し，さらにテロメア配列を独自の方法で複製して維持し

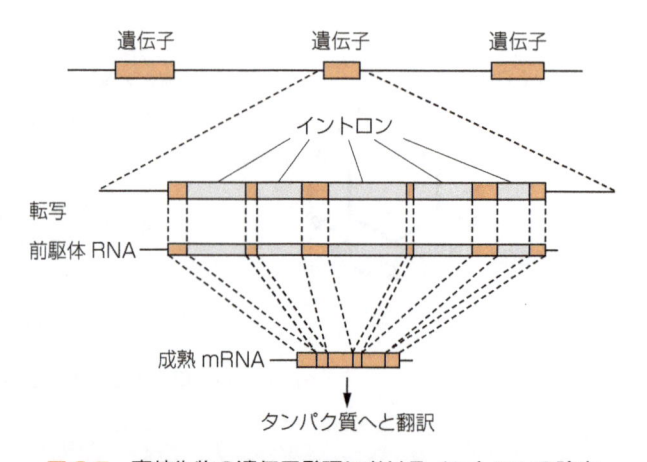

図 2.5　真核生物の遺伝子発現におけるイントロンの除去

ている（2.4.3項で後述）.

2.3.2 遺伝子以外の配列

多くの真核生物のゲノムには，遺伝子以外の領域が多く存在する．たとえばヒトゲノムでは，タンパク質をコードする領域はわずか1.2%である．それ以外の配列のうち，最も大量に存在するのは**反復配列**と呼ばれる配列で，同じ配列が何万回も反復しゲノム上に点在する．反復配列には300～7000塩基までいくつもの種類があり，すべて合わせるとヒトゲノムの45%にも達する．これらの反復配列の大部分は，**トランスポゾン**というゲノム上を転移するDNAに属することが知られている（6章で詳しく述べる）.

2.4 染色体

2.4.1 ヌクレオソーム

実際の真核生物の細胞内では，ゲノムはDNAとタンパク質の結合した**染色体**というかたちで存在する（図2.6）．染色体に含まれる主要なタンパク質は**ヒストン**（histone）である．4種類のヒストン（H2A, H2B, H3, H4）が2個ずつ結合した複合体に約150bpのDNAが約2回巻きついた構造をとっており，**ヌクレオソーム**（nucleosome）と呼ぶ．ヒストンは正の電荷をもつアミノ酸（リジン，アルギニン）を非常に多く含んでおり，負の電荷（リン酸基）をもつDNAに強く結合する．ヌクレオソームはDNAの電荷を相殺して，細胞核の小さな空間に膨大な量のDNAを収納できるようにしている．さらにヒストンは遺伝子の発現調節に重要な役割を果たしている．ゲノム上の遺伝子のすべてが発現しているわけではなく，必要なときに必要な遺伝子だけが

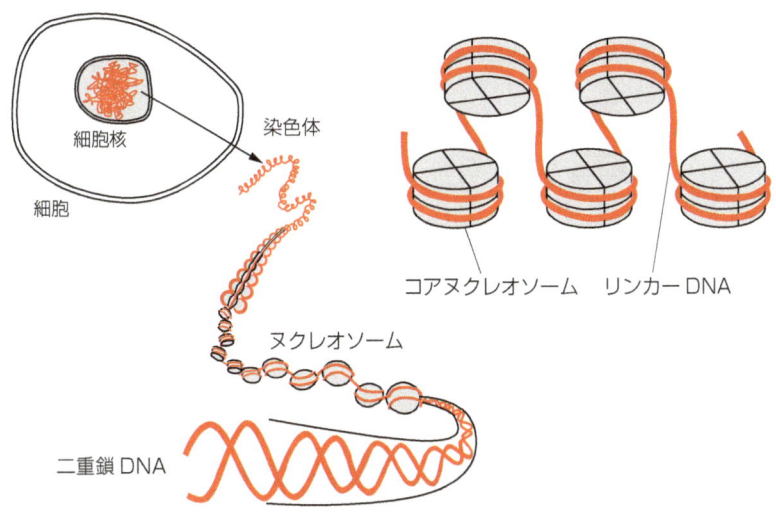

図2.6　ヌクレオソーム構造

転写されるように調節する必要がある．この調節にヒストンの修飾がかかわっていることが明らかになりつつある．

2.4.2　クロマチン

　真核細胞では，染色体のヌクレオソーム構造はさらに高次の構造を形成している．高次構造をとる染色体の基本構造を**クロマチン**（chromatin）[*3] と呼ぶ．クロマチンは，分裂期の染色体を色素で染色すると濃く染まる**ユークロマチン**（euchromatin）と薄く染まる**ヘテロクロマチン**（heterochromatin）が縞模様のように見える．分裂期以外の細胞周期間期でも染色体の場所によって高次構造の違いがあると考えられている．ユークロマチン領域では遺伝子の密度が高く，高次構造がゆるんでいて遺伝子が活発に発現しているのに対し，ヘテロクロマチン領域は遺伝子密度が低く，さらにヌクレオソームが高密度に凝縮されているため遺伝子の発現が抑制されている．このような高次構造の違いは，ヒストンのリジン残基などがアセチル化（$COCH_3$）やメチル化（CH_3）修飾を受け，修飾を認識して結合するタンパク質によってもたらされる．DNA が複製されて 2 倍になるときもヒストンの修飾状態が維持され，細胞分裂を経て娘細胞に伝えられる．このような現象は，遺伝子そのものではないクロマチン構造が情報を保持していると見なすことができ，DNA 配列によって定められている「遺伝学的現象」に対して，**エピジェネティック**（epigenetic）な現象である．また DNA や RNA がもつ「遺伝暗号」に対して，ヒストンの修飾状態がクロマチンの性質を決定する暗号となっているという意味から，**ヒストンコード**（histone code）という考え方も提唱されている．

[*3] クロマチンの語源は，1882 年，ドイツのフレミング（W. Flemming）が，染料で染まる物体を核内に見つけたことに由来する．

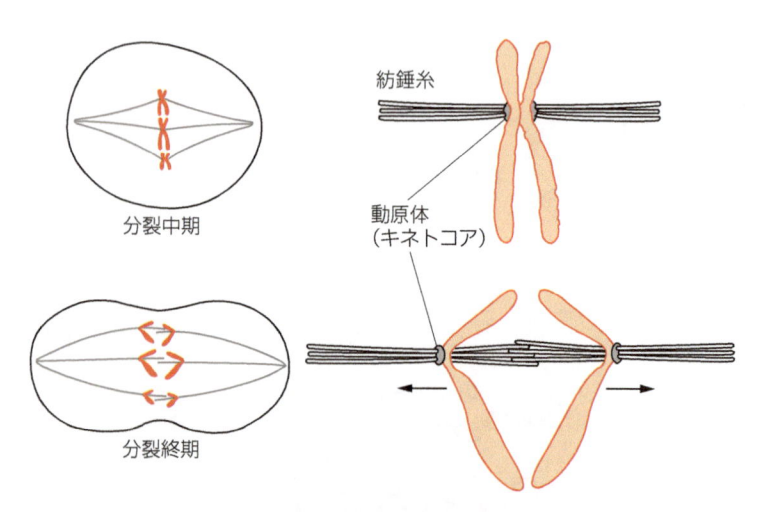

図 2.7　分裂期での染色体の分離

2.4.3 セントロメアとテロメア

染色体を維持するためにとくに重要な領域が**セントロメア**(centromere)と**テロメア**である．セントロメアは染色体の均等な分配に必須の領域であり，テロメアは染色体末端を保護する役割がある．

セントロメアは分裂期染色体では姉妹染色体が結合して，くびれた場所として観察される(図2.7)．セントロメアは，ヒト[*4]では染色体中央付近にあるためこのような呼び名がついたが，マウスではセントロメアは染色体の端近くにある．セントロメアには二つの重要な役割がある．一つは複製した姉妹染色体を分裂終期までつなぎ止めておく役割である．ヒトの場合，23本の染色体が複製して46本になり，それぞれが自由に分かれてしまうと，分裂期でゲノム1セットずつに分けるのはきわめて困難となる．そこで，**コヒーシン**(cohesin)というタンパク質複合体が複製直後から染色体を離れないようにつなぎ止めている(図2.8)．分裂終期になると，コヒーシン複合体の一部が分解され，二つの染色体が離れることがわかっている．

*4 ヒトセントロメアは約170bpの配列が1万回以上繰り返す構造をしている．多くの生物種で，セントロメアは繰り返し配列で構成されている．

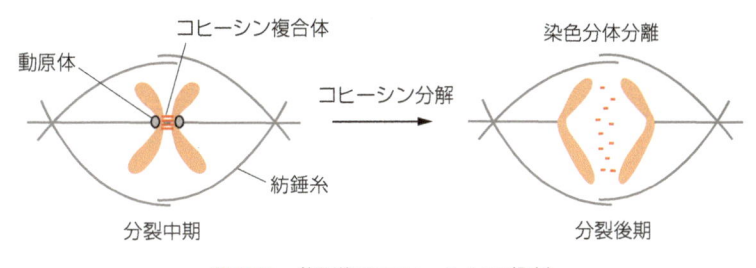

図2.8 分裂期のコヒーシンの役割

セントロメアのもう一つの役割は，分裂終期に姉妹染色体を二つの細胞極へと均等に分離することである．そのためセントロメアには**動原体**(**キネトコア**, kinetochore)というタンパク質複合体が形成され，キネトコアに紡錘糸が結合して，染色体を両方向へと引っ張っていく．

真核生物では，線状構造をとる染色体DNAの末端はテロメアという特殊な構造をとっている．テロメアは，DNA末端が分解されたり融合したりしてゲノム構造が変化することを防いでいる．テロメアはTTAGGG配列[*5]からなるGリッチ鎖と相補的なCリッチ鎖との繰返し単位が何百回も繰り返しており，Gリッチ鎖3′側末端の数十ヌクレオチドは一本鎖となって突き出している(図2.9)．テロメアの二重鎖や一本鎖DNAには特異的なタンパク質が結合してテロメア末端を保護している．さらに末端の一本鎖DNAは二重鎖領域に潜り込んで**Tループ**(T loop)と呼ばれる構造をつくっている．

線状DNAの末端はDNAが複製されるたびに短くなる運命にある(5章参照)．短くなったテロメアは**テロメラーゼ**(telomerase)という酵素によって

*5 テロメア配列は，生物種によって多少異なるが，GとTに富む反復配列である．哺乳類ではTTAGGG，出芽酵母ではTG, TGG, TGGGが混在，シロイヌナズナではTTTAGGGである．

伸張され回復する．単細胞で生きる酵母や，われわれの体を構成する細胞の**幹細胞**(stem cell)と呼ばれる未分化細胞ではテロメラーゼが発現しているが，通常の体細胞ではテロメラーゼは発現していない．このため，細胞がある一定回数分裂するとテロメアが短くなり過ぎて細胞は分裂を停止して寿命を迎える．通常細胞でテロメラーゼを人為的に発現させると細胞は分裂を続けられるようになり，「不死化」状態となる．しかし分裂を繰り返す間に変異や遺伝子再編が増加し，がん化する確率が高くなるため，必ずしも「個体」の寿命を延ばすことにはならない．

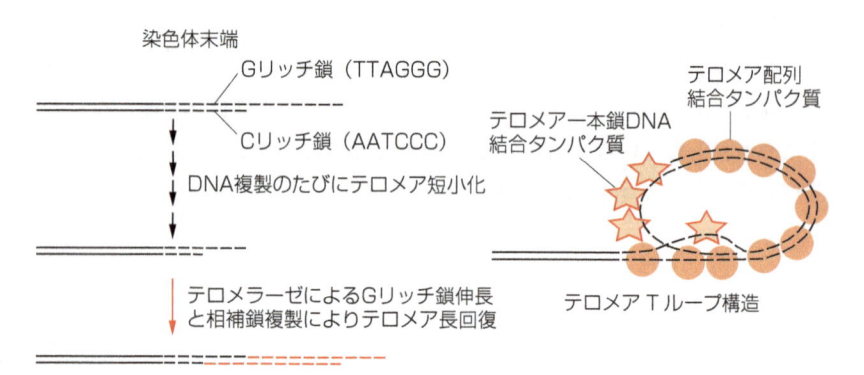

図2.9　テロメアの構造

練習問題

1. DNAが遺伝物質であることを確定させる要因となった，ハーシーらのバクテリオファージを用いた実験を説明しなさい．
2. ゲノムサイズと遺伝子の数の関連について考察しなさい．
3. ミトコンドリア共生説について説明しなさい．
4. 真核生物の染色体に特徴的なヌクレオソーム構造を説明しなさい．
5. ヌクレオソームの役割を複数挙げて説明しなさい．
6. 染色体の均等分配に重要なセントロメアの二つの役割を説明しなさい．
7. 真核生物の染色体の線状DNA末端の構造について説明しなさい．

3章 遺伝情報の発現・転写・プロセシング

生きる楽しみ

3.1 DNAからRNAへの遺伝情報の伝達

遺伝情報の伝達にはDNAが用いられるのに対して，細胞の恒常性[*1]維持には多くの場合タンパク質が用いられる．タンパク質合成の過程には，DNAからRNAへの**転写**(transcription)とRNAからタンパク質への**翻訳**が含まれる．また機能性をもつRNA分子にも，発生段階や神経系で必須の機能をもつ場合が明らかにされつつある．この章では，真核生物においてDNAからRNAができる様子について述べる[*2]．

RNAはDNAを鋳型にして合成されるので，ゲノムDNAにはRNA合成を指示する塩基配列が書かれている．mRNAの転写の開始を指示する**プロモーター**(promoter)，プロモーターの機能を促進する**エンハンサー**(enhancer)や抑制する**サイレンサー**(silencer)，転写の終結を指示する**ターミネーター**(terminator)，遺伝子と遺伝子の境界を指定する**インスレーター**(insulator，境界配列)などが塩基配列の情報として標識されている(図3.1)．転写は，DNA上に記述されたこれらの標識を読み解いて行われる．また真核細胞のDNAは，**ヒストン**というタンパク質によってコンパクトにパッキングされ，**ヌクレオソーム**という構造体を形成している(図2.6参照)．そこでヌクレオソームをゆるめることも，これらの標識を認識するうえで重要な手がかりとなる．3.2節では，それぞれの機能領域(同一のDNA上にあることからシス領域ともいう)について紹介する．

DNA上にはさまざまな標識が施されているが，どのようにしてその標識を読み解くのであろうか．標識の読み解きは，それぞれの標識を認識するタンパク質が行っている(DNA上に結合するタンパク質であるからトランス

[*1] 恒常性は生物のもつ重要な性質で，生体の内部や外部の環境因子の変化にかかわらず生体の状態を一定に保つ性質またはその状態を指す．

[*2] 本章では真核細胞での遺伝情報の発現について解説する．原核細胞での遺伝情報の発現については，コラム(p.41)で紹介する．

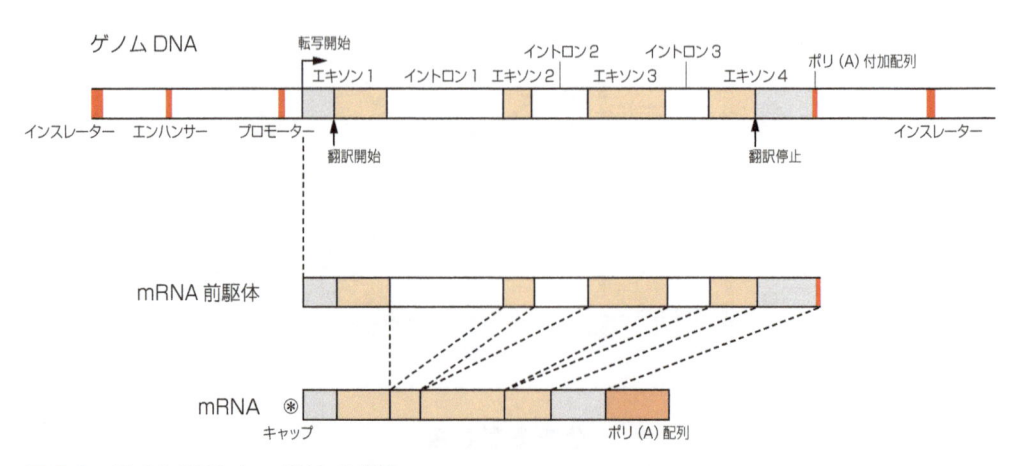

図3.1 ゲノムDNAとmRNAの構造
ゲノムDNA上には，RNAとして転写される領域の両側にRNA合成を指示する情報(配列)が記されている．転写の基本となるプロモーターやポリ(A)付加配列，転写を促進(抑制)するエンハンサー(サイレンサー)，遺伝子の境界を示すインスレーターなどである．mRNAは，いったんmRNA前駆体として合成され，5′末端のキャップ形成，スプライシング，3′末端のポリ(A)付加を経て成熟mRNAとなる．

因子ともいう）．プロモーターには**基本転写因子**（general transcription factor）と呼ばれるタンパク質が，エンハンサーには**転写調節因子**（transcriptional regulatory factor）が結合する．3.3節では，基本転写因子とDNA依存性**RNAポリメラーゼ**（RNA polymerase）を中心に紹介する．

さらに，これらDNA上の標識と転写因子やRNAポリメラーゼを使ってRNAを合成していく様子と，RNAに施される修飾について3.4節で紹介する．

3.2　RNA転写を制御するDNA上の領域
3.2.1　染色体とヌクレオソーム

真核生物のDNAは，進化上高度に保存された**ヒストン**という塩基性タンパク質と結合し，**ヌクレオソーム**を形成している（図2.6参照）．ヌクレオソーム一つは，2分子ずつのH2A, H2B, H3, H4からなる八量体のコアヒストンに146塩基対のDNAが巻きついた構造である．ヌクレオソーム間の間隔は不規則であり，だいたい数塩基から80塩基ほどに分布する．この領域を**リンカー**（linker）という．DNAには，ヌクレオソームを形成しやすい領域としにくい領域がある（図3.2）．DNAの二重らせん構造には，大きい溝と小さい溝が交互に現れる．DNAは，コアヒストンに沿って巻きつくとき湾曲するので，小さい溝の部分が圧縮される．このため小さい溝はアデニンやチミンに富む領域のほうが，グアニンやシトシンに富む領域の場合より圧縮しやすく，このような領域が小さい溝にくるDNA配列は，よりコアヒストンに巻きつきやすくヌクレオソームを形成しやすい．酵母の全ゲノム中50%の領域でヌクレオソームを形成しやすい領域が同定されている．よく発現している遺伝

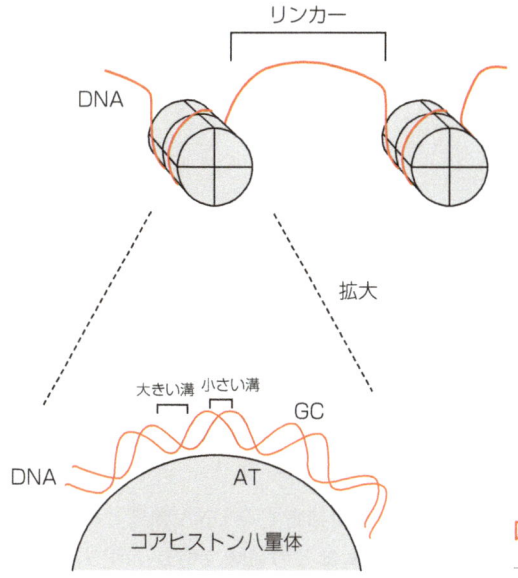

図3.2　ヌクレオソームの形成と塩基配列
上側は図2.7のヌクレオソームを上から見たもの．

子のプロモーター領域の多くは，ヌクレオソーム領域ではなくリンカー部分であることが多い．ヌクレオソームに巻きついた DNA 領域よりもリンカー部分の DNA のほうが転写因子や RNA ポリメラーゼⅡなどのタンパク質を呼び寄せやすい．このためゲノム中で発現に重要な部分がヌクレオソームを形成しているかリンカー部分であるかは，遺伝子発現にとって重要となる．

一方，プロモーター領域がヌクレオソームを形成している場合，転写因子の結合がうまくいかないこともあるが，これを解決する機構が知られている（図3.3）．一つ目はクロマチン再構成因子が働いてヌクレオソームをゆるめたり，その位置をずらしたりすることによってプロモーター領域を露出する方法である．二つ目はヒストンアセチラーゼによってヒストンにアセチル基を導入する方法である．アセチル化されたヒストンをもつヌクレオソームは，基本転写因子の一つでありブロモドメイン[*3]をもつ TFIID 複合体のサブユニットに対する親和性が高くなり，転写装置を呼び寄せやすくなる．ヌクレオソームの位置やヒストンの修飾は，転写因子の結合や転写の開始といった機能を調節している．

*3 転写調節因子に見られる特徴的なアミノ酸のモチーフであり，アセチル化リジン残基（たとえばヒストンの長いアミノ末端領域）と相互作用する．

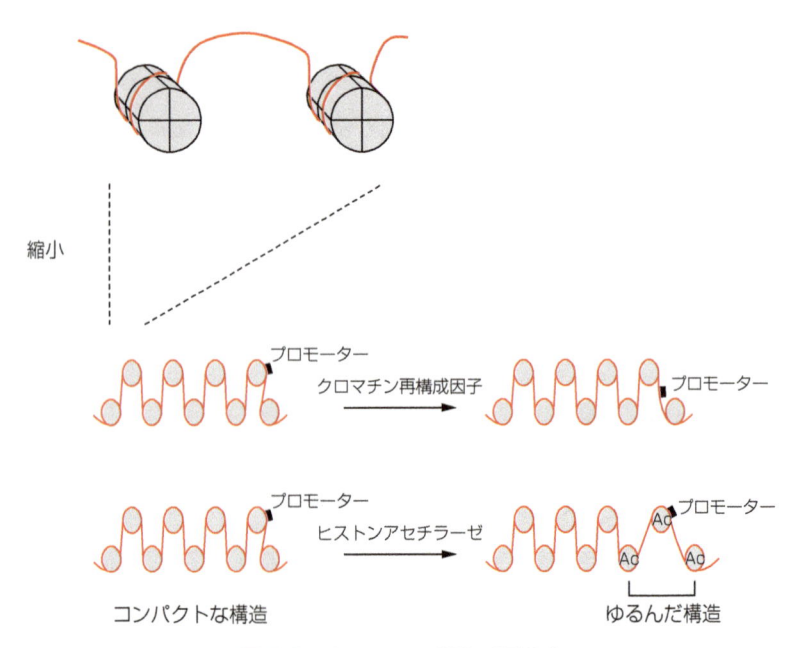

図 3.3 クロマチン構造の再構成
Ac：アセチル化

3.2.2 プロモーター

プロモーターは，RNA ポリメラーゼが結合する DNA 領域とその周辺領域のことをいう．通常，50 から 100 塩基ほどの領域であり，mRNA の転写開

3.2 RNA 転写を制御する DNA 上の領域

始点のすぐ上流に存在する（図3.4）．ここには，基本転写因子（TFⅡA, B, D, E, F, H, I, S）と呼ばれる一群のタンパク質複合体が結合する領域（エレメントともいう）が複数存在する．この領域の中心は **TATA ボックス**（TATA box）である．TATA ボックスは転写開始点より 25 塩基ほど上流で 5′-TATAAA-3′ の共通配列をもち，TATA 結合タンパク質（TBP）を含む TFⅡD が結合する．ついで TFⅡD を介して RNA ポリメラーゼⅡが結合する．これにより，

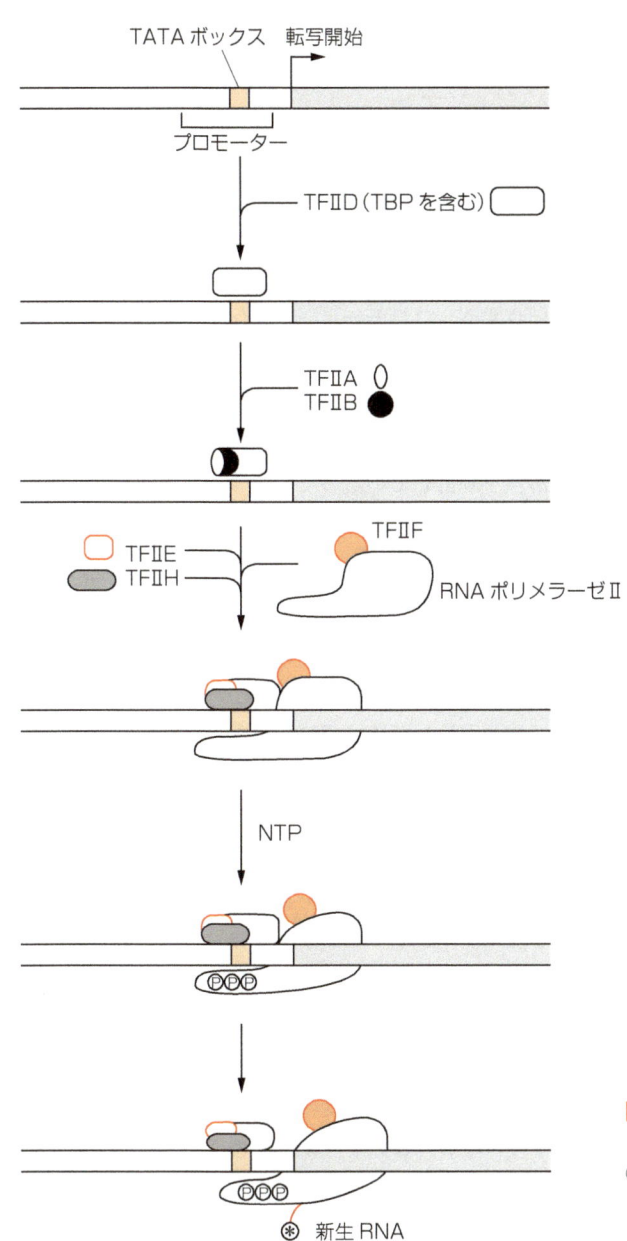

図 3.4 RNA ポリメラーゼⅡによる mRNA 転写の開始

Ⓟはリン酸化されていることを，㊉は mRNA のキャップ構造を示している．NTP = ATP + UTP + GTP + CTP．各因子については 3.2.3 項を参照．

決まった場所からのRNAの転写が可能となる．このほかにTFIIB結合配列，転写開始点を指定するイニシエーター，さらには下流プロモーターなどのエレメントが存在する．ただし，これらのエレメントはすべての遺伝子で保存されているわけではない．たとえばTATAボックスをもたない遺伝子も多数存在する．この場合，CAATボックスやGCボックスと呼ばれるエレメントがTATAボックスの機能を代換すると考えられている．これらのエレメントの数や間隔が，プロモーターの強さや組織特異的な発現などの特性を付与している．

3.2.3　転写調節領域（エンハンサー，サイレンサー）

転写調節領域(transcriptional regulatory domain)はプロモーターの活性を調節するDNA領域のことであり，活性を増大する配列を**エンハンサー**，抑制する配列を**サイレンサー**と呼ぶ．エンハンサーやサイレンサーにはさまざまなものが知られており，それぞれ短い特徴的なDNA配列をもち，特異的な転写調節因子が結合する．プロモーターが遺伝子の転写開始点のすぐ上流に存在するのに対して，転写調節領域は遺伝子の上流，下流あるいは遺伝子内のどこにも存在する．また，遺伝子から数千塩基，ときには数万塩基以上も離れた場所に存在することもある（図3.5）．転写調節領域はどのようにしてプロモーターの活性を制御しているのであろうか．答えを探るなかで見つかったのが**メディエーター**(mediator，介在複合体)と呼ばれるタンパク質複合体である．メディエーターは，酵母からヒトまで保存された20個以上のサブユニットからなるタンパク質複合体であり，一般にそれ自身でDNA結合性をもたないが，プロモーター領域の基本転写因子と転写調節領域に結合する転写調節因子との間をとりもつ．この結果，基本転写因子が安定にプロモーターに結合したり，RNAポリメラーゼⅡがTFIIDに会合[*4]したりするのを助けている．

3.2.4　インスレーター

エンハンサーがDNA上の離れた位置から機能するのは，途中のDNAがループを形成することでエンハンサー領域がプロモーターに近づくことができるからである．しかしエンハンサーは，隣の遺伝子のプロモーターとは相互作用しない．**インスレーター**と呼ばれる塩基配列が遺伝子と遺伝子の境界を決めているからである（図3.1参照）．インスレーターのおかげで，ある遺伝子は自身のエンハンサーの影響のみを受け，隣や遠く離れた他の遺伝子のエンハンサーの影響を受けない．このように個々の遺伝子はインスレーターによって独自の発現制御が保証されている．

*4 ここでは，水素結合や分子間力などの比較的弱い結びつきにより複数のタンパク質が集まって，あたかも一つの分子のように動くことをいう．

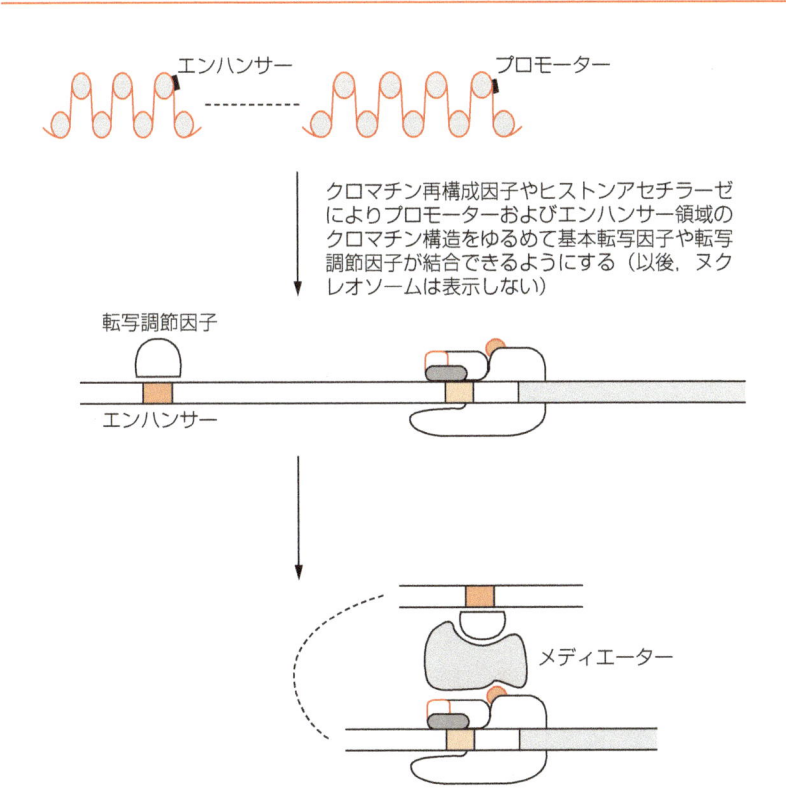

図 3.5 遺伝子発現の調節
クロマチン再構成因子やヒストンアセチラーゼにより，プロモーターや転写調節領域のクロマチン構造がゆるめられる．プロモーターに基本転写因子が，転写調節領域に転写調節因子が結合できるようになる（エンハンサーは1カ所，示されている）．メディエーターが転写調節因子と基本転写因子の橋渡しの役割をすることにより，プロモーター領域へのRNAポリメラーゼⅡの結合が安定化し，RNAポリメラーゼⅡは転写を開始する．

3.3 転写にかかわる因子とRNA
3.3.1 RNAポリメラーゼとRNA

RNAポリメラーゼは，DNAを鋳型としてRNAを合成する酵素である．真核生物のRNAポリメラーゼは3種類ある．主としてRNAポリメラーゼⅠはリボソームRNA(rRNA)前駆体を，RNAポリメラーゼⅡはメッセンジャーRNA(mRNA)前駆体を，RNAポリメラーゼⅢはトランスファーRNA(tRNA)前駆体を生合成する(表3.1)．いずれのRNAポリメラーゼによって転写されるRNAも，転写されただけでは完全ではない．いくつものタンパク質やRNAから構成される複合体によって行われる**プロセシング**(processing)を経て，成熟RNAとなる．mRNAの場合，5′末端へのキャップ構造の付加，イントロンの除去，3′末端のポリアデニル化が行われる．

RNAポリメラーゼは，いずれも10個以上のタンパク質で構成されており，Ⅰ，Ⅱ，Ⅲのそれぞれのポリメラーゼに特異的なサブユニットと共通のサブ

表 3.1 RNA の種類と機能

種類		機能
コーディングRNA	mRNA	タンパク質の情報をコードしている
ノンコーディングRNA	rRNA	リボソームを構成する RNA
	tRNA	mRNA 上の遺伝情報をタンパク質に翻訳するアダプターの役割をする分子
	snRNA	mRNA のスプライシング過程にかかわる小型 RNA
	snoRNA	rRNA の成熟過程にかかわる小型 RNA
	miRNA	mRNA のタンパク質への翻訳を阻害する役割をもつ（4 章のコラムを参照）

ユニットから構成されている．また，酵母からヒトに至るまで多くの部分で保存されている．一方，ウイルスの RNA ポリメラーゼは 1 種類のタンパク質からできているものもある．

3.3.2　基本転写因子，転写調節因子，メディエーター

真核生物の RNA ポリメラーゼ II は，単独では転写を開始することはできない．**基本転写因子**は，RNA ポリメラーゼ II がプロモーターに結合し，転写開始点から正しく転写を行うために必要な因子である．TFIIA，TFIIB，TFIID，TFIIE，TFIIF，TFIIH，TFII-I の 7 種類と，転写の伸長に働く TFIIS がある．

転写調節因子はエンハンサーやサイレンサー領域に結合する因子であり（図 3.5 参照），多くの種類がある．またメディエーターは，基本転写因子と転写調節因子の両方に結合する因子で，**コアクチベーター**（coactivator）とも呼ばれる．転写因子とメディエーターによって基本転写因子のプロモーターへの結合が安定化する．この結果，mRNA の転写が大幅に促進される．基本転写因子，転写調節因子，メディエーターは，いずれもタンパク質複合体である．

3.4　mRNA の転写とプロセシング
3.4.1　転写の開始と 5' 末端のキャップの付加

基本転写因子の TFIID が TATA ボックスを認識して結合すると（図 3.4 参照），TFIID の隣に TFIIA と TFIIB が結合できるようになる．一方，RNA ポリメラーゼ II に TFIIF が結合すると，TFIIE や TFIIH が結合してくる．この複合体は，TFIID などが結合したプロモーターに呼び寄せられて結合し，転写開始複合体を形成する．TFIIH のもつヘリカーゼ活性により RNA ポリメラーゼ II は鋳型鎖と接触し，RNA 合成を始める．さらに TFIIH のも

3.4 mRNA の転写とプロセシング

つタンパク質キナーゼ活性により，RNA ポリメラーゼ II の最大サブユニットの C 末端ドメイン(CTD)をリン酸化する．転写は 5′ から 3′ に向かって行われる．転写開始複合体は TFIIA-TFIID-TFIIB 複合体と TFIIF-PolII 複合体に分離され，TFIIE, TFIIH も放出される〔これを**プロモータークリアランス**(promoter clearance)という〕．

　転写を開始するとすぐに，いったん RNA の合成がストップする．ここで 3 種類の酵素によって mRNA の 5′ 末端に特殊な修飾を受けたグアニン塩基が付加，加工される．最終的に 7-メチルグアニンが 5′-5′ 結合した構造をとり，この構造を**キャップ構造**(cap structure)と呼んでいる(図 3.6)．結晶

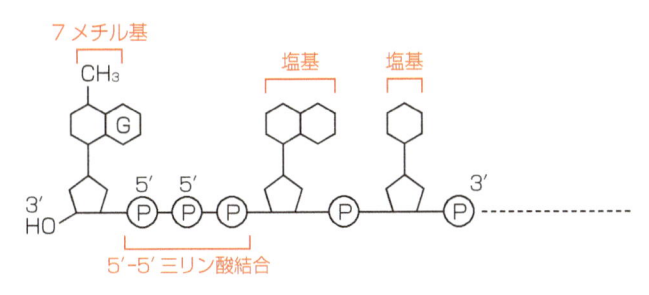

図 3.6　mRNA のキャップ構造

構造解析から，キャップ構造は，合成された RNA が RNA ポリメラーゼ II の出口から出た直後に付加されることが示されている．出口通路の隣には RNA ポリメラーゼ II の CTD が存在している．CTD は，ヒトでは 52 回，酵母では 26 回の 7 アミノ酸(YSPTSPS)の繰返し構造をもつ領域(完全に同じ繰返し構造ではない)で，さまざまな mRNA のプロセシングを行う因子と相互作用している(図 3.7)．CTD は，RNA ポリメラーゼ II が転写開始複合体に呼び寄せられたときにはリン酸化されていないが，転写の開始時には 5 番目のセリンがリン酸化されている．リン酸化セリンを認識して，キャッピングに関与する一群の酵素が CTD に呼び寄せられ，キャップ付加を効率的に行う．キャップ構造は，mRNA が細胞質に運ばれてタンパク質に翻訳される際に翻訳開始因子によって認識されるだけでなく，核外輸送[*5]の際にも標識として機能する．

　ここまで転写開始について説明してきたが，実際の細胞の中で DNA はヌクレオソームを形成し，さらに高次のクロマチン構造をとっている(図 3.3, 図 3.5 参照)．遺伝子が転写されるためには，プロモーター上に基本転写因子が集結するようにクロマチン再構成因子が，またヒストンアセチラーゼなどのヌクレオソーム調節因子がプロモーター領域のクロマチン構造をゆるめることによりプロモーター領域をオープンにすることが必要になる．さらに

[*5] 真核細胞における mRNA の転写およびその後のプロセシング反応は細胞核で行われる．すべてのプロセシングを終了した mRNA は細胞質へと輸送(核外輸送)され，細胞質でタンパク質翻訳の鋳型となる．

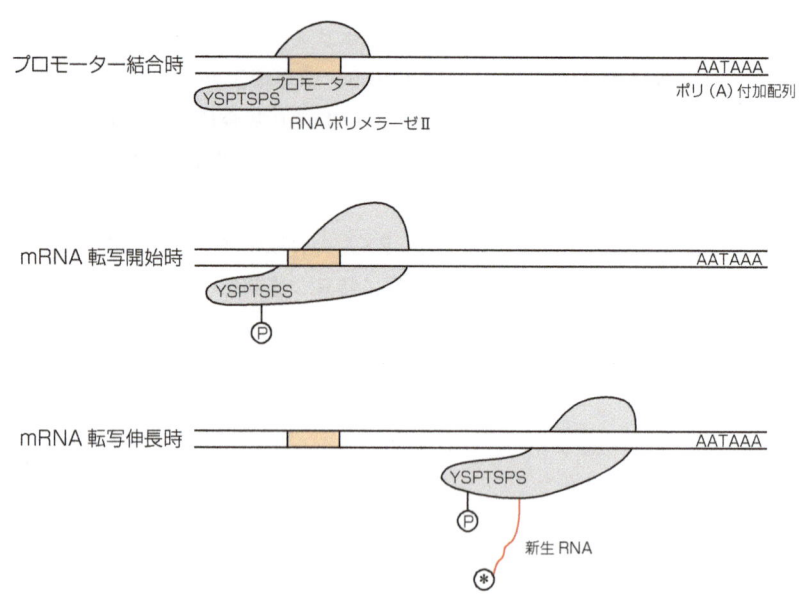

図 3.7 RNA 合成時における RNA ポリメラーゼⅡ最大サブユニットの CTD 領域のリン酸化状態
CTD 領域には YSPTSPS の繰返し配列が存在する．Ⓟはリン酸化されていることを，❋は mRNA のキャップ構造を示している．ここでは RNA ポリメラーゼⅡの最大サブユニットのみを示している．

エンハンサー領域に結合した転写調節因子とメディエーターが協同して，プロモーター上の基本転写因子と RNA ポリメラーゼの結合を安定化することが重要である．

3.4.2 転写の伸長

転写開始には数多くのタンパク質がかかわるが，伸長段階では基本転写因子やキャップの付加にかかわったタンパク質の大部分が解離され，新たに一群の**転写伸長因子**（transcriptional elongation factor：TEF）[*6]やスプライシングに関する因子が呼び寄せられる．このとき CTD の 5 番目のセリンは脱リン酸化され，新たに 2 番目のセリンがリン酸化される（図 3.7 参照）．転写伸長中は転写伸長因子によって CTD の 2 番目のセリンのリン酸化状態が維持される．さらに CTD には必要に応じてスプライシングや転写の終結と mRNA の 3′ 末端プロセシングに必要な一連のタンパク質群が呼び寄せられる．

3.4.3 スプライシング

RNA ポリメラーゼⅡによって転写された RNA は一次転写産物あるいは **mRNA 前駆体**（pre-mRNA）という．mRNA 前駆体にはエキソン（exon,

[*6] RNA ポリメラーゼⅡが mRNA を伸長させる過程（伸長反応）を制御するタンパク質のこと．いくつもの因子が存在する．

3.4 mRNA の転写とプロセシング

Column

原核細胞の遺伝子発現

真核細胞においては mRNA の転写は核内で行われ，細胞質へ輸送されてタンパク質翻訳の鋳型になる．これに対して原核細胞では，核と細胞質がなく原形質のみが存在し，mRNA の転写とタンパク質への翻訳は原形質で並行して行われる．原核生物では機能の関連した遺伝子が染色体上に隣接して存在し，遺伝子クラスターを形成している．このうち単一のプロモーターで転写される単位を**オペロン**という．このため原核細胞では，一つの mRNA 上に複数のタンパク質をコードする領域をもつものもあり，このような mRNA を**ポリシストロン性 mRNA**（polycistronic mRNA）という．一方，真核細胞では，基本的に一つの mRNA は一つの遺伝子をコードしている．大腸菌のプロモーターには重要な配列が2カ所ある．転写開始点から上流35塩基部位と上流10塩基部位である．これらの塩基配列はよく保存されており，RNA ポリメラーゼが認識して結合する部位である．

ポリシストロン性 mRNA の代表的な大腸菌ラクトースオペロンを例にとって，原核細胞での発現を概説する．ラクトースオペロンは，ラクトースをガラクトースとグルコースに分解するガラクトシダーゼ（*lacZ*），ラクトースを細胞内に輸送するガラクトシドパーミアーゼ（*lacY*），チオガラクトシドアセチルトランスフェラーゼ（*lacA*）の三つのタンパク質をコードしている．また，ラクトースオペロンの上流にはラクトースオペロンのリプレッサー（*lacI*）が存在しており，リプレッサーは常時発現している．栄養源としてグルコースが存在している場合，リプレッサーはラクトースオペロンのオペレーターと結合する．このとき，RNA ポリメラーゼのプロモーター領域への結合が阻害され，*lacZ*, *lacY*, *lacA* 構造遺伝子の mRNA への転写が抑制される．一方，栄養源としてラクトースしかない場合，リプレッサーは，ラクトースが細胞内で異性化したアロラクトースと結合して高次構造が変化した結果，もはやオペレーター領域と結合しなくなる．さらにアデニル酸シクラーゼ（この酵素はグルコース存在下では阻害されている）が活性化し，細胞内 cAMP 濃度を上昇させる．すると cAMP は，カタボライト活性化タンパク質（CAP）と呼ばれるDNA 結合タンパク質（染色体の別の部位に遺伝子は存在する）と複合体を形成し CAP 部位に結合できるようになる．これは RNA ポリメラーゼがプロモーター領域に結合するのを促進する．その結果，mRNA の転写と *lacZ*, *lacY*, *lacA* 遺伝子産物の翻訳が進む．このようにリプレッサーはラクトースの有無を，CAP はグルコースの有無を感知し，ラクトースオペロンの発現を制御している．他のポリシストロン性 mRNA の発現も，ラクトースオペロンでの制御と似通った機構で発現が調節されている．

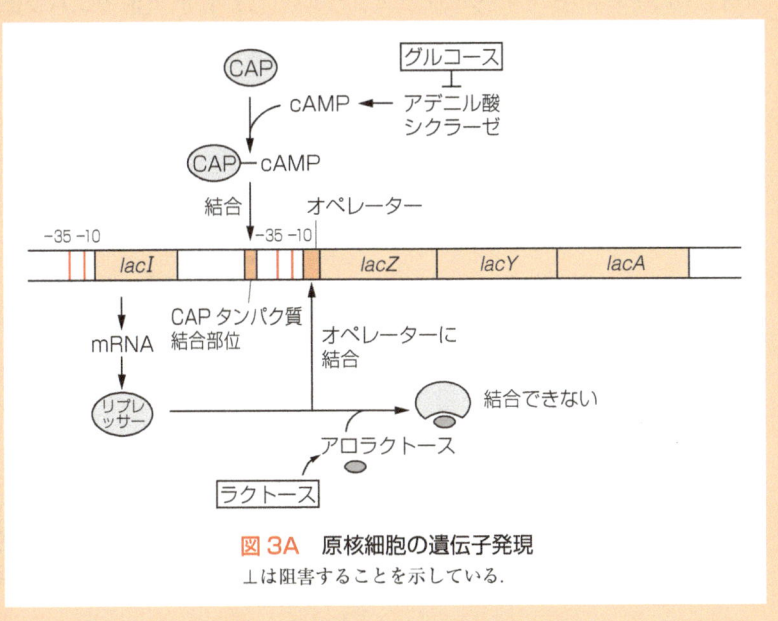

図 3A 原核細胞の遺伝子発現
⊥は阻害することを示している．

mRNAとなる配列)と破棄される**イントロン**(intron, 介在配列)が含まれる(図3.1参照). ヒトなどの高等真核生物では,通常,mRNA前駆体は複数のエキソンとイントロンから構成されており,エキソンから始まり,エキソンとイントロンが順に並び,最後はエキソンで終了する. **スプライシング**(splicing)は,このイントロンを除き,エキソン部分を順番に結合して,完全なタンパク質配列に対応するmRNAをつくることをいう. スプライシングを受ける遺伝子は,種によって異なるが,一般に生物が複雑さを増すにつれて多くなる. たとえば,出芽酵母では約5%の遺伝子がスプライシングを受けるのに対して,ヒトでは大多数の遺伝子が対象となる. またイントロンが一つだけの遺伝子もあれば,10個以上のイントロンを含む遺伝子もある.

mRNA前駆体 スプライシングに重要な配列は,ほとんどがイントロンおよびイントロンとエキソンの境界にある(図3.8). 5′スプライス部位(供与部位),3′スプライス部位(受容部位),分岐点(ブランチサイト)とポリピリミジン反復配列である. 分岐点はアデニン残基とその前後の保存された領域であり,3′スプライス部位の数十塩基上流にある. スプライシング反応の第一段階で,切断された5′スプライス部位がアデノシン残基に結合する. ポリピリミジン反復配列はシトシンとウラシルが10塩基程度連なった領域で,分岐点の下流,3′スプライス部位の上流にあり,イントロンの認識に重要な役割を果たしている. これらの配列は比較的よく保存されている. また,このほかエキソンにもスプライシングの起こりやすさを決めている配列(エキソニックエンハンサー)があり,**SRタンパク質**(SR protein)[*7]が結合する. SRタンパク質が結合すると,U2AFと呼ばれる補助タンパク質複合体をポリピリミジン反復配列/3′スプライス部位に,U1snRNP(後述)を5′スプライス部位にそれぞれ呼び寄せる. このようにエキソン上の特定配列もスプライ

＊7 RSドメインと呼ばれるアルギニンとセリン残基に富む領域をもつタンパク質の総称で,高等真核生物では約10種類が知られている.

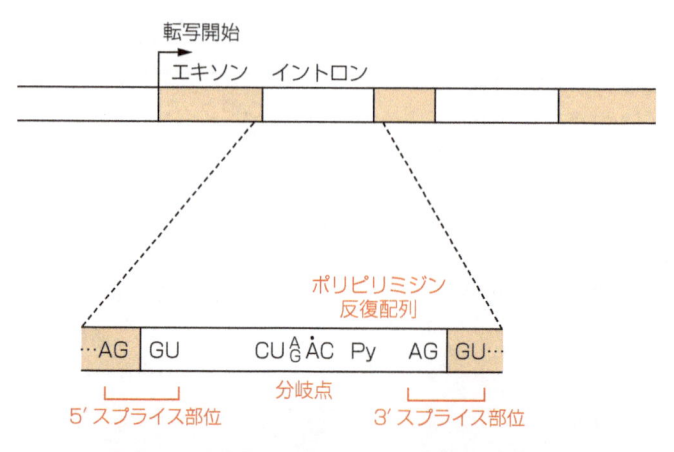

図3.8 mRNAスプライシングを指示する領域

シングを行う標識となっている.

　キャップの形成に関する酵素を呼び寄せるためには，RNA ポリメラーゼ II の CTD が重要であることを述べたが，スプライシングについても同様のことがいえる．スプライシングを行う複合体の総称を**スプライソーム**（spliceosome）というが，スプライソームを構成する一部の因子は，CTD を介して mRNA 上に移ってくる．これらの因子がスプライソームの成分を次々と呼び寄せることでスプライシングが進行する．

　スプライソームは，5 種類の U1, U2, U4, U5, U6 snRNA（small nuclear RNA）と合計 150 種類を超えるタンパク質とで構成されている．一つの snRNA は七つ以上のタンパク質と複合体を形成し，**UsnRNP** として機能する．UsnRNP は主としてイントロン配列と塩基対形成を行い，タンパク質がその構造を必要に応じて安定化あるいは構造変化（リモデリングともいう）するのを助ける．スプライシングはいくつかの過程に分けることができるが，UsnRNP を含めてそれぞれの過程で適切な会合と離散を繰り返してスプライシングを行う．このため各過程でのスプライソームの構成成分は異なっている．

　それではスプライシングの実際を見ていくことにする（図 3.9）．転写された mRNA 前駆体上の 5′ スプライス部位に U1 snRNP が結合し，分岐点に分岐点結合タンパク質（branchpoint binding protein：BBP）が，またポリピリミジン反復配列 /3′ スプライス部位に U2AF が結合する．U2 snRNP は U2AF と BBP に呼び寄せられ，入れ替わって分岐点に結合する．このときに snRNP に含まれる U1 snRNA および U2 snRNA は，mRNA 前駆体のコンセンサス配列[*8]と相同性のある配列を介して特異的な認識を行う．次に U4/U6 snRNP が U5 snRNP とともにスプライソームに加わり，イントロンは**投げ縄構造**（ラリアット構造，lariat structure）をとる．U6 snRNP が U1 snRNP と入れ替わるとともに U4 snRNP も解離する．U6 snRNP は分岐点の U2 snRNP と 5′ スプライス部位に結合しており，U5 snRNP は上流のエキソンに結合している．ここで 5′ スプライス部位の切断と分岐点への結合が起き，イントロンは投げ縄構造になる．U5 snRNP は下流のエキソンにも結合し，両エキソンは U5 snRNP によってつなぎ留められる．最後に 3′ スプライス部位の切断とエキソン同士の結合が起こり，イントロンが放出される．結合したエキソン同士の境界から 20～24 塩基上流にエキソン境界複合体（exon junction complex：EJC）が形成される．EJC はスプライシングの完了を示すと同時に，細胞質での mRNA の品質管理にも使用される．細胞質での mRNA の品質管理については 4 章で述べる．

　スプライシングには，RNA の切断と再結合を行うために RNA-RNA 再編成が必要である．このためにスプライソームの構造変化を何度も行わな

[*8] 他の mRNA を比較したときに共通して，同じような機能をもつ配列のこと．ほかにも遺伝子上のプロモーターやタンパク質の機能領域を指しても使用される.

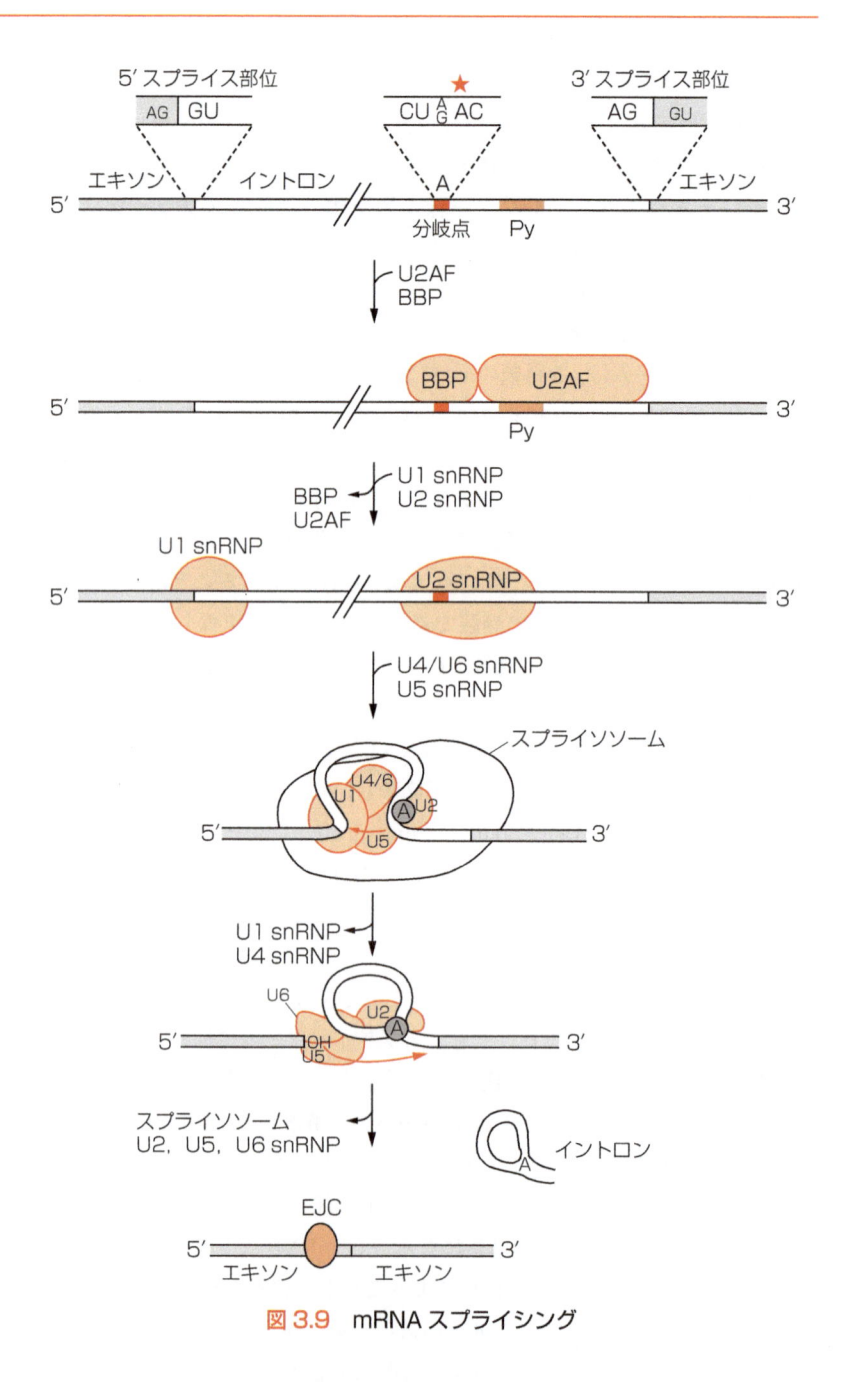

3章 遺伝情報の発現・転写・プロセシング

図3.9 mRNAスプライシング

*9 スプライシングが終了すると，イントロンは5′スプライス部位と分岐点のところで結合し，投げ縄構造をとっている．この結合を解除する酵素を脱分岐酵素という．

くてはならない．それはRNAヘリカーゼタンパク質がATPの加水分解エネルギーを用いて担当している．　放出された投げ縄状イントロンは脱分岐酵素[*9]により投げ縄構造が外される．このイントロンは，核内で5′→3′エキソヌクレアーゼや3′→5′エキソヌクレアーゼによって分解され，再びRNAの合成に利用される．

3.4 mRNAの転写とプロセシング

Column

マイクロアレイ

これまで遺伝子の発現を解析する代表的な方法は，ノーザンブロット法やRT-PCR法であった．ノーザンブロット法は，さまざまな状態の細胞や組織から調製したRNAをナイロンメンブレン上に固定し，標的遺伝子に特異的な配列（プローブ）を放射性同位元素あるいは蛍光色素で標識してハイブリダイゼーション（次頁の＊10参照）する方法で，特定のいくつかの遺伝子発現の時間変化の観察に向いている．RT-PCR法は，同様に調製したRNAを逆転写によってcDNAとした後，特異的なプライマーセットを用いて増幅する方法であり，きわめて発現量の少ない遺伝子の発現解析にも使用することができる．RT-PCR法では，一度に数十個の遺伝子の発現を解析することができる．

さまざまな生物の全ゲノム情報が次々と明らかにされたことで，生物のもつ遺伝子の数は数千から数万個であることがわかった．しかしノーザンブロット法やRT-PCR法で一度に解析できる遺伝子の数はせいぜい数十個であるので，細胞のmRNAの発現を網羅的に観察することは困難だった．そこで一挙に数千個あるいはすべての遺伝子の発現をモニターし，細胞内で起こっている遺伝子発現の変化を網羅的に解析する方法が開発された．それが**マイクロアレイ法**（microarray method）である．

マイクロアレイ法は，ガラスなどのマトリックス上に数千から数万個のDNA（現在ではオリゴヌクレオチドを使用するのが一般的である）スポットを作成，あるいはマトリックス上でDNAを合成し，高密度に配置（アレイ）したものを使用する．次に解析したい細胞から調製したRNAを逆転写によりcDNAとする．解析には2種類のプローブを使用する．一つは対照群であり，もう一つが解析群である．これらのプローブは，それぞれの群の細胞からRNAを調整し，逆転写によりcDNAとしたものであり，たとえば対照群は緑の蛍光色素で，一方，解析群は赤の蛍光色素で標識したプローブをアレイにハイブリダイゼーションする．ハイブリッド形成の強度を蛍光スキャナーで読みとり，各遺伝子の転写量（発現プロファイルという）を対照群と比較する．一つのスポットに一つの遺伝子配列が収められているので，一度に多くの遺伝子発現の変化を追跡することができる．

現在，全遺伝子を配置したもの，がんや神経疾患に関係の深い遺伝子を集めたものなどさまざまなアレイが使用されている．全遺伝子を配置したアレイを使用すれば，生物がもつすべての遺伝子の発現を網羅的に解析することができる．一方，疾患に関係の深い遺伝子を集めたアレイを使用すれば，特定の疾患にかかりやすいかどうかについての情報を一度に得ることができる．

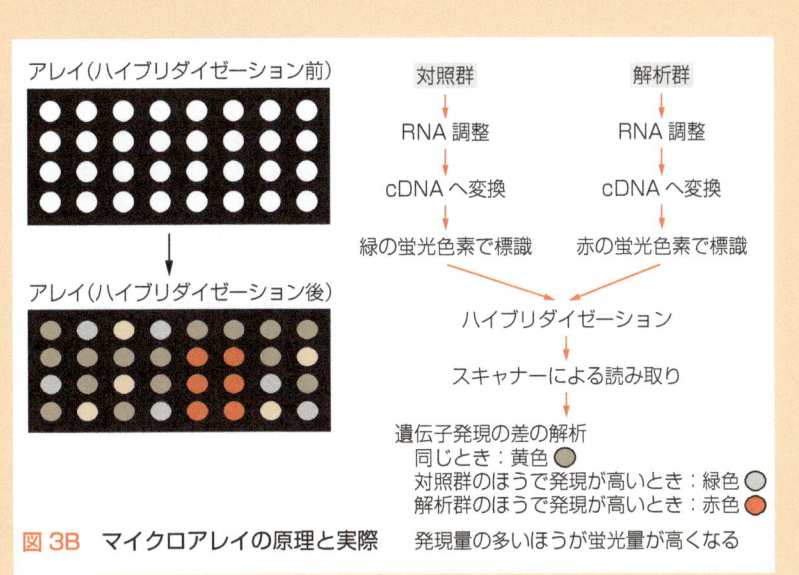

図3B　マイクロアレイの原理と実際　発現量の多いほうが蛍光量が高くなる

同じとき：黄色
対照群のほうで発現が高いとき：緑色
解析群のほうで発現が高いとき：赤色

3.4.4 転写の終結と 3′末端プロセシング

mRNA の転写の終結は，DNA 上の特殊な配列〔**ポリ(A)付加配列**，poly (A) addition sequence〕を認識して行われる（図3.10）．転写中の RNA ポリメラーゼⅡは，転写の終盤にくるとポリ(A)付加配列を認識する．このとき CTD にはタンパク質複合体 CPSF（cleavage and polyadenylation specificity factor，切断・ポリアデニル化特異性因子）と CstF（cleavage stimulation factor，切断促進因子）が結合している．ポリ(A)付加配列が転写されると CPSF と CstF は RNA 上に移動する．RNA ポリメラーゼによる転写反応はすぐに停止するわけではなく，場合によっては数百塩基にわたって RNA 合成を続ける．CPSF と CstF はいくつかのタンパク質複合体を呼び寄せ，ポリ(A)付加配列（AAUAAA）の 10 から 30 塩基下流の CA 配列で RNA を切断する．ついで mRNA をコードする RNA 分子の 3′末端にポリ(A)ポリメラーゼが 200 から 300 塩基におよぶアデニンを付加する〔これをポリ(A)あるいはポリ(A)テイルという〕．この反応は RNA 鎖を合成する点で RNA ポリメラーゼⅡと同様であるが，RNA ポリメラーゼⅡが反応に鋳型を必要とする

* 10 ハイブリダイゼーション：核酸同士をハイブリッド形成させることをいう．DNA 同士で二本鎖分子を形成する場合，DNA と RNA で二本鎖分子を形成する場合，RNA 同士で二本鎖分子を形成する場合の 3 種類がある．たとえばノーザンブロット法（ノーザンハイブリダイゼーション法ともいう）は，目的 RNA を検出する方法である．まず RNA をサイズに応じて分離後，ナイロン膜上に移す（ブロットという）．検出したい RNA に相補的な核酸断片を蛍光色素や放射性同位元素で標識し（プローブという），目的 RNA とハイブリッドを形成させることで検出する方法である．サザンブロット法（サザンハイブリダイゼーション法）は，同様の方法で DNA を検出する場合である．

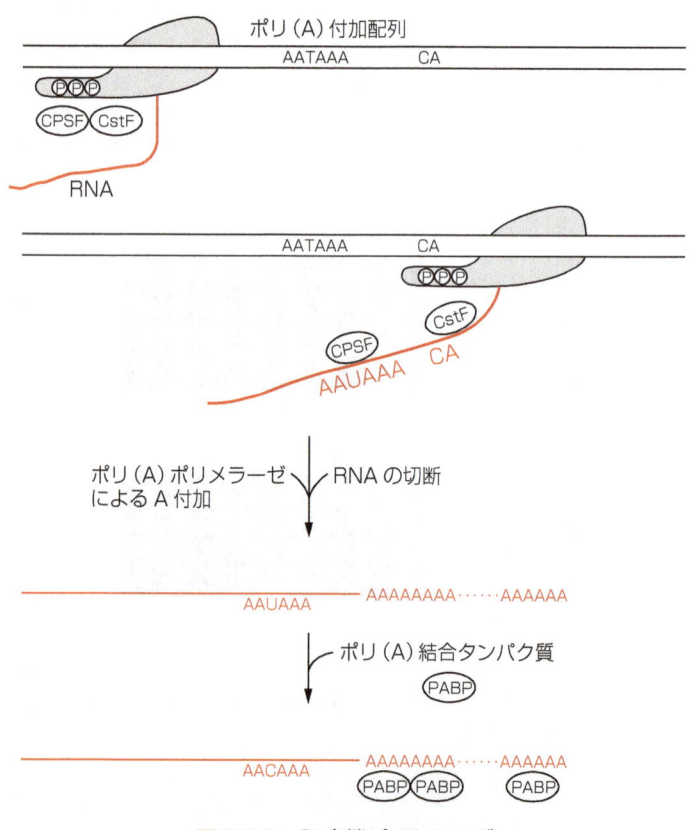

図3.10　3′末端プロセシング

DNA依存性のポリメラーゼであるのに対し，ポリ(A)ポリメラーゼは鋳型を必要としない．ポリ(A)テイルは，遺伝子上に配列があるわけではなく，RNAポリメラーゼIIによって転写されたmRNAがもつ特徴であり，PABP〔poly(A)-binding protein，ポリ(A)結合タンパク質〕が結合することで，3′→5′エキソヌクレアーゼからの分解を防いでいる．5′キャップ，スプライシング，ポリ(A)の付加というすべてのプロセシングが完了して成熟したmRNAは，核内から細胞質に輸送される．これらのプロセシングが完了していないmRNAは核内に滞留する．

3.4.5 核内におけるmRNAの品質管理

ここまでDNAからRNAへの転写が行われる様子について述べてきた．DNA複製の際の間違いはきわめて少ない．しかし転写の際の間違いは，DNAの複製に比べて多い．DNAが遺伝情報の本体であるために，エラーが起こると，その変異は子孫に伝達される場合がある．このため複製には正確さがきわめて重要である．一方RNAは，遺伝情報の一過性の伝達手段であるので，DNAの複製のときほど正確である必要はないらしい．しかし，転写された**mRNA**も**品質管理**(mRNA quality control)を受けている．mRNAとして細胞質に輸送されてタンパク質合成の鋳型になるためには，いくつものプロセシング過程を通過し，品質管理に合格しなくてはならない．スプライシングで生じたイントロンが核内で分解されることについては，すでに述べてきた．mRNAとして合成された場合でも，プロセシングに不具合があるとmRNAは核内で分解される．核内で行われるmRNAの品質管理は，塩基単位のエラーではなく，mRNAとしてプロセシングが適切に行われたかを監視している．実はmRNAの品質管理は転写段階だけでなく翻訳段階でも働いている．これについては4章で述べることにする．

3.4.6 各プロセシングの協調

真核細胞のmRNAは，転写とともに5′末端のキャッピング，スプライシング，3′末端のプロセシングなど多くのプロセシングを受ける．mRNA成熟のための各プロセスは独立して起こっているわけではなく，互いに協調・関連している．これらの協調においてRNAポリメラーゼIIのCTDは，それぞれのプロセスが転写の適切な時期に遅滞なく行われるようにさまざまなプロセシング因子群の会合場所を提供するとともに，プロセシング過程の間の協調関係を制御している．このほかに転写の伸長とキャップ形成に働くSpt5，転写伸長とスプライシングに働くTAT-SF1，転写伸長と核外輸送の協調に働くTREXなどのタンパク質性の共役因子が，各プロセシング間の連携を効率的に行えるように働いている．

3.4.7 選択的スプライシング

　これまでは，一つの遺伝子からmRNA前駆体が合成され，1種類のmRNAとなる機構について述べてきた．このような方法を**構成的スプライシング**（constitutive splicing）と呼ぶ．これに対して一つの遺伝子からいくつか異なった組合せのエキソンをもつmRNAがつくられることがある．これを**選択的スプライシング**（alternative splicing）と呼ぶ（図3.11）．スプライシングを指示する配列はイントロンを中心に4カ所存在するが，いずれの部位

① 3′スプライス部位選択

② 5′スプライス部位選択

③ イントロン含有

④ エキソンスキップ

⑤ 相互排他式エキソンスキップ

⑥ 異なる第一エキソンの利用

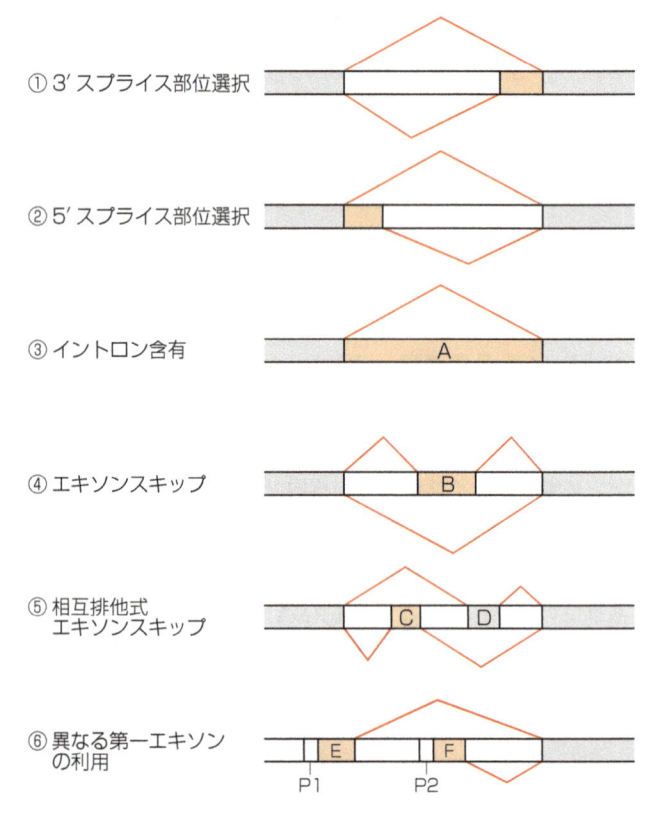

図 3.11　選択的スプライシングの様式
　P1，P2はプロモーター，A～Fはエキソン，△はスプライシングで除去されるイントロンを示している．①では，3′スプライス部位が2カ所ある場合が示されている．3.4.3項で説明したように，スプライシングを示す部位は比較的保存されている．ただ，似た配列が近傍にある場合，どちらを使用するかは細胞によって異なることがある．また同じ細胞で，両方のタイプのスプライシングを行う場合もある．どちらの部位が使われやすいかは，コンセンサス配列との近さやエキソンに結合するRNA結合タンパク質によって制御されている．②は，5′スプライス部位が2カ所ある場合である．③は，たとえばコンセンサス配列から少し外れた場合にAはイントロンとして認識されたりされなかったりする．また，イントロンの認識に重要な配列にスプライシングに関係のないRNA結合タンパク質が結合している場合，イントロンとして認識されず除去されないこともある．④では，△の場合，Bはエキソンとして認識される．▽の場合，Bはエキソンとして認識されず両側を含めて一つのイントロンとして除去される．⑤では，Cをエキソンとして認識する場合，エキソンDは除去される．一方，Dをエキソンとして認識する場合，エキソンCは除去される．エキソンCとDは，相互排他的に使用される．⑥は，異なるプロモーターを使用してmRNAを転写する場合である．転写部位からのmRNAがそのまま第一エキソンとなる．プロモーター1（P1）から転写した場合，Eが第一エキソンとなる．プロモーター2（P2）から転写した場合，Fが第一エキソンとなる．

もある程度の多様性をもっている．このために，たとえば一つの 5′ スプライス部位に対して 2 カ所の 3′ スプライス部位が提示されることがある．この場合，2 カ所の 3′ スプライス部位がコンセンサス配列からの近さによって選ばれる頻度が異なってくる．実際，ヒトの遺伝子の 70％は選択的スプライシングをもつと見積もられている．この機能によってヒトの遺伝子の数は 2 万 5000 個程度であるが，つくられるタンパク質の種類は 10 万種類にもなると推定されている．選択的スプライシングは，一つの細胞が一部配列の異なるタンパク質（そのため機能が変わることもある）を合成することを可能にしているだけでなく，さまざまな組織や発生過程において一部配列の異なる複数のタンパク質を一つの遺伝子から発現することを可能にしている．たとえば選択的スプライシングの結果，細胞膜結合性をもつ配列ともたない配列を有する 2 種類の mRNA を合成することもできる．このほか通常のプロモーターを使用せず，より上流のプロモーターを使用して mRNA の合成を行う場合もある．このとき mRNA は，異なる第一エキソンをもつことになる．これも広義の選択的スプライシングの一つである．

練習問題

1 次の記述の正誤を判断し，その理由とともに述べなさい．
　① ヌクレオソームを形成するヒストンは，H1, H2, H3, H4 である．
　② 高等生物は，大多数の遺伝子に複数のイントロンをもつが，翻訳されるタンパク質は通常 1 種類だけである．
　③ 真核生物では，mRNA は単一の遺伝子由来のタンパク質をコードしており，原核生物では，mRNA の大部分は複数の遺伝子由来のタンパク質をコードしている．
　④ スプライソソームを構成する RNA の種類は，U1, U2, U3, U4, U5, U6snRNA である．

2 プロモーター領域がヌクレオソーム内に存在すると，基本転写因子の結合が妨げられる．これを解決する方法を 2 種類述べなさい．

3 遺伝子配列にはさまざまな情報を指令する部分がある．一つの遺伝子を規定するために必要なエレメントを挙げ，その機能を簡単に説明しなさい．

4 真核細胞で，RNA を転写する RNA ポリメラーゼは何種類存在するか．また，個々の RNA ポリメラーゼが転写する代表的な RNA の種類を述べなさい．

5 RNA ポリメラーゼ II が転写を行うときに自身の受ける修飾について，転写の進展に合わせて説明しなさい．

6 スプライシングを行う際に目印となる配列について簡単に述べなさい．

7 真核細胞における遺伝子発現と原核細胞における遺伝子発現において，共通点ならびに相異点を挙げなさい．

8 選択的スプライシングを行う利点を述べなさい．

4章 遺伝情報の輸送・翻訳

いのちのことば

4.1 RNAからタンパク質への遺伝情報の伝達

RNAとDNAとの違いは，糖がデオキシリボースではなくリボースであること，塩基としてチミンのかわりにウラシルが使われることであり，DNAを鋳型にしてRNAが合成される．このためRNA合成には多くのタンパク質がかかわっているとはいえ，DNAからRNAの遺伝情報の伝達は，鋳型と相補鎖を形成する塩基を導入することであり理解しやすい．これに対してRNAとアミノ酸は相互作用するものの相補鎖を形成することはないので，mRNAのもつ遺伝情報をタンパク質に変換するためのしくみが必要となる．変換には，タンパク質へ翻訳するmRNA中の領域を決める**リボソーム**（ribosome）と，mRNAのもつ遺伝情報をアミノ酸情報へと橋渡しをする**tRNA**がおもな役割をもつ．

4.2節では，核で転写されてさまざまなプロセシングを完了したmRNAの細胞質への輸送と，その後の運命について解説する．4.3節ではmRNAからタンパク質への翻訳を行うリボソームとtRNAについて，4.4節では翻訳について，4.5節では合成されたタンパク質の高次構造の形成について解説する．

4.2 mRNAの細胞質への輸送とその運命

4.2.1 mRNAの構造

タンパク質合成の鋳型となるのは**mRNA**である．mRNAには，タンパク質をコードする部分だけでなく，mRNA自身の安定性を制御する配列などさまざまな指令情報が詰まっている．核内でさまざまなプロセシングを完了したmRNAの構造と代表的な結合タンパク質を図4.1に示す．mRNAは5′側より三つの部分に分けられる．**5′非翻訳領域**（5′ untranslated region），**タンパク質翻訳領域**（protein coding region），**3′非翻訳領域**（3′ untranslated region）である．翻訳領域を規定するのは5′側にある開始（AUGで始まる）コドン（遺伝暗号）と3′側にある終止コドンである（コドンについては4.3.1項を参照）．AUGは，メチオニンを指定するとともにタンパク質翻訳の開始を指令するコドンとしても機能している．タンパク質の合成は，mRNAの5′側の開始コドンから順に3塩基ずつを一つのアミノ酸に変換し，終止コドンで翻訳を終了する．翻訳領域がタンパク質を翻訳するための領域であるのに対して，5′非翻訳領域，3′非翻訳領域はタンパク質の翻訳に直接には関与しない．DNAからRNAへの転写において，DNA上にさまざまなタンパク質が結合して転写を制御するDNA配列があるように，RNA上にも5′非翻訳領域と3′非翻訳領域にはmRNAの安定性，局在性，翻訳の効率などを制御する配列が書き込まれていて，さまざまなタンパク質が結合することでこれらの制御を行っている．このようにmRNA上には多くのタンパク質が結

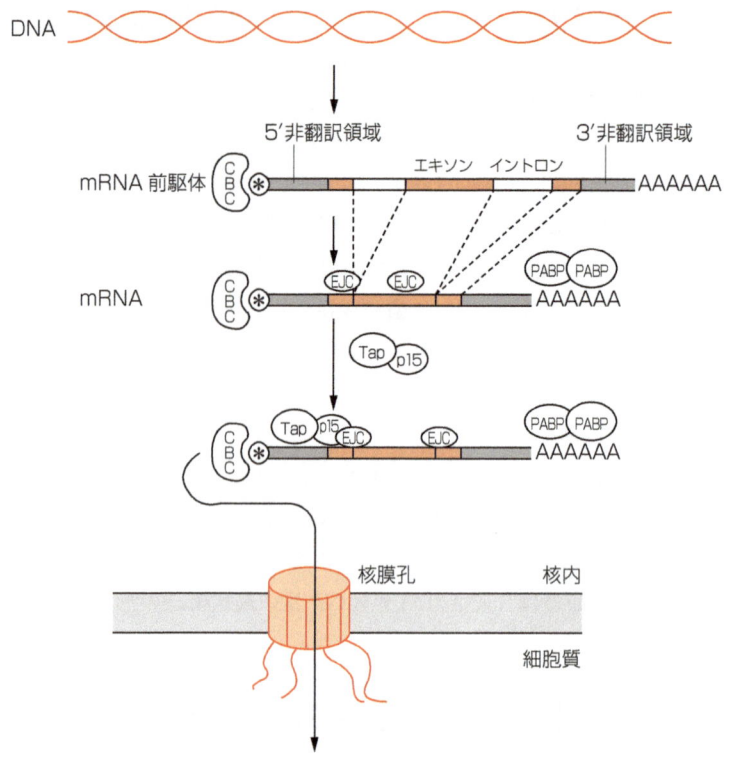

図4.1　mRNAの構造と細胞質への輸送
各因子については4.2.2項および4.2.3項を参照.

合してmRNAの運命を調節している.

4.2.2　エキソン境界複合体(EJC)の形成

　核内でスプライシングが終了すると，エキソンとエキソンが連結される．連結されたエキソンの境界より24塩基程度上流に約10種類のタンパク質で構成される**エキソン境界複合体**(exon junction complex：EJC)が形成される（図4.1参照）．EJCタンパク質は，主として細胞質でのmRNAの品質管理に関するもので構成され，タンパク質を翻訳する際に異常なmRNAを検知しRNA分解へと導く機能をもつ.
　スプライシングを受けるmRNAのほとんどは，最終エキソンに終止コドンが存在している．したがってタンパク質を翻訳しているリボソームから見ると，最後のEJCの後に終止コドンがやってくることになる．このEJCと終止コドンの配置は，4.2.4項で出てくるmRNAの品質管理に重要な位置情報となっている.

4.2.3 細胞質への輸送（核外輸送）と核膜孔複合体

　真核細胞では，mRNA の転写は核内で，タンパク質の合成は細胞質で行われている．このためプロセシングを完了して成熟した mRNA は核膜孔を通って細胞質に輸送される．プロセシング完了の印として，5′ 末端のキャップ部位にはキャップ結合タンパク質 80 と 20 で構成されたキャップ結合複合体（CBC）が，エキソンとエキソンとの間には EJC が，3′ 末端のポリアデニル化部位にはポリ（A）結合タンパク質（PABP）がそれぞれ結合している（図 4.1 参照）．これらのタンパク質は，mRNA の細胞質への輸送の印としてだけでなく，細胞質での品質管理や分解を制御している．

　核と細胞質は核膜で隔てられている．核膜孔は，**ヌクレオポリン**（nucleoporin）[*1] と呼ばれる一群のタンパク質を中心にして核膜の内側と外側を結んでいる孔であり，約 5 万以上の分子量をもつ分子はそのままでは通過することができず，核と細胞質の移動には特別な輸送担体が必要である（表 4.1）．mRNA の核外輸送担体は，ヒトでは **Tap-p15 二量体**である（酵母では

[*1] 核膜孔を構成する主要なタンパク質ファミリーの総称．

表 4.1　RNA の核外輸送因子

	ノンコーディング RNA				
	rRNA（60S ユニット）	tRNA	miRNA	snRNA	mRNA
核外輸送因子	XPO1 RanGTP Nmd3	XPOT RanGTP	XPO5 RanGTP	XPO1 RanGTP	Tap p15

XPO1 は CRM1，Tap は NXF1，p15 は NXT1 ともそれぞれ呼ばれる．

Mex67-Mtr2）．Tap-p15 は，直接 mRNA と結合するのではなく，RNA 結合タンパク質である Aly（REF）などを介して mRNA と結合する．Aly は，最も 5′ 側の EJC の近傍に結合している．このほかアルギニンとセリンに富む配列をもつ SR タンパク質の一つである SF2 も，Tap-p15 と相互作用して mRNA の輸送に機能する．Tap-p15 は，核膜孔のヌクレオポリンのフェニルアラニン-グリシン（FG）リピートと相互作用して，核膜孔の核側から細胞質側に mRNA の 5′ 側を先頭にして輸送する．EJC はスプライシングとともに mRNA 上に移るので，イントロンを保持している pre-mRNA は，輸送されず核内に保持される．また，出芽酵母の場合のように多くがイントロンをもたない遺伝子の場合，Aly の酵母ホモログである YraI は，転写伸長とともに mRNA 上に呼び寄せられ，核外輸送担体 Mex67-Mtr2 と相互作用する．そして Mex67-Mtr2 により mRNA を細胞質へと輸送する．

4.2.4 最初の翻訳と品質管理および翻訳の効率

細胞質に到着した mRNA は，リボソームによってまず**パイオニアラウンドの翻訳**（pioneer round of translation）と呼ばれる翻訳を受ける（図 4.2）．これは mRNA の品質を確認するための翻訳である（翻訳過程の詳細については 4.3 節を参照）．このとき不備のある場合は，そのまま mRNA の分解経路に回される．この検査に合格した mRNA は，通常のタンパク質翻訳に使われる．

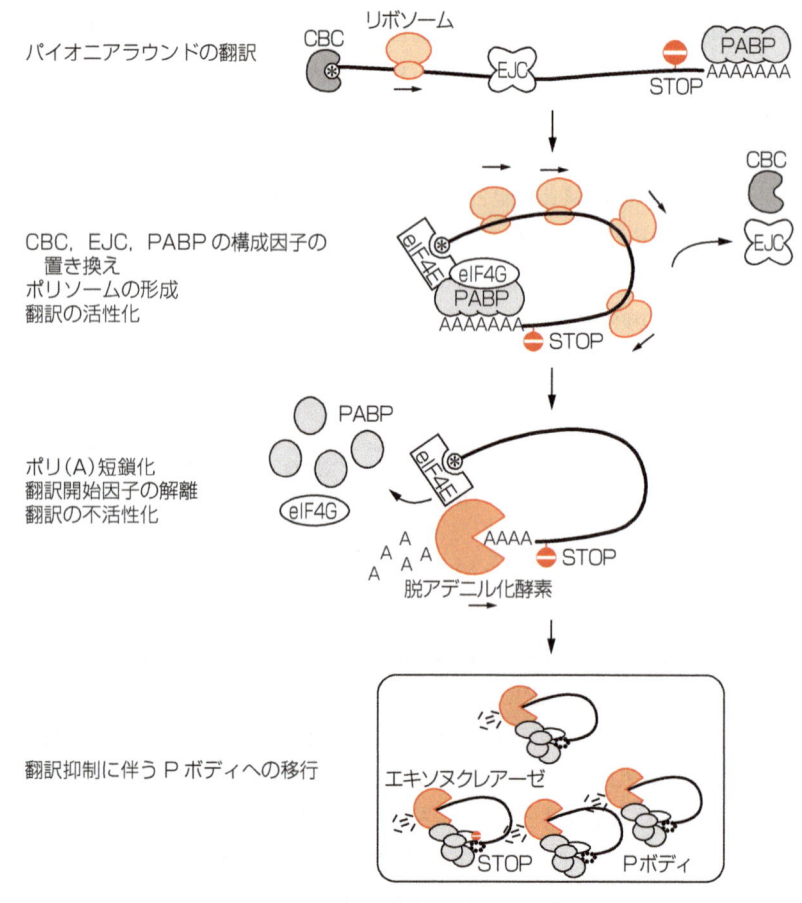

図 4.2 最初の翻訳
STOP は終止コドンを示している．

成熟したmRNAには，CBC，EJC，PABPなどのタンパク質が結合している．パイオニアラウンドの翻訳過程の間に，CBC は翻訳開始因子の eIF4E と eIF4G に置き換わり，EJC は除去され，PABP は他の種類の PABP に置き換わる．このように最初の翻訳段階で mRNA 上に結合したタンパク質は，効率よくタンパク質の合成が行えるような別のタンパク質に置き換わる．パイ

オニアラウンドの翻訳過程の後に，mRNA の 5′ 末端に結合した翻訳開始因子の eIF4E, eIF4G と 3′ 末端に結合した PABP が互いに結合し，mRNA が環状構造をとる．これにより，翻訳を終えて解離したリボソームは，再び同じ mRNA 上で翻訳を開始することが可能となり，一つの mRNA から多くのタンパク質を合成する．

　一方，パイオニアラウンドの翻訳で不合格になった mRNA は，速やかに分解される．本来の mRNA 配列が塩基の挿入，欠失，あるいは転写のエラーによって読み枠がずれたり，本来より上流に終止コドンが導入された mRNA がタンパク質へと翻訳されたりすると，アミノ酸配列の変化や，異常な長さをもつタンパク質を生産することになる．このような遺伝子産物は，不活性であったり，野生型タンパク質の活性を阻害したり，予想外のタンパク質との結合性を獲得したりすることで，細胞に重大な障害をもたらす場合がある．これを回避するために，細胞は正常な mRNA だけを翻訳し，異常 mRNA を排除する品質管理機構をもっている[*2]．これまでに 2 種類の品質管理機構がわかっている．一つは **NMD**（nonsense-mediated mRNA decay）

[*2] mRNA の品質管理は，主としてプロセシングが正常に行われたかを判定するのであり，個々の転写のエラーを検出するのではない．ただし転写のエラーにより，上流に終止コドンができたり，終止コドンがなくなってしまった場合には，mRNA 品質管理の対象となる．

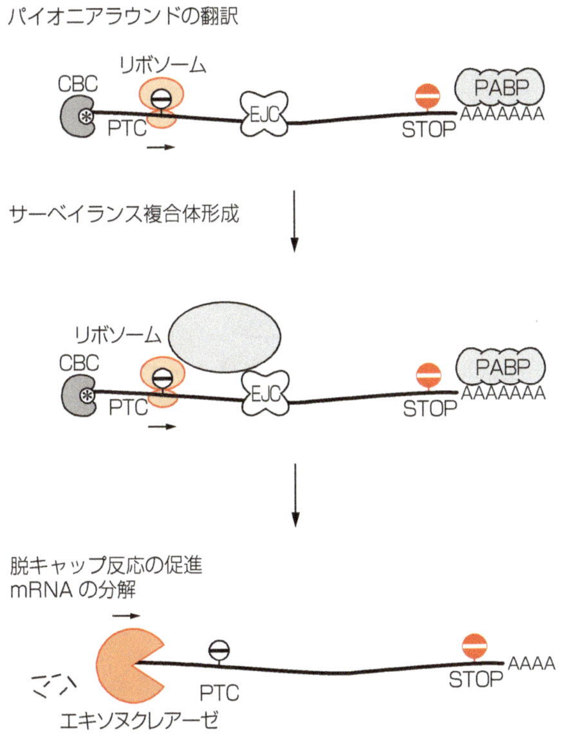

図 4.3　NMD 経路による mRNA の分解
PTC（premature termination codon）は，本来の終止コドンより上流にある終止コドンを示している．STOP は本来の終止コドンを示している．

で，本来よりも上流に終止コドンがある場合に働く品質管理機構である．もう一つは **NSD**（nonstop mRNA dacay）であり，終止コドンが mRNA 上にない場合に働く品質管理機構である．いずれの場合も，パイオニアラウンド（最初）の翻訳を行う際に，リボソームが mRNA 上の異常を感知し，mRNA を分解経路に導く．

NMD は，本来の終止コドンよりも上流に生じた終止コドン（premature termination codon：PTC）を認識して分解する経路である（図 4.3）．これまでに，スプライシングに依存した NMD について解析が進んでいる．リボソームがパイオニアラウンドの翻訳を行う際，mRNA 上の EJC を解離しながら翻訳を行う．正常な mRNA の場合，EJC はすべて除去され，NMD は生じない．一方，最終エキソンから 50 塩基程度よりも上流に終止コドンがある場合，EJC は除去されずに残る．するとリボソームは異常な終止コドンのあたりで停止し，EJC と相互作用する．これによりサーベイランス複合体を形成し，mRNA を分解へと導く．このほかにスプライシングに依存しない NMD 経路も存在する．

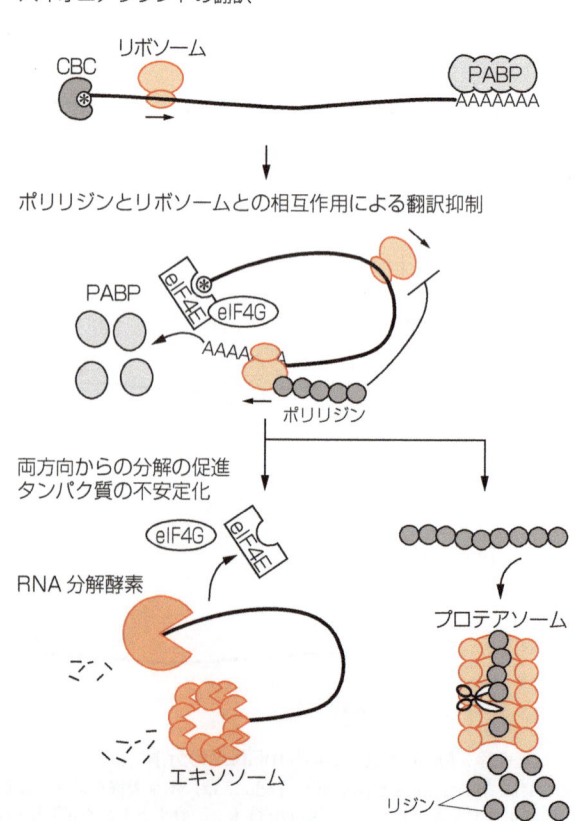

図 4.4　NSD 経路による mRNA の分解

NSDは，終止コドンがないmRNAを分解する経路である（図4.4）．終止コドンをもたないmRNAを翻訳すると，リボソームはmRNAの3′末端まで翻訳することになる．そして最後はポリ(A)鎖〔ポリ(A)配列はどの読み枠を用いてもリジンをコードする〕からポリリジンをつくり，mRNAの3′末端でリボソームは停滞する．停滞したリボソームに依存して，エキソソームと呼ばれるRNA分解酵素複合体が3′から5′へとmRNAを分解する．同時にリボソームは，ポリ(A)鎖を翻訳する際にポリ(A)結合タンパク質を解離するので，mRNAの5′末端との相互作用が解消され，環状構造をとれなくなる．するとRNA分解酵素がmRNAを5′から3′へと分解する．このようにしてmRNAは両方向から分解される．

このようにmRNAは，細胞質へと輸送された後，タンパク質合成の鋳型として適切であるかの判定を受ける．この判定に，スプライシングの結果付与されるEJCが大きな機能を担っている．しかしEJCの機能は，これだけではない．ヒトなどでEJCをもつ（遺伝子にイントロンをもち，スプライシングを受けた）mRNAは，それとまったく同じ塩基配列であるがイントロン配列を欠如しその結果EJCをもたないmRNAよりも，タンパク質への翻訳の効率が高い．まだよくわかっていないが，EJCを構成しているタンパク質の一部がリボソームと相互作用して翻訳の効率を高めているらしい．よってEJCは，細胞質への輸送，mRNAの品質管理，翻訳の効率を左右する機能をもつと考えられる．

4.2.5 RNAの安定性制御

細胞質へと輸送されて，品質管理を完了したmRNAは，タンパク質合成の鋳型として働く．このときmRNAがどのくらい安定に存在するかは，mRNAごとに異なっている．実際，mRNAの細胞質での半減期は数分と短いものから数時間と長いものまでさまざまである．概してハウスキーピングにかかわる遺伝子のmRNAの半減期は長く，刺激に応答してつくられる増殖因子などのmRNAの半減期は短い．このような特性を5′非翻訳領域，3′非翻訳領域の塩基配列が与えている．たとえば半減期の短いmRNAの3′非翻訳領域にはAUに富む領域が存在し，分解経路へと誘導している．

一般に正常なmRNAの分解の引き金となるのは**ポリ(A)短鎖化**[*3]である（図4.2参照）．ポリ(A)短鎖化の反応は常に起きていて，徐々に短くなっていく．PABPは，ポリ(A)鎖に結合してポリ(A)鎖の短縮を防止しているが，ポリ(A)に結合するためには約30個のポリ(A)鎖を必要としている．したがってポリ(A)鎖が30個よりも短くなるとPABPが結合できなくなる．その結果，PABPと翻訳開始因子eIF4E，eIF4Gとの結合が解消され，環状構造が崩れる．ポリ(A)鎖が短くなったmRNAは，タンパク質との凝集体で

*3 mRNAの3′末端はポリアデニル化されている．これは3′末端からのmRNA分解を防止する役割をもっている．しかしポリ(A)は脱アデニル化酵素により分解され，徐々にポリ(A)の長さが短くなっていく〔元のmRNAにはポリ(A)が200〜300個つながっている〕．

あるPボディ（プロセシングボディ）に移行する．その後，Pボディに含まれる脱キャップ酵素によって5′末端のキャップ構造が除去され，RNA分解酵素により分解される．また3′末端はエキソソーム複合体により分解される．

4.3　mRNAからタンパク質への翻訳にかかわる因子
4.3.1　コドン

　タンパク質を構成しているアミノ酸には20種類あるのに対して，mRNAの塩基は4種類であるので，このままでは一対一の対応はできない．タンパク質合成の情報は，3塩基で一つのアミノ酸をコードする**コドン**（codon）に記されている（表4.2）．3塩基では64種類の情報を指定できるので，一つのアミノ酸をコードするコドンは複数存在する．たとえば，ロイシン，アルギニン，セリンをコードするコドンは6種類ある．これに対してメチオニンやトリプトファンをコードするコドンは1種類だけである．同じアミノ酸をコードするコドンの使用頻度は，生物によって異なる．また，UAA, UAG, UGAの3種類は翻訳の終了を指令する**終止コドン**（termination codon）である．コドンはほとんどの生物で共通である．ただし，ミトコンドリアは一部のコドンで異なるアミノ酸をコードしている．

表4.2　mRNAの遺伝暗号表

第一塩基（5′末端）	第二塩基 U	第二塩基 C	第二塩基 A	第二塩基 G	第三塩基（3′末端）
U	UUU UUC } Phe UUA UUG } Leu	UCU UCC UCA UCG } Ser	UAU UAC } Tyr **UAA** 終止 **UAG** 終止	UGU UGC } Cys **UGA** 終止 UGG Trp	U C A G
C	CUU CUC CUA CUG } Leu	CCU CCC CCA CCG } Pro	CAU CAC } His CAA CAG } Gln	CGU CGC CGA CGG } Arg	U C A G
A	AUU AUC AUA } Ile **AUG** Met	ACU ACC ACA ACG } Thr	AAU AAC } Asn AAA AAG } Lys	AGU AGC } Ser AGA AGG } Arg	U C A G
G	GUU GUC GUA GUG } Val	GCU GCC GCA GCG } Ala	GAU GAC } Asp GAA GAG } Glu	GGU GGC GGA GGG } Gly	U C A G

4.3.2　tRNAとアミノアシルtRNA合成酵素

　tRNAは，mRNA上のコドンをアミノ酸配列に翻訳する**アダプター**

4.3 mRNAからタンパク質への翻訳にかかわる因子

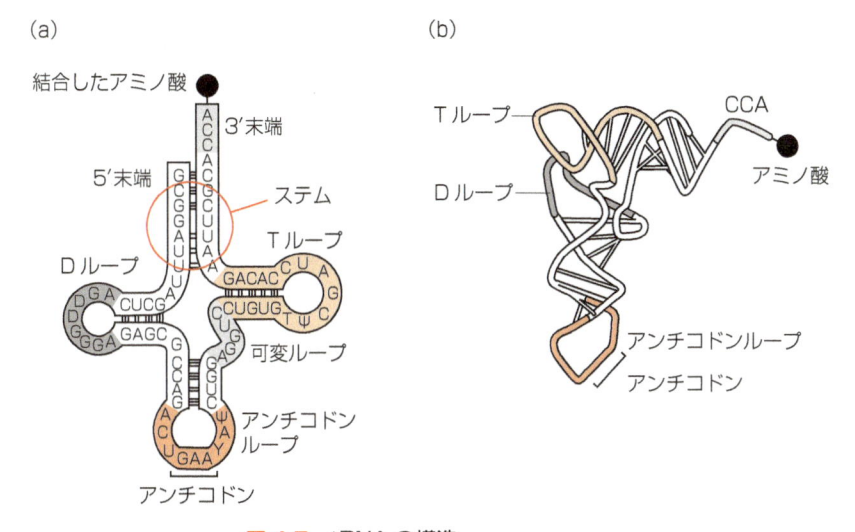

図4.5 tRNAの構造
(a)クローバーリーフモデル, (b)三次構造.

(adapter)として働く．このために分子の片側のアンチコドン[*4]部分でmRNA上のコドンと相補鎖を形成し，もう片側の3'末端のCCAでアミノ酸を結合する（図4.5）．tRNAの大きさは約80塩基で，内部に4カ所の二重らせん領域を形成しコンパクトに折りたたまれた構造をとる．tRNAの3'末端にアミノ酸を結合したアミノアシルtRNAがアダプターの役割を担う．tRNAへのアミノ酸の結合を担う酵素を**アミノアシルtRNA合成酵素**(aminoacyl-tRNA synthetase)といい，各アミノ酸に1種類ずつ存在する．アミノアシルtRNA合成酵素はATP分解のエネルギーを利用して2段階でアミノ酸をtRNAに結合する．アミノアシルtRNAはリボソームでのタンパク質合成を行う際に，tRNAのアンチコドンとmRNAのコドンが相補鎖を形成し，tRNAの3'末端に結合したアミノ酸を順にポリペプチド鎖へと変換する．

　mRNAのコドンでアミノ酸をコードするのは61種類（終止コドンが3種類）である．では，61種類のアンチコドンがtRNAにも必要であろうか．答えは否である．コドンの1番目と2番目はアンチコドンと正確に塩基対形成をすることが必要である．しかしコドンの3番目とアンチコドンの5'側の塩基については，誤っていてもよい種類のtRNAがある．この現象を**コドンの揺らぎ**(wobble codon)という．このおかげで，すべてのコドンに対応したtRNAをもつ必要はなくなっている．

4.3.3 リボソーム

　真核生物のリボソームは40Sと60S[*5]の二つのサブユニットからできて

[*4] mRNA上のコドンに相補的な配列のこと．たとえばコドンがAGCの場合，アンチコドンはGCUとなる．

[*5] 単位のSについてはp.7の*2を参照．

Column

miRNA（マイクロRNA）の機能

　RNA分子は大きく分けてタンパク質をコードし鋳型として機能するmRNAと，RNA自体が機能をもつノンコーディングRNAに大別することができる．ノンコーディングRNAの代表は，rRNAやtRNAなどである．加えて最近，**miRNA**（microRNA）と呼ばれる小さなRNAが注目されている．miRNAは，細胞内に存在する長さ20から25塩基ほどの一本鎖RNAをいい，他の遺伝子の発現を調節する機能をもつノンコーディングRNAの一種である．miRNAの機能には，少なくともmRNAの翻訳段階における調節がある．ほかにも多くの機能をもつと考えられており，個々のmiRNAの機能解析が盛んに行われている．

　miRNAは，miRNAの配列とそれにほぼ相補的な逆向きの配列とをもつ前駆体よりつくられる．図4Aは，ヒトの細胞でmRNAがつくられる様子を示している．miRNAをコードするDNA配列がpri-miRNAに転写されると，内部のmiRNA配列とその逆相補配列は互いに会合し，二重鎖形成領域とループ領域からなるステムループ構造をつくる．pri-miRNAは，核内のDroshaと呼ばれる切断酵素と特異性を規定しているDGCR8と呼ばれるタンパク質によって，協調的にトリミングを受けてpre-miRNAとなる．pre-miRNAは，輸送カーゴのXPO5とRanGTPにより核から細胞質に輸送される．最終的に細胞質でRNA分解酵素Ⅲファミリーに属するDicerと呼ばれる酵素により，3′末端側に2塩基の突出末端をもつ20〜25塩基のmiRNA配列が切り出される．ついで**RISC**（RNA induced silencing complex）と呼ばれる複合体に取り込まれる．miRNAは相補的な配列をもつ特定のmRNAと結合する．このとき両者の相補性が高い場合には，mRNAの切断を伴う（図4B）．一方，相補領域の相同性があまり高くない場合，mRNAは切断を受けず，翻訳が阻害される．

　miRNAは線虫で初めて発見された後，さまざまな植物や動物で確認されており，タンパク質の翻訳

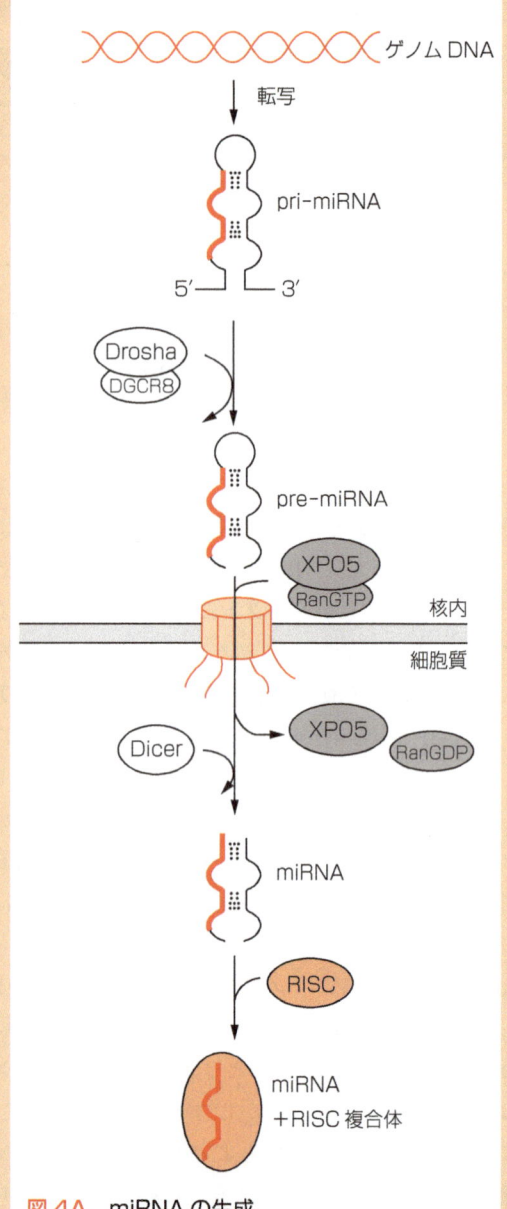

図4A　miRNAの生成
…はAとUの結合を，…はGとUの結合を示している．

4.3 mRNA からタンパク質への翻訳にかかわる因子

調節を介した遺伝子発現の調節を行っている．また，生物の発生段階に必要であることが示されている．

現在，miRNA の性質を応用して遺伝子の機能を解析する研究が盛んに行われている．**RNA 干渉**（RNA interference：**RNAi**）と呼ばれている技術である．任意の遺伝子に相補的な二重鎖RNA（siRNA）を合成し，細胞に導入する．すると導入した RNA に相補的な配列をもつ mRNA が特異的に分解されることにより，任意の遺伝子の発現を抑制する技術である．この実験を行ううえで注意する点として以下が挙げられる．線虫やショウジョウバエでは mRNA に相補的な長い二重鎖 RNA を導入して効果を観察するが，ヒトの細胞では長い二重鎖 RNA の導入はインターフェロン遺伝子の誘導を伴う副効果が生じるため，30 塩基以内の短い二重鎖 RNA を使用する．

これまで遺伝子の機能を直接知るためには，染色体上の遺伝子を機能喪失あるいはノックアウト（欠失）する必要があった．これらの操作は，酵母では容易な技術として確立されていたが，高等動物では手間と時間のかかる作業であった．しかし RNAi 技術の開発によって，特定の細胞で目的遺伝子の機能を抑制できるようになった．これにより遺伝子産物の機能解析が飛躍的に進展した．ただ RNAi 技術は，遺伝子機能の完全な消失とはならず，あくまでも一過的な機能の抑制であるので万能ではない．

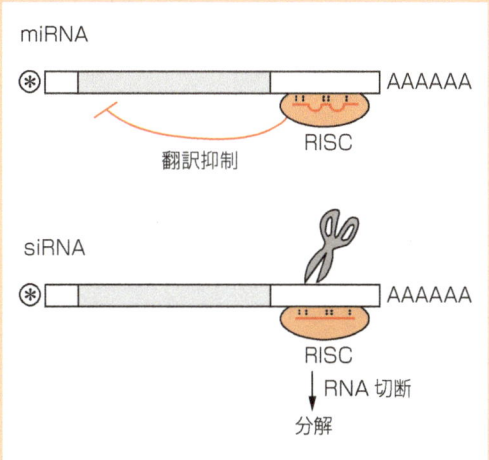

図 4B　miRNA による翻訳抑制と siRNA による mRNA の切断

miRNA は mRNA と完全な相補鎖の形成を行わないで翻訳を抑制する．一方，siRNA は mRNA と完全な相補鎖の形成を行うことで mRNA を分解経路に導く．

いる（原核生物のリボソームは 30S と 50S）．40S サブユニットは 18S rRNA と 33 種類のタンパク質からなり分子量約 150 万，60S サブユニットは 28S, 5.8S, 5S の 3 種類の rRNA と 50 種類のタンパク質からなり，分子量約 300 万の巨大な RNA-タンパク質複合体である（図 4.6）．40S サブユニットは tRNA と mRNA のコドンを正確に対応させる．60S サブユニットは tRNA が運んできたアミノ酸間のペプチド結合を形成させる．各サブユニットは，タンパク質合成を行っているときには会合して 80S ユニットを形成する．原核生物のリボソームの高解像度三次元構造から，RNA 分子がリボソームの機能の中心を担っていることが明らかにされた．ペプチド結合の反応を触媒する活性中心，mRNA とアミノ酸を結合した tRNA の保持は RNA 部分が行っている．これに対してリボソームタンパク質の多くはその周辺に存在する．このことからタンパク質合成の中心部分は RNA 分子が担い，リボソームタンパク質は RNA の機能の補助やリボソーム構造の安定性に寄与すると考えられる．

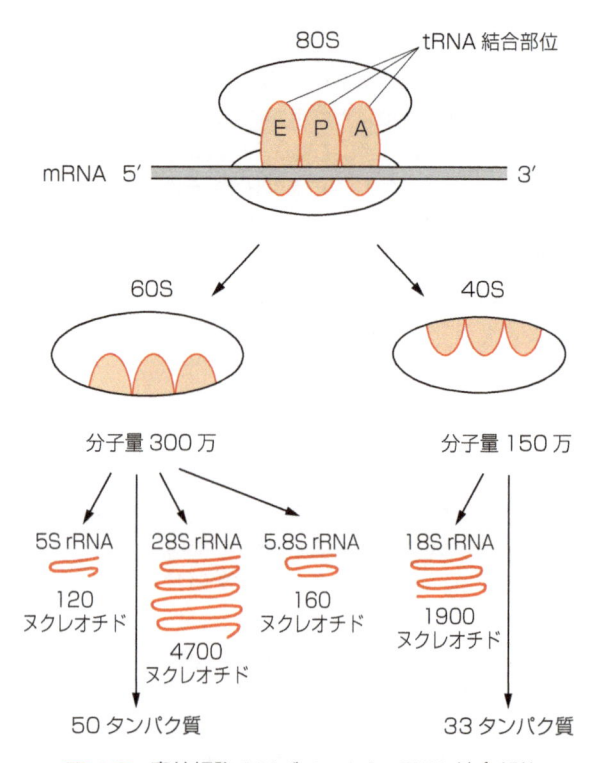

図 4.6 真核細胞のリボソームと tRNA 結合部位

　タンパク質を構成するアミノ酸の間は，ペプチド結合によって結ばれている．したがってタンパク質の合成を行うためには，少なくともアミノ酸を結合した tRNA を同時に二つ以上結合し，それらの間でペプチド結合をつくることが必要となる．リボソームには tRNA の結合するサイトが A 部位（aminoacyl site），P 部位（peptidyl site），E 部位（exit site）の3カ所存在する（図 4.6）．A 部位はアミノ酸が結合したアミノアシル tRNA の結合部位，P 部位はペプチジル tRNA の結合部位，E 部位は tRNA の解放部位である．これらの部位は 60S と 40S の両サブユニットにまたがっている．

4.4　翻　訳

4.4.1　翻訳の全体像

　タンパク質合成の全体像を図 4.7 に示した．**翻訳**は，開始，ポリペプチド鎖の伸長，終結とリボソームの解放という3段階からなっている．翻訳の開始には，40S サブユニットが mRNA 上の開始メチオニンコドンを認識する．ついで 60S サブユニットが会合し，翻訳の伸長を行う．終止コドンにくると翻訳を終結し，リボソームは 60S と 40S サブユニットに解離する．

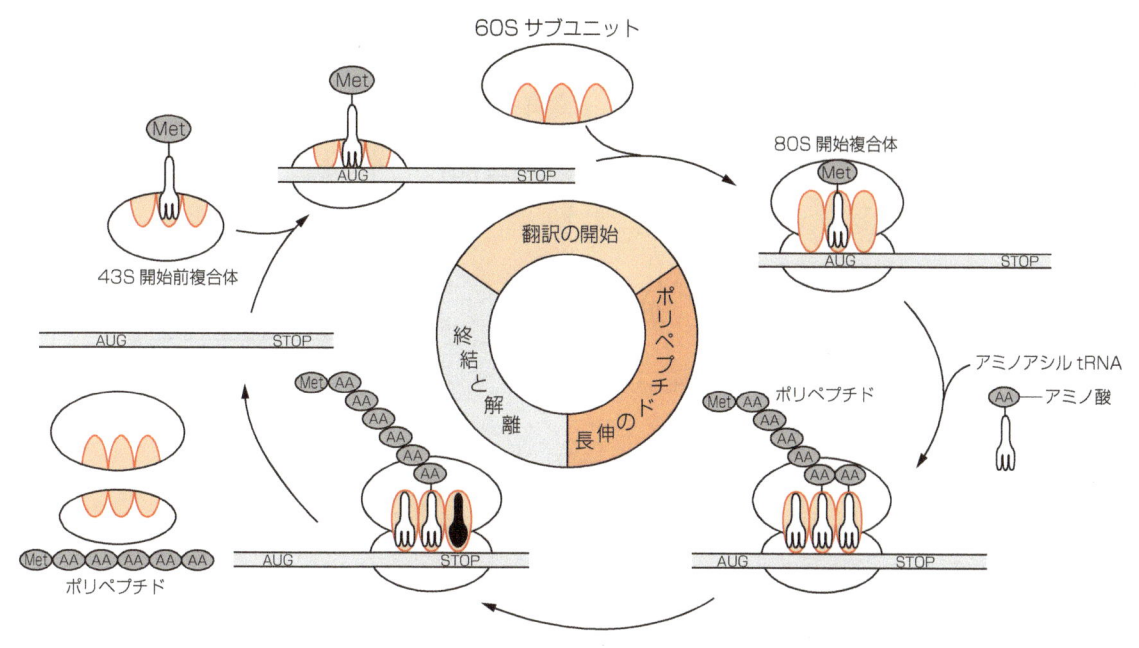

図4.7 リボソームによる翻訳過程
AAはアミノ酸を示している．

4.4.2 翻訳の開始

　真核細胞の**翻訳の開始**（translational initiation）は，40Sサブユニットと開始tRNAが結合する段階から始まる（図4.8）．40Sサブユニットは，翻訳開始因子のeIF2とeIF5Bという二つのGTP結合タンパク質が共同して，メチオニンを結合したtRNAを40SサブユニットのP部位に呼び寄せることで43S開始前複合体を形成する．43S開始前複合体は，mRNAのキャップ構造に結合した翻訳開始因子複合体（eIF4F：eIF4E + eIF4G + eIF4A）に呼び寄せられて，mRNAに結合する．ついで43S開始前複合体は，5′から3′の方向へ開始メチオニンをコードするAUGコドンをスキャンしていく（図4.8）．開始コドンのAUGは，40SサブユニットのP部位に結合したtRNAのアンチコドンとの間の塩基対形成により識別する．このため真核細胞では，原則として最初のAUGコドンを開始メチオニンとして識別する．正しい塩基対が形成されると60Sサブユニットが結合する．翻訳開始因子複合体がリボソームから解離し，80S開始複合体が形成される．

4.4.3 翻訳の伸長

　80S開始複合体が形成されると，リボソームの**伸長反応**（elongation reaction）が起こる（図4.9）．最初のメチオニンを結合したtRNAは，P部位にある．リボソームは次のコドンを認識して，アミノアシルtRNAをリボソー

図4.8 翻訳の開始

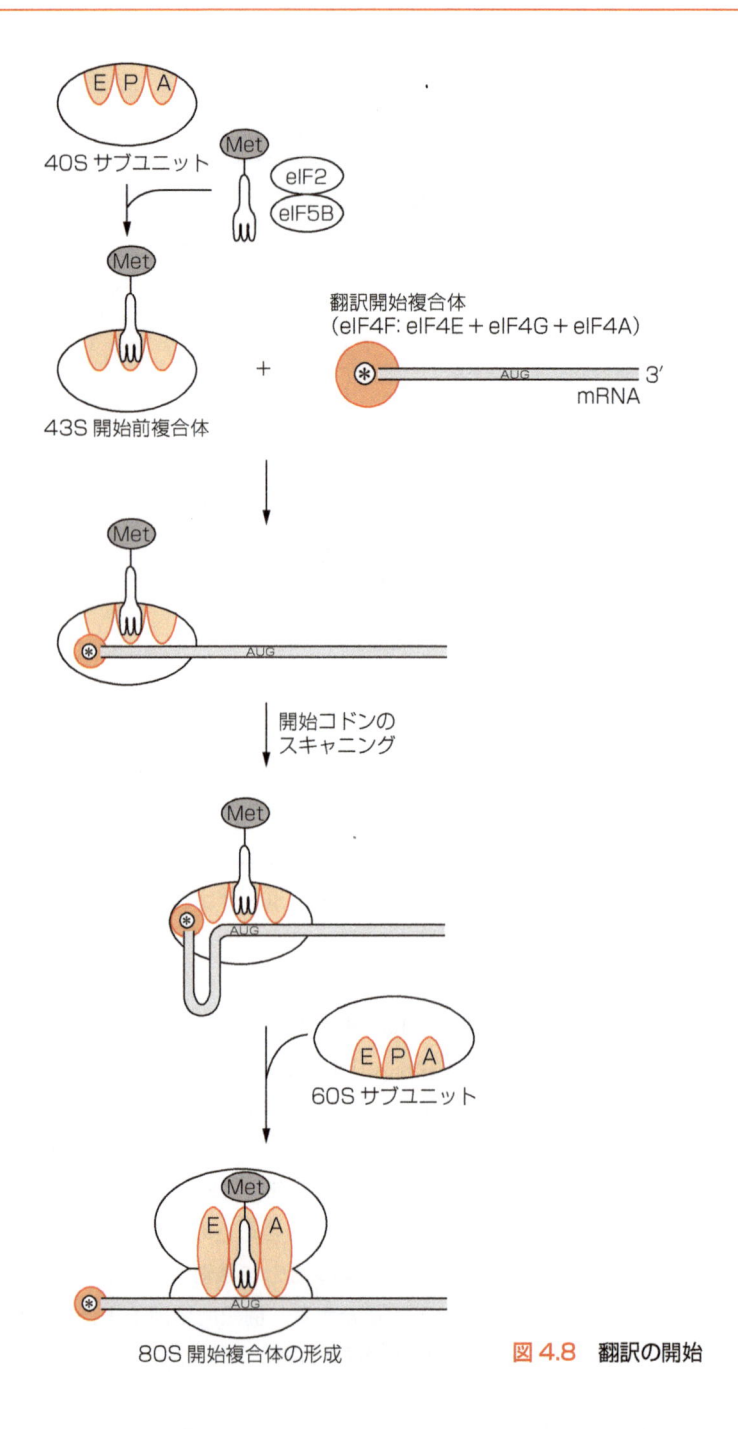

ムのA部位に呼び寄せる．アミノアシルtRNAがリボソームのコドンと一致すると，リボソームは**ペプチジル転移反応**（peptidyl transfer reaction）を行う（図4.10）．これによりP部位のtRNAからアミノ酸が外れ，A部位のアミノ酸とペプチド結合で連結される．

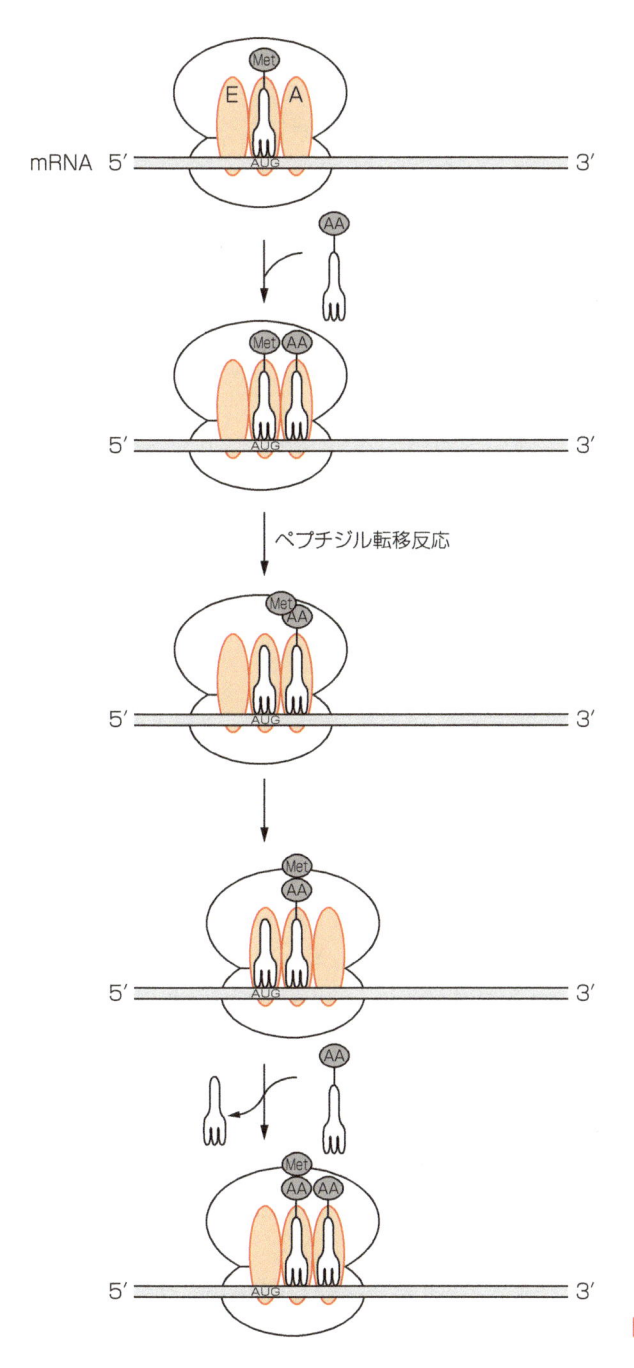

図4.9 ポリペプチド鎖の伸長

　この反応が終わるとP部位のtRNAはE部位に，A部位のアミノアシルtRNAはP部位にそれぞれ転移するとともに，mRNAも3塩基進行してリボソームは新しいA部位を提示する．また，E部位に転移したtRNAはmRNAと相補鎖形成ができなくなり，リボソームから遊離する．

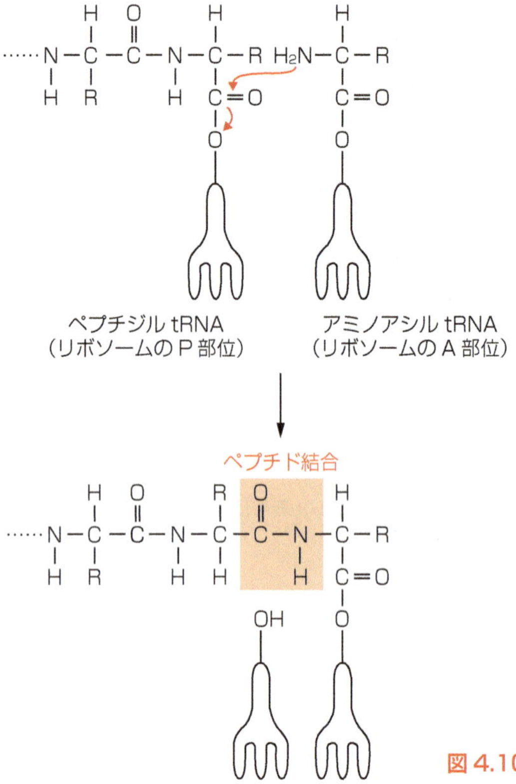

図4.10 ペプチジル転移反応

4.4.4 翻訳の終結とリボソームの再利用

翻訳は，**終止コドン**（UAG, UAA, UGA）が現れると終結する．終止コドンを認識する tRNA は存在せず，タンパク質の終結因子が代わりを務める．終止コドンがリボソーム上の A 部位にくると，終結因子がリボソームの A 部位に入り，終止コドンを認識する（図4.11）．終結因子は，遊離因子や解放因子とも呼ばれているが，タンパク質であり，その構造は tRNA を**分子擬態**（molecular mimicry）している．ここでいう分子擬態とは，終結因子の三次元構造が tRNA の構造とそっくりであることを指している．このおかげで終結因子は，リボソームの A 部位に入って翻訳を終結させる．終結因子が A 部位に結合すると，リボソームは，自身のもつペプチジル基転移反応活性によってペプチジル tRNA に水分子を付加する．この反応によって伸長中のポリペプチドのカルボキシル末端が，tRNA から遊離する．ついでリボソームに結合していた tRNA や mRNA を解体するとともに，リボソームもそれぞれのサブユニットに解離する．

一つの mRNA を利用してタンパク質の合成は繰り返し行われる．1本の mRNA 上に一つのリボソームしか結合できないのではなく，いくつものリ

図 4.11 翻訳の終結

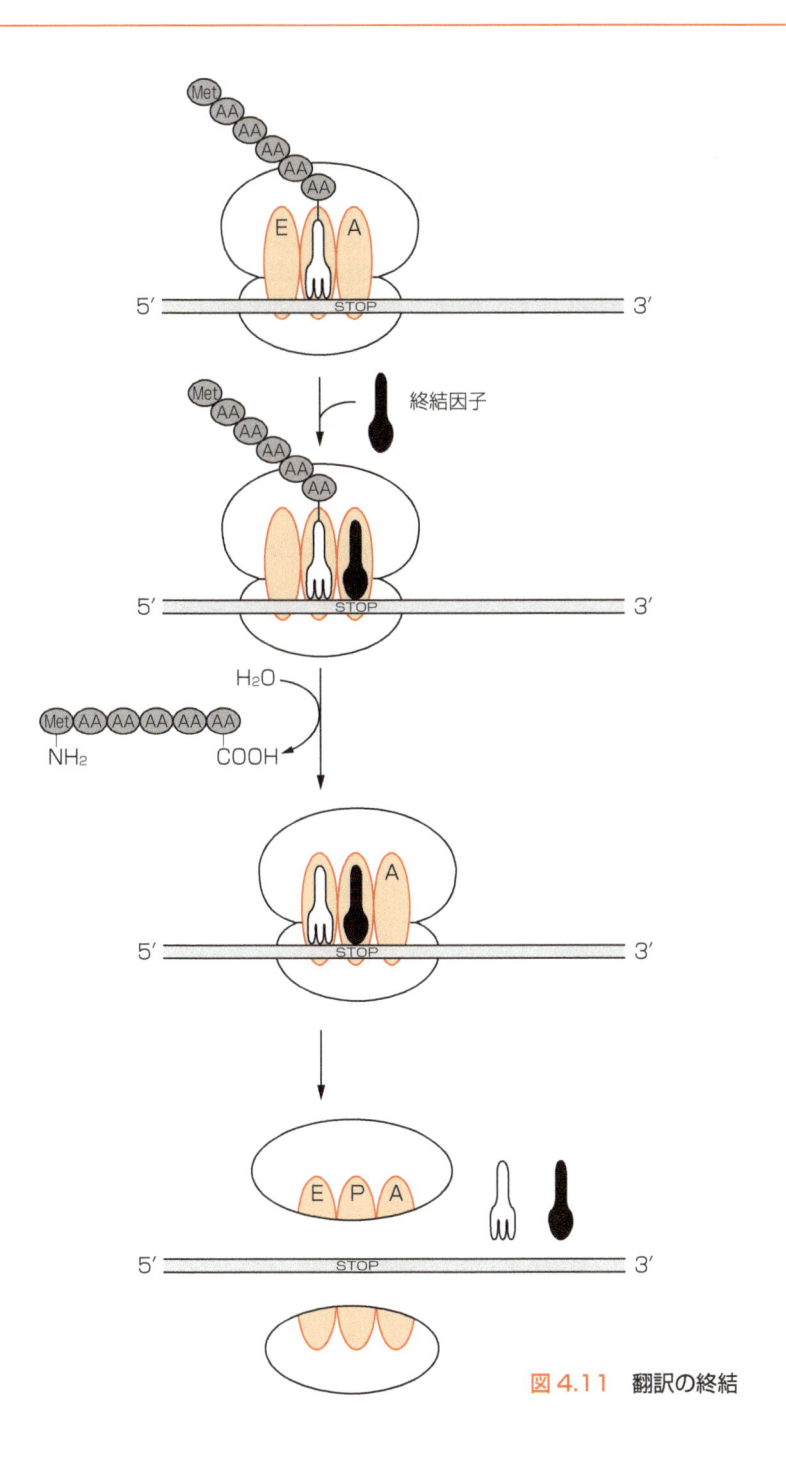

ボソームが結合できる．このような状態を**ポリソーム**（polysome）という．
翻訳の盛んな mRNA はポリソーム状態をとる．

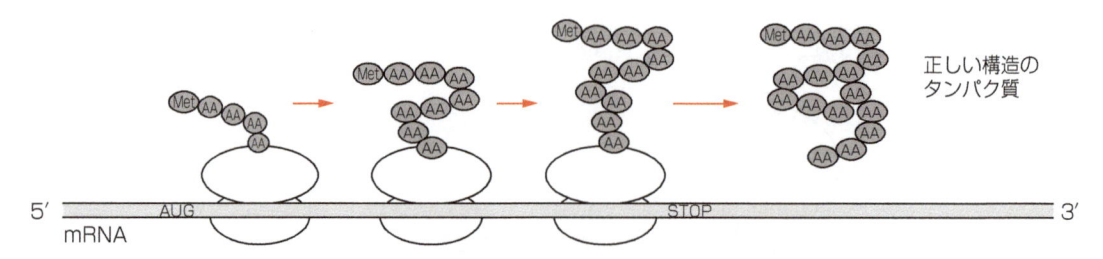

図4.12　翻訳中のタンパク質高次構造の形成

4.5 タンパク質高次構造の形成
4.5.1 タンパク質合成中の高次構造の形成

　DNAやRNAがそれぞれ4種類の塩基で構成されているのに対して，タンパク質は20種類のアミノ酸で構成されており，全体として複雑かつ特有の形をとることができる．この複雑さによって，さまざまな機能を発揮する．このためには，新しく合成されたポリペプチド鎖が正しく折りたたまれることが必要である．**折りたたみ**(folding)はタンパク質合成中から始まり，合成終了後も進行して成熟したタンパク質が形成される（図4.12）．タンパク質が折りたたまれるとき，それ自身のポリペプチド配列に応じて最も安定な構造をとるように進行する．単独で折りたたみを完了するタンパク質もあるが，折りたたみを促進する**シャペロン**(chaperone)と呼ばれるタンパク質の助け

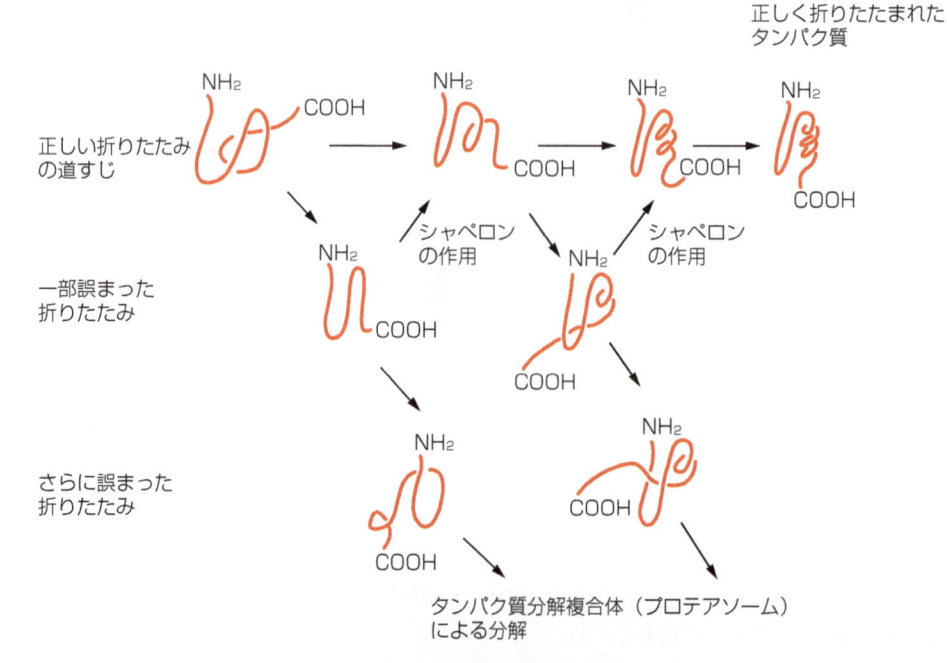

図4.13　タンパク質高次構造の形成モデル

4.5 タンパク質高次構造の形成

を借りて折りたたみを行うものも存在している(図4.13)．真核細胞のシャペロンには，おもにHSP70とHSP60[*6]の2種類がよく知られている．いずれも折りたたみの不完全なタンパク質の疎水性領域と相互作用し，ATPの加水分解活性を用いてタンパク質を正しい折りたたみが行えるよう助ける．HSP70はタンパク質合成の初期に働き，HSP60は後期に作用して折りたたみを促進する．

4.5.2 タンパク質の品質管理

タンパク質の折りたたみに失敗したときには，タンパク質を分解する品質管理機構が働く(図4.14)．折りたたみに失敗したタンパク質の表面には疎水

[*6] HSPは，細胞が熱などのストレス条件下にさらされた際に発現が上昇して細胞を保護するタンパク質の一群であり，シャペロンとして機能する．ストレスタンパク質とも呼ばれる．さらに一部は常時細胞内に存在し，タンパク質の合成から正しい高次構造の形成を助けるタンパク質の総称である．

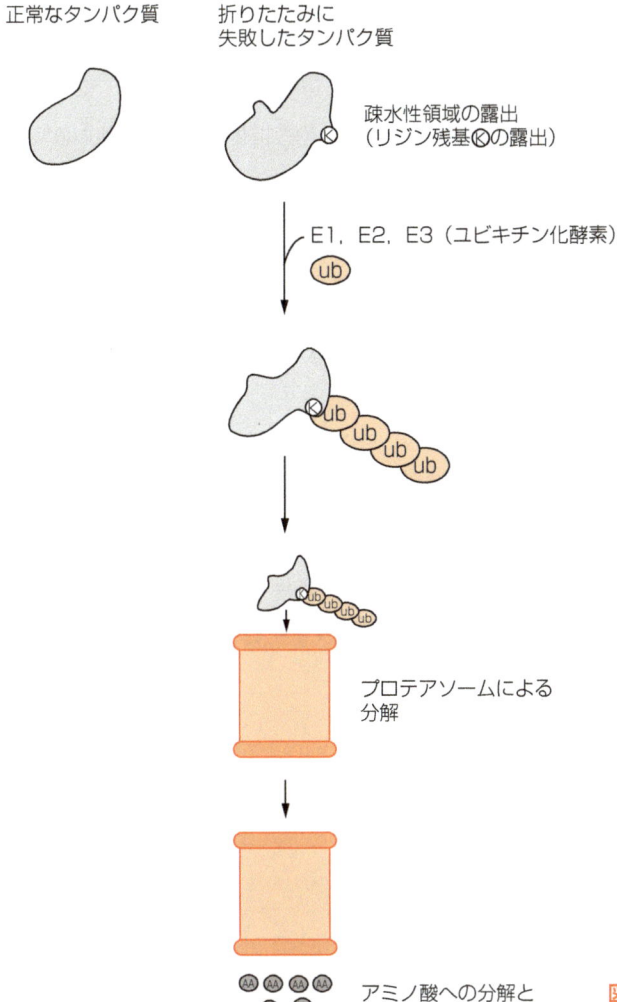

図4.14 高次構造形成に失敗したタンパク質の品質管理

性の領域が露出する．この領域にあるリジンを認識して，**ユビキチン** (ubiquitin)という小さなタンパク質が連続的に付加される．ユビキチンは，E1，E2，E3と呼ばれる3種類のタンパク質の作用で付加される．ポリユビキチン鎖の付加されたタンパク質は，分解の目印となり，**プロテアソーム** (proteasome)と呼ばれるATP依存性の巨大なプロテアーゼによってアミノ酸に分解され，新たなタンパク質の合成に再利用される．

練習問題

1 次の記述の正誤を判断し，その理由とともに述べなさい．
　① mRNAの安定性は，それぞれのmRNAによって異なる．
　② リボソームは細胞核に存在し，タンパク質の合成に働く．
　③ mRNA上に存在するリボソームは一つだけである．
　④ mRNAの品質管理は，DNAの塩基配列とまったく同じになるように1塩基のエラーも見逃さない．

2 DNAとRNAの違いを述べなさい．

3 細胞核から細胞質へと輸送するmRNA輸送担体について，他のRNA輸送担体との違いとともに述べなさい．

4 パイオニアラウンドの翻訳において，mRNA上に結合したタンパク質は置き換わる．どのように置き換わるかを述べなさい．

5 ① 遺伝暗号表を用いて，次の塩基配列をポリペプチドに翻訳しなさい．
　　5′-ATGAAUCGCGGUGGCCUGUGGUAACAUCGU-3′
　② 遺伝暗号表を用いて，次のポリペプチドを合成することのできる塩基配列は何通りあるか確かめなさい．
　　MetTrpSerLeuProAla

6 生物が使用する遺伝暗号は3個の塩基で表される．もし遺伝暗号が2個で表されるような生物がいた場合，何種類のアミノ酸を指定できるか．また，遺伝暗号が4個で表されるような生物がいた場合はどうか．その場合，3個で構成される遺伝暗号と比べてどのように違うか．

7 タンパク質の高次構造の形成について説明しなさい．

5章 遺伝情報の複製，変異と修復

遺伝子の夢

5.1 DNA 複製
5.1.1 DNA の二重らせん構造と半保存的複製

　細胞分裂によって同じ遺伝情報をもつ細胞が二つつくられるためには、その前にゲノム DNA も 2 倍にコピー(**複製**, replication)されなければならない。1953 年にワトソン(J. D. Watson)とクリック(F. H. Crick)らによって、DNA は互いに相補的な 2 本の鎖が逆方向に対合する**二重らせん構造**(double helix structure)であることが示された。DNA の鎖は「糖」の 5′ 位の炭素に結合しているリン酸基を介して一つ前のヌクレオチドと結合し、3′ 位の炭素で次のヌクレオチドと結合するという方向性をもち、二重らせん構造では 2 本の鎖の方向が逆になるように対合している。この構造は DNA がどのように複製されるかを予見させるものであった。すなわち、2 本の鎖の 1 本ずつを元にして相補的な鎖を合成すれば、情報を変化させずに DNA を正確に 2 倍にすることができる(図 5.1)。二重鎖 DNA が複製される様式として二つのモデルが考えられる。まず複製前の二重鎖を残したまま新しい二重鎖 DNA

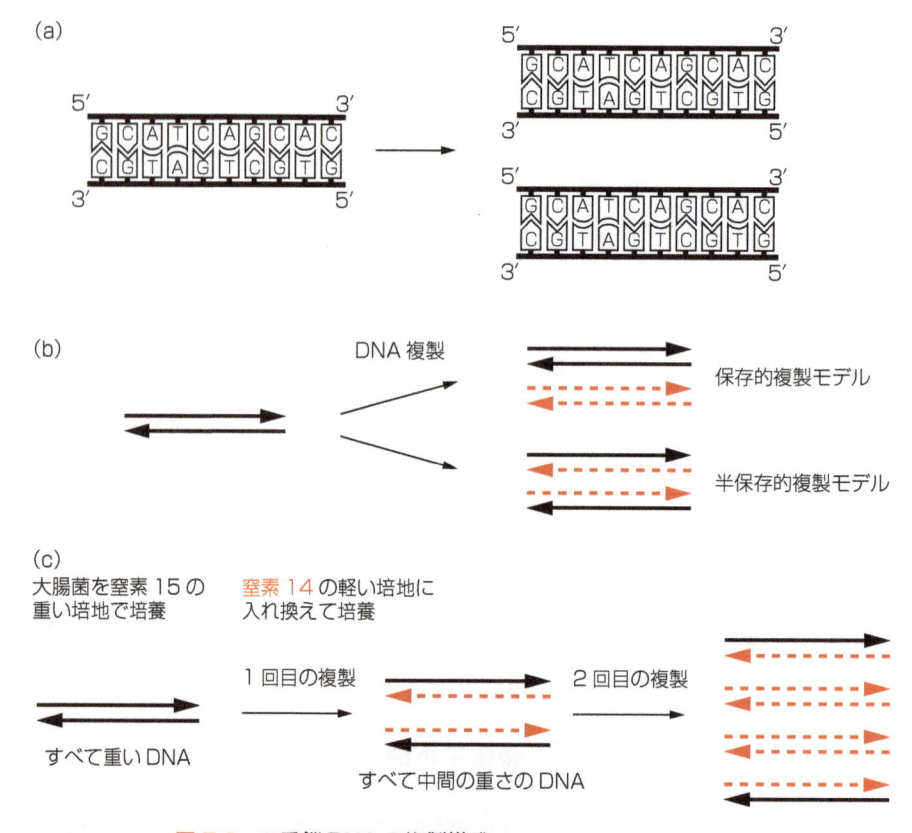

図 5.1　二重鎖 DNA の複製様式
(a) 二重鎖 DNA の複製. (b) 保存的複製モデルと半保存的複製モデル.
(c) 密度標識実験による半保存的複製の検証.

がつくられる**保存的複製モデル**(conservative replication model)と，複製前の二重鎖の片方ずつがそれぞれ相補的な新しいDNA鎖と対合して半分だけ新しい二重鎖がつくられるという**半保存的複製モデル**(semi-conservative replication model)である(図5.1)．実際の細胞内ではDNAは「半保存的」に複製されることを証明したのがメーゼルソン(M. Meselson)とスタール(F. Stahl)である(1958年)．彼らは，通常の窒素14より重い同位体窒素15を含む培地で大腸菌を培養すると重いDNAができることを利用した．そして，いったん重いDNAをもつようになった大腸菌を窒素14の培地に移して1回だけDNA複製をさせたときに，二重鎖とも軽い(窒素14の)DNAができるか(保存的複製モデル)，あるいは重いDNAと軽いDNAの中間の重さのDNAができるか(半保存的複製モデル)を解析し，半保存的モデルが正しいことを示した(図5.1)．その後の研究から，大腸菌だけでなくあらゆる生物でDNAは半保存的に複製されると考えられている．

5.1.2　DNAを合成する酵素の発見

実際に細胞内からDNAを合成する酵素を発見したのは，コーンバーグ(A. Kornberg)である．コーンバーグらは大腸菌細胞破砕液から高分子のDNAを合成する酵素を精製し，**DNAポリメラーゼⅠ**(DNA polymerase Ⅰ)と命

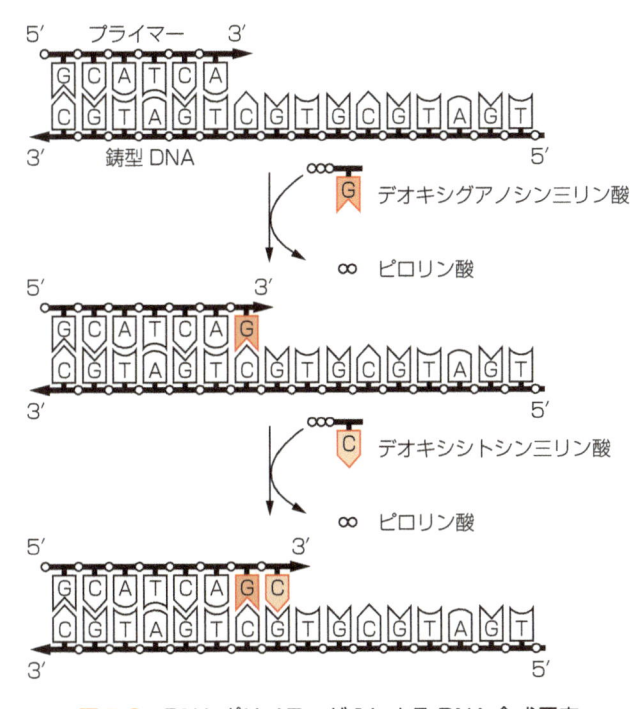

図5.2　DNAポリメラーゼⅠによるDNA合成反応

名した．この酵素はデオキシヌクレオチド三リン酸からDNAを合成する活性をもち，以下の三つの特徴的な性質を示した（図5.2）．① 鋳型DNAに相補的なDNAを合成する（鋳型がないと合成できない）．② **プライマー**（primer）と呼ばれるDNAの3′-OHにヌクレオチドを付加する（プライマーがないと合成できない）．③ DNAを5′から3′の方向に伸長する．DNAポリメラーゼは鋳型DNAの塩基にマッチするデオキシヌクレオチド三リン酸を選び，ピロリン酸を外す反応のエネルギーを使ってプライマーの3′-OH末端に結合させる．この反応を繰り返してDNA鎖は伸長していく．その後，大腸菌のDNA複製を実際に行っている酵素として，再度コーンバーグらによってDNAポリメラーゼⅢが発見された．DNAポリメラーゼⅠのほうは別の重要な働きをすることを，この章の後半で述べる．

これまでにさまざまな生物でDNAポリメラーゼが発見されたが，いずれも5′から3′という一方向にDNAを合成するものばかりであり，逆方向に合成するものは見つかっていない．このようなDNAポリメラーゼの性質が染色体DNAの複製様式に大きく影響を与えている（後述）．

5.1.3　不連続複製のしくみ──岡崎フラグメント

複製途中のDNAを電子顕微鏡で観察すると，図5.3に示すように，まだ複製していない領域に囲まれて複製された領域がちょうど「目玉」の形に観察される．未複製DNAと複製DNAの境目はちょうど三つ又に分かれていて，この場所を**複製フォーク**（replication fork，フォークの分岐部分に似ているため）と呼ぶ．複製フォークでは両方の鎖がほぼ同時に複製されているように観察されるため，ここで大きな疑問が生まれる．DNAは逆方向に対合し

Column

社会に貢献する複製酵素

この章で紹介する分子生物学の進歩は，われわれの生活や社会にも大きな影響を及ぼしている．たとえば「食」の安全や適正表示に関して，「100％コシヒカリ」として販売されている米に他の品種が混ざっていないか，また「遺伝子組換えでない」ダイズを使った食品に遺伝子組換えダイズが混ざっていないかなどを簡便に調べるために**PCR**（polymerase chain reaction）**法**が用いられる．PCR法は，高温でDNA二重鎖を開裂させてから温度を下げ，あらかじめ増幅させたい領域をはさむように設計したプライマーを対合させ，DNAポリメラーゼがプライマー末端からDNAを伸長するという反応をn回繰り返すことによって，2^n倍のDNAをつくることができる．PCR法では，温泉などに生育する高度好熱菌から精製した耐熱性DNAポリメラーゼを用いることによって，一連の反応を連続して行うことが可能となっている．わずか1分子のDNAからでも増幅を行えるPCR法は，犯罪捜査における毛髪の毛根細胞からの人物特定や，親子近縁関係の判別などにも威力を発揮している．

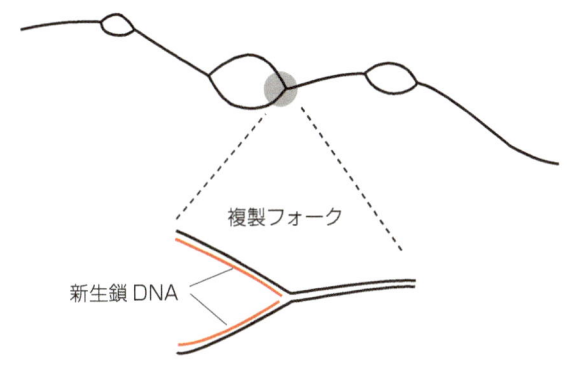

図5.3 DNAの複製フォーク

た2本の鎖からできているので，複製フォークでは新しいDNA鎖は見かけ上5′から3′方向と3′から5′方向に合成されているように見える．ところがDNAポリメラーゼは5′から3′方向にしか合成できないとすると，実際にはどのようにして複製反応が進むのであろうか．DNAポリメラーゼの合成方向から考えて問題なく合成されるDNA鎖を**リーディング鎖**（leading strand）と呼び，そのままでは合成方向が逆になってしまうDNA鎖を**ラギング鎖**（lagging strand）[*1]と呼ぶ．

この難問を解き明かしたのは，岡崎令治らである．彼らは大腸菌に感染して増殖するバクテリオファージのDNA複製過程を詳細に調べた．すると，まず約1000ヌクレオチドの短いDNAが合成され，次にその短いDNA同士が連結されて長いDNAとなることを発見した．その後の研究から，大腸菌の染色体DNAやヒト細胞などの染色体DNAもラギング鎖は「不連続」に複製されることが示された．不連続に合成される短いDNA断片は，発見者にちなんで**岡崎フラグメント**（Okazaki fragment）と後に呼ばれるようになった．

岡崎フラグメントの合成にはプライマーは必要ないのであろうか．詳細な解析から，岡崎フラグメントの5′末端には数ヌクレオチドのRNAが結合していることが解明された．プライマーゼという酵素が鋳型DNA上に相補的な配列のプライマーRNAを合成し，そのプライマーRNAの3′末端からDNA鎖が伸長されて岡崎フラグメントが合成される．その後，次の岡崎フラグメントが合成されてRNAプライマーに到達するとRNAプライマーは分解され，そのギャップをDNAポリメラーゼが埋めた後，DNAリガーゼによって連結されて長いDNAが形成されていく（図5.4）．RNAプライマーの分解とギャップを埋める反応は，コーンバーグらが最初に発見したDNAポリメラーゼIによって行われる．

複製フォークでは，DNAポリメラーゼのほかにさまざまな酵素が協調的

*1 「遅れる」，「遅い」という意味．複製フォークの進行とともに合成されるリーディング鎖に対して，複雑なしくみで合成される鎖を指す．

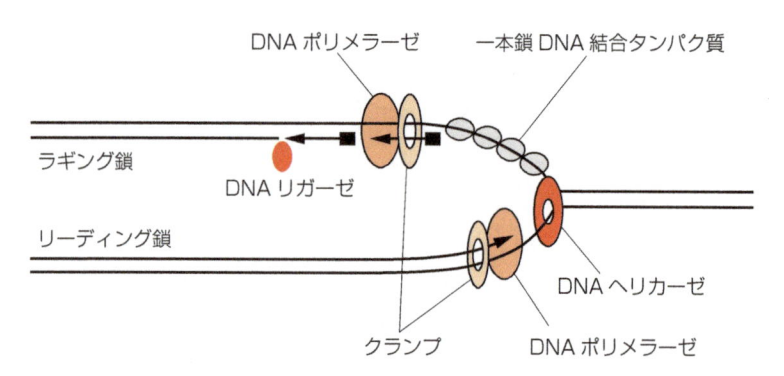

図 5.4 複製フォークにおけるリーディング鎖とラギング鎖の合成

に働いている（図5.4）．複製フォークの先頭では，二重鎖DNAを開裂するDNAヘリカーゼという酵素が働いている．またDNAポリメラーゼがヌクレオチド付加反応を繰り返す過程でDNAから離れてしまわないようにするクランプ（留め金）タンパク質がある．クランプタンパク質はドーナツのような形をしており，ドーナツの穴に二重鎖DNAを通し，さらにDNAポリメラーゼと結合しながらDNA上をスライド（移動）する．おもしろいことに，DNAポリメラーゼは岡崎フラグメントの合成を終えると次の岡崎フラグメントを合成するためにいったん鋳型鎖DNAから解離するのに対し，クランプタンパク質はそのままDNA上に残り，岡崎フラグメント同士を結合させるDNAリガーゼなどのタンパク質を呼び込む役割を果たすことが知られている．

複製フォークでリーディング鎖は連続的に合成され，ラギング鎖は不連続に合成されるという様式は，大腸菌だけでなく真核生物にも普遍的なしくみである．

5.1.4　DNA末端は複製のたびに短くなる

ラギング鎖が不連続な岡崎フラグメントとして合成されるため，染色体DNAが線状構造をとる真核生物では，DNA末端が複製のたびに短くなるという問題が生じる（**末端複製問題**，end replication problem）．図5.5に示すように，末端に最も近い岡崎フラグメントが合成されRNAプライマーが除去されると，その部分を埋めるためのプライマーをつくる場所がないので，ラギング鎖の3′末端は鋳型鎖を完全にコピーできず短くなってしまう．さらに次の複製では，この短くなった鎖がリーディング鎖の鋳型となるためリーディング鎖の5′末端も元の遺伝情報を失うことになり，複製のたびにDNA末端はどんどん短くなっていく．原核生物のゲノムは環状構造をしているためこの問題は生じないが，線状構造のゲノムをもつ真核生物では深刻

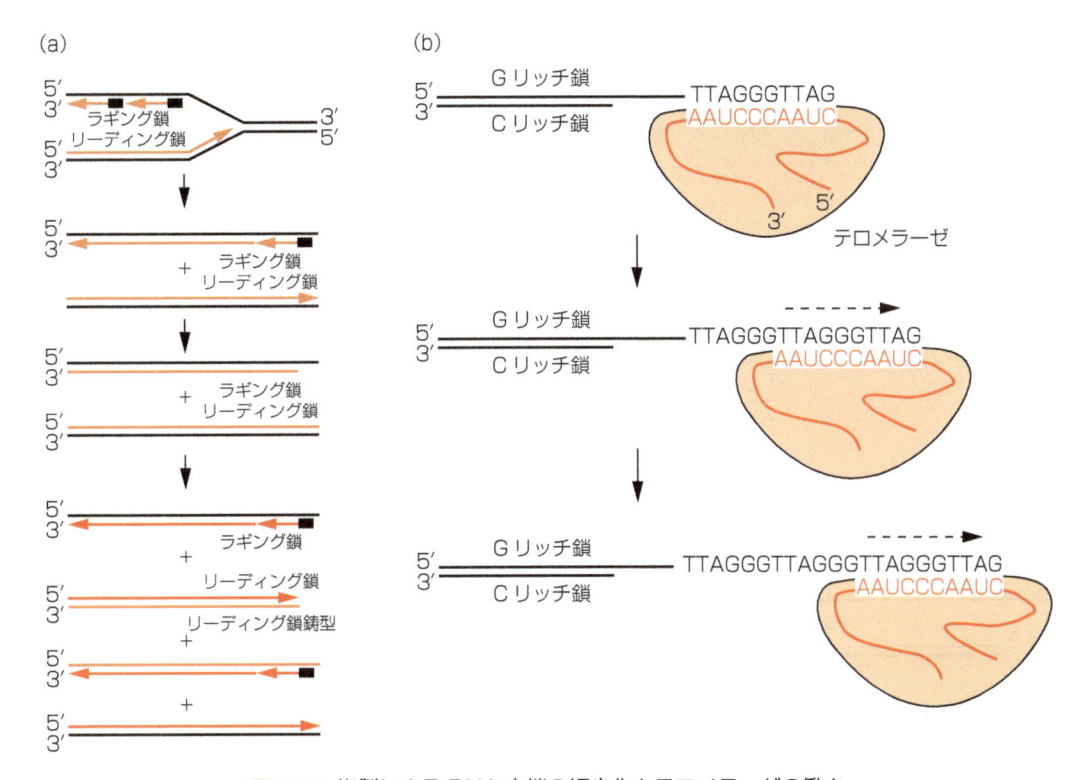

図 5.5 複製による DNA 末端の短少化とテロメラーゼの働き

な問題となる．そのため真核生物では，染色体の末端は**テロメアリピート**(telomere repeat)という配列(TTAGGG など)が何百回も繰り返し，通常の複製以外のしくみで伸長できるようになっている．テロメア配列を特異的に伸長する酵素のテロメラーゼは，テロメアリピートと相補的な配列の RNA 分子を含み，RNA 鎖を鋳型として TTAGGG(G リッチ鎖)を数塩基伸長し，移動しながら反応を繰り返して短くなったテロメアを再生する(図 5.5)．十分に長くなった G リッチ鎖を鋳型として，相補鎖(C リッチ鎖)は通常の岡崎フラグメント合成で行われると考えられている．テロメラーゼは RNA を鋳型として DNA を合成するので，逆転写酵素の一種である．テロメラーゼは酵母など単細胞の真核生物では常に発現していて，短くなったテロメアから優先的に伸ばしていると考えられる．多細胞生物においては，テロメラーゼは胚性幹細胞や生殖細胞系列で発現しているが体細胞では発現していない．このため体細胞は細胞分裂のたびにテロメアが短くなっていく．テロメアが短くなり過ぎると染色体が安定に維持できなくなるため，テロメアは細胞の寿命や老化にかかわると考えられている．通常細胞でテロメラーゼを人工的に発現させるとテロメアが維持され細胞は不死になるが，その一方でがん化する割合が高くなる．細胞に寿命があることが個体の生存に有用なのか

もしれない.

5.1.5 ゲノム上の決まった場所(複製開始点)から複製が始まる

いったん DNA 上に複製装置が形成されれば複製反応が進行すると予想されるが,複製装置はどのように DNA に結合するのであろうか.細胞分裂期に 1 回だけゲノムを複製させるためには何らかの制御が必要であり,それには複製を開始する場所(**複製開始点**, replication region)[*2] が決まっているほうが制御しやすいであろう.実際に大腸菌などの細菌では複製がゲノム上の 1 か所から開始することが示されており,この領域を oriC と呼ぶ.oriC を含む DNA 断片をゲノムから**制限酵素**(restriction enzyme)[*3] で切り出して選択マーカー[*4]をつないで大腸菌に導入すると,プラスミドとして維持される.このような能力をもつ断片を**自律複製配列**(autonomously replicating sequence: ARS)と呼ぶ.生化学的解析から,大腸菌 oriC での複製開始は次

[*2] 複製起点ともいう.

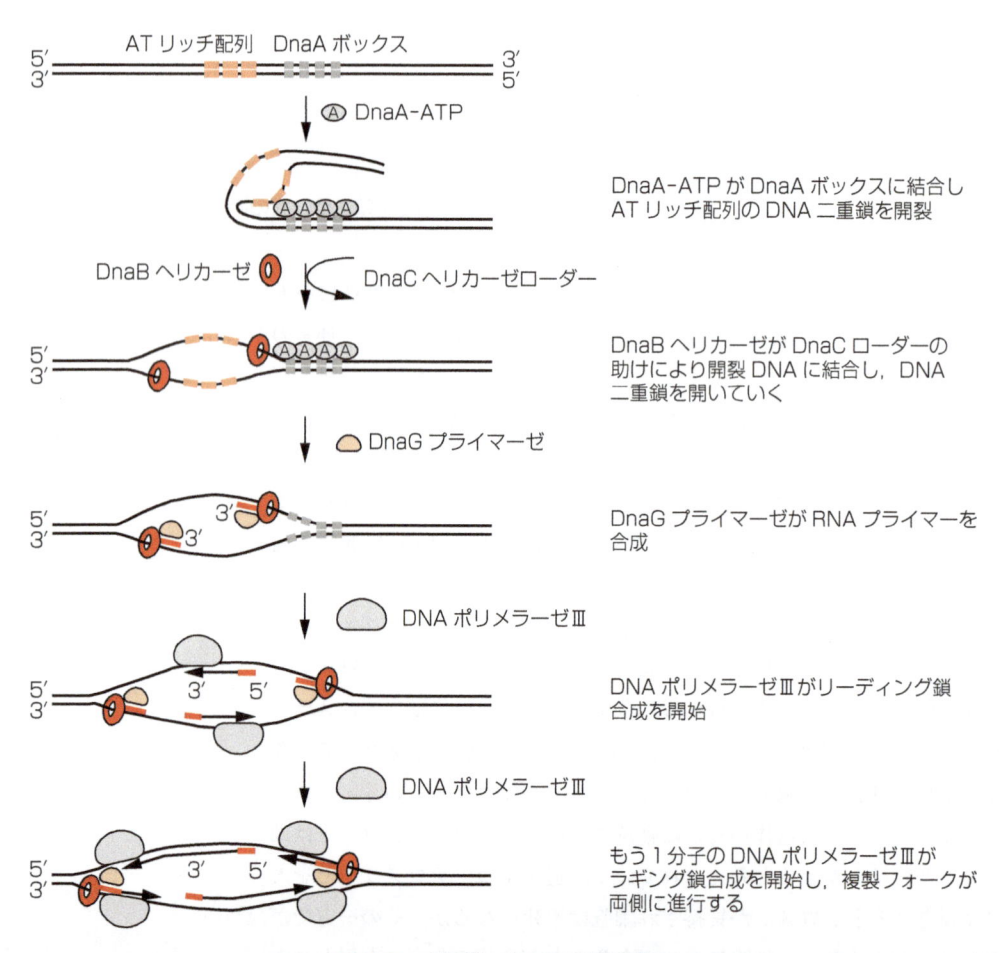

図 5.6 大腸菌 *oriC* での複製開始

のように起きると考えられる（図5.6）．*oriC* 内の特異的な配列（4か所）に開始因子である DnaA タンパク質が複数個結合し，DNA二重鎖を数十塩基対だけ開裂する．開裂した *oriC* 領域に DnaB ヘリカーゼが結合し，ATP加水分解のエネルギーを用いて DNA二重鎖を広範囲に開裂する．生じた一本鎖 DNA にプライマーゼや DNAポリメラーゼが結合して複製装置を形成し，複製が開始される．

5.1.6 真核生物の複製

以上の項では，おもに原核生物の複製機構について紹介してきた．原核生物よりも巨大で複雑な構造をもつ真核生物のゲノム複製のしくみについても，最近の研究からかなりの部分が明らかになってきた．真核生物も基本的には原核生物と同じしくみによってゲノムDNAを複製するが，いくつかの重要な違いがある．

まず，真核生物では細胞周期中でDNAを複製する時期が決まっており，**S期**（S phase）と呼ばれる．また巨大なゲノムをS期中に完全に1回だけ複製するためには，複製を開始するための複製開始点がたくさん必要となる．たとえば単細胞の酵母では約500個の複製開始点があり，ヒト細胞では数万個あると推定されている．酵母などを用いた研究によれば，複製開始点の特異的な塩基配列に複製開始タンパク質（**複製起点認識複合体**，origin recognition complex: ORC）が結合し，さらに細胞周期の G_1 期にはDNAヘリカーゼ活性をもつ **MCM複合体**（minichromosome maintenance complex）が複製開始点に結合し，複製開始の準備段階となる（図5.7）．G_1 期では複製開始を制御するタンパク質リン酸化酵素（キナーゼ）[*5] の活性が低いため，

[*3] 二重鎖DNAを特異的DNA塩基配列部位で切断する酵素．さまざまな細菌から分離され，認識配列や切断箇所は酵素によって異なる．制限酵素によって切断したDNA断片を，同じDNA末端構造をもつ断片とDNAリガーゼの働きにより結合することができるため，遺伝子のクローニングに有用である．細菌内では，外から侵入したバクテリオファージなどのDNAを切断し不活化する役割をもつ．1960年代後半に発見されて以来，遺伝子組換え操作のツールとして制限酵素は分子生物学の進展にとって不可欠な酵素となっている．

[*4] 外から導入したDNAを保持する細胞だけを増殖できるようにする遺伝子で，通常はアンピシリン耐性遺伝子などが用いられる．

[*5] CDK（10.1.2項参照）の一種であるS-CDKと，もう一種類のタンパク質リン酸化酵素（DDK）が必要である．

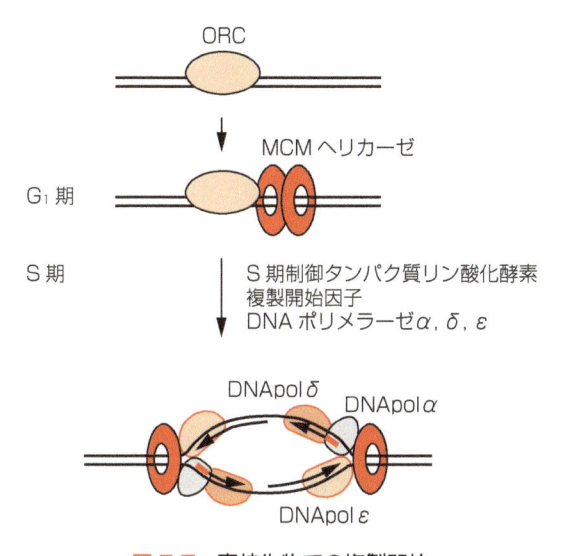

図5.7 真核生物での複製開始

5章 遺伝情報の複製，変異と修復

複製は起きない．S期になるとキナーゼ活性が上昇し，それに依存して約10種類の複製開始因子が複製開始点に集合し，DNAポリメラーゼが結合して複製を開始する．ヒトなど多細胞生物でもよく似たしくみで複製が開始されると考えられるが，ヒトORCタンパク質は特異的配列に結合しないことや，発生の段階や組織によって使われる開始点が変化するので，どのようにして複製開始点が選ばれるかなどわかっていない点も多い．真核生物では非常に多くの種類のタンパク質が複製に必要であり，どれ一つが欠けても複製できない．細胞周期などの制御を受けて複製を行うために，多くの因子が役割を分担している．たとえば，原核生物では複製に必須のDNAポリメラーゼは1種類であるが，真核生物ではDNAポリメラーゼα[*6]，δ（デルタ），ε（イプシロン）の3種類が必要である．DNAポリメラーゼαは複製開始と岡崎フラグメント合成に必要なRNAプライマーの合成を行い，DNAポリメラーゼδはラギング鎖合成を行い，DNAポリメラーゼεはリーディング鎖合成を行う．真核生物の複製フォークでは，DNAヘリカーゼ活性をもつMCM複合体やドーナツ型クランプタンパク質であるPCNA（proliferating cell nuclear antigen）[*7]三量体などが，大腸菌の複製フォークとよく似た役割を果たしている．原核生物と真核生物では，複製開始や伸長に働くタンパク質のアミノ酸配列などは大きく違っているが，基本的に類似の反応段階を経て複製が進行する（図5.8）という点で，複製反応の普遍性が見られる．

[*6] DNAポリメラーゼαは，DNA合成活性に加えてRNAプライマーゼ活性ももつ四量体の酵素．

[*7] 増殖する細胞特異的に存在するタンパク質として発見された．

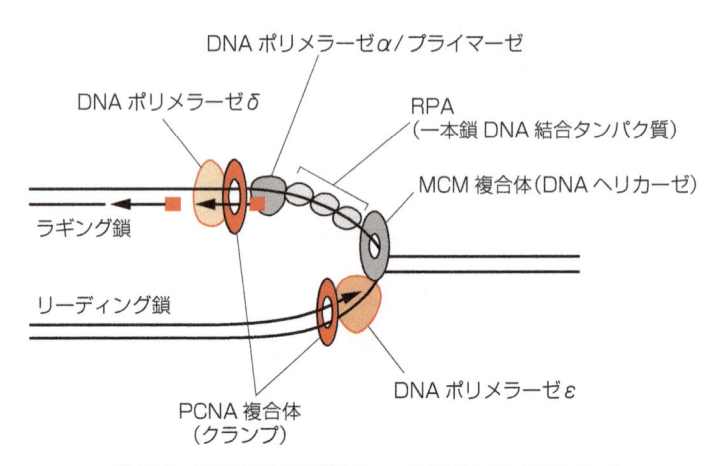

図5.8 真核生物の複製フォークにおけるDNA合成

5.2 変異と修復

遺伝情報は基本的には変化してはならない．そのために生物は実にさまざまなしくみを使ってDNAが変化しないようにしている．地球上の生命進化の過程で，DNAに生じた傷や複製の際の誤りを直すしくみを備えた生物だ

けが生き残っているといえる．一方で，DNAがまったく変化しないと進化は起こらず，現在の生物は生まれなかったことになる．生物のゲノムでは，遺伝情報の安定な維持と変化の間で絶妙なバランスが保たれている．

5.2.1 複製反応の正確さを保証するしくみ

DNAポリメラーゼは鋳型鎖の塩基と相補的なヌクレオチドをきわめて正確に結合させることができる．大腸菌のDNAポリメラーゼIIIが，間違ったヌクレオチドを取り込む頻度は約10^5回に1回である．合成速度が1秒間に約200ヌクレオチドであることを考えると驚異的な正確さである．複製酵素の優れている点は，間違って取り込んだヌクレオチドを自ら修正する機能をもっていることである（図5.9）．間違って取り込まれたヌクレオチドは鋳型と正しい塩基対を形成できず，プライマーとして働けないため合成が停止し，

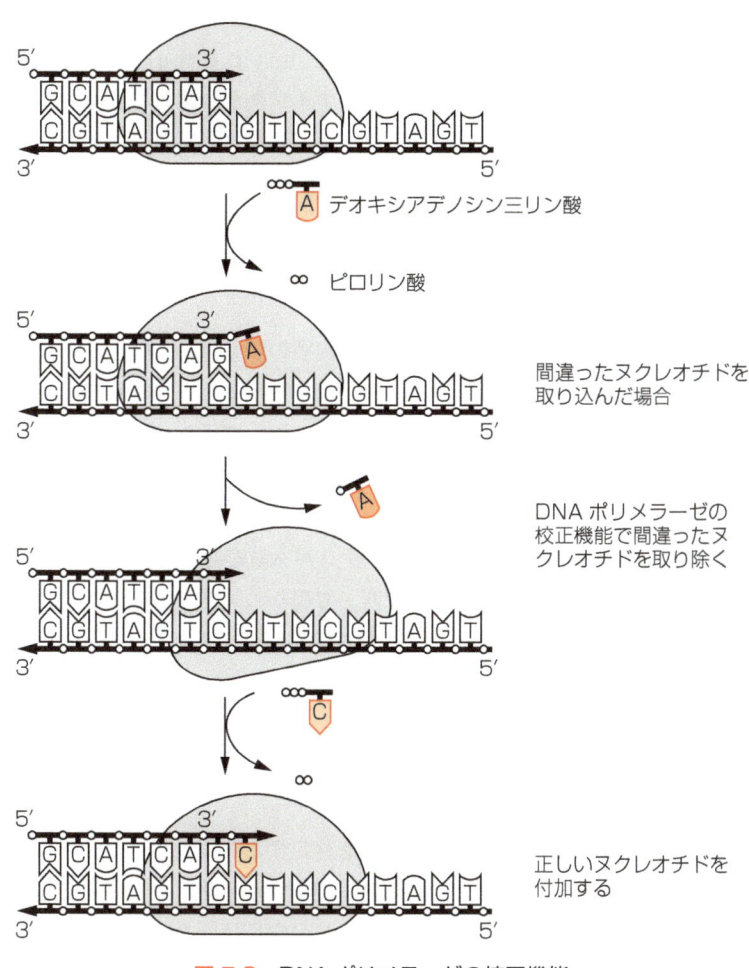

図5.9　DNAポリメラーゼの校正機能

すぐさま DNA ポリメラーゼ自身のエキソヌクレアーゼ（DNA 分解）活性によって取り除かれ，再び正しいヌクレオチドを取り込んで合成が続けられる．このような機能は，原稿の間違いを直す「校正」作業に似ているので**校正機能**（proofreading function）と呼ばれる．校正機能によって，複製で間違いが残る頻度が 10^7 塩基に 1 個（1000 万分の 1 の確率）にまで下げられる[*8]．校正機能を欠損した DNA ポリメラーゼをもつ変異株では突然変異の発生率が上昇することから，校正機能の重要性がわかる．

[*8] 複製に必要な DNA ポリメラーゼのほとんどは校正機能をもつが，DNA ポリメラーゼ α には校正機能がない．

5.2.2 変異の固定

複製で間違って取り込まれ，校正機能で修正されなかった誤りがそのまま放置されると，次の世代では間違いを含んだ鎖を鋳型とする複製のために，二重鎖とも元と異なる配列になってしまう．このように塩基置換が「固定」されて遺伝子が変化していく．固定された変異によりコドンが別のアミノ酸を指定する場合（非同義置換，nonsynonymous substitution）と，塩基配列が変化してもそのコドンが同じアミノ酸を指定する場合（**同義置換**，synonymous substitution）がある．さらにアミノ酸が変化してもタンパク質の機能に影響しない場合もありうる．しかし，生存に必須な機能をもつタンパク質の場合には，1 アミノ酸の変化によってそのタンパク質が機能しなくなり，致死となる場合もある．

5.2.3 誤りを直すしくみ

DNA ポリメラーゼの校正機能によって複製の誤りは 10^7 塩基に 1 個まで減少するが，このままではヒトゲノムが一度複製するたびに 600 個も誤りが生じてしまう．このような誤対合をさらに取り除いて正しい塩基対にするしくみが存在し，そのことによりゲノムの変化が抑えられている．このしくみを**ミスマッチ修復**（mismatch repair）という．大腸菌の場合，MutS タンパク質が誤対合を認識して MutL，MutH タンパク質を呼び込み，MutH タンパク質が誤対合の両側で DNA 鎖を切断して周りのヌクレオチドごと広範囲に取り除いてしまい，取り除かれた部位を DNA ポリメラーゼ I が埋め直して DNA リガーゼがつなぐ（図 5.10）．ミスマッチ修復により変異の頻度は 10^9 塩基に 1 個程度にまで低くなる．このようなミスマッチ修復のしくみは大腸菌からヒトまで存在し，よく似た機能をもつタンパク質群が働いている（表 5.1）．

ここで一つ重要な疑問がある．誤対合を修復する際，新しく合成された変異を含む鎖を取り除かなければ逆に変異を固定する手助けをしてしまう．修復酵素はどうやって，新たに合成された DNA を見分けることができるのだろうか．

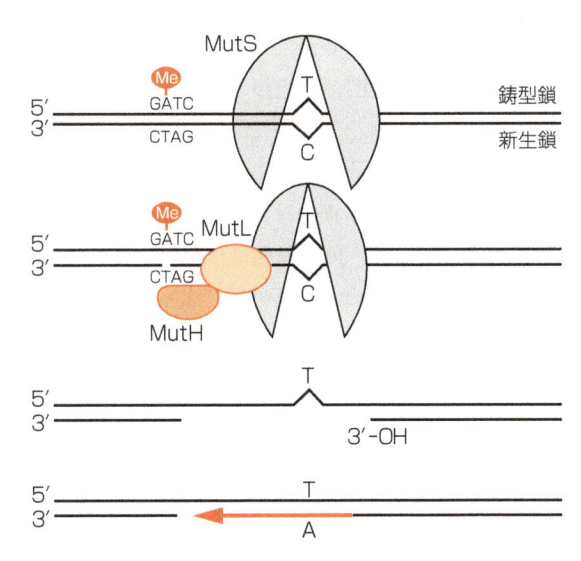

図 5.10 大腸菌のミスマッチ修復のしくみ

表 5.1 生物種間で保存されるミスマッチ修復のしくみ

大腸菌 (*E. coli*)	出芽酵母 (*S. cerevisiae*)	ヒト	機能
mutS	*MSH2*	*hMSH2*	ミスマッチ認識
mutL	*MSH1*	*hMSH1*	複合体形成
mutH	未知	未知	エンドヌクレアーゼ (ATGCに結合し， 非メチル化鎖を開裂)

　大腸菌では，複製直後にはDNAがメチル化されていないことを目印として，新しく合成されたDNA鎖を見分けるしくみが使われる（図5.10）．大腸菌では，GATC配列のAにメチル基を付加するDamメチラーゼ（<u>d</u>eoxy<u>a</u>denosine <u>m</u>ethyltransferase）によって鋳型鎖DNAはメチル化されている．しかし複製直後の新生鎖には，まだメチル化が起こっていない．メチル化されていないGATCをもつ鎖を切断するしくみによって，複製による誤りをもつDNA鎖が選択的に取り除かれる．真核生物では，新しく合成された鎖の目印として，DNAの**切れ目**（nick）が認識されているのではないかと考えられている．

5.2.4　DNAの傷を直すしくみ

　DNAに生じるさまざまな変化の多くは「損傷」となる．とくに塩基部分は反応性が高く，紫外線照射による**ピリミジンダイマー**（pyrimidine dimer）[*9]の形成や，シトシンの脱アミノによるウラシルへの変化，アデニンやグアニ

[*9] 同一鎖上に隣り合うピリミジン（チミンとシトシン）が，紫外線のエネルギーにより，共有結合でつながった構造に変化したもの．チミンダイマーと呼ぶ場合もある．

ンのアルキル化（メチル基，エチル基などアルキル基の付加），あるいは X 線などの強力な電磁線による DNA 二重鎖の切断などが起きると，その部位は転写や複製の鋳型として働くことができなくなり，転写の停止や複製フォークの停止を引き起こす．よって，これらの障害部分の DNA 鎖をいったん取り除いて正しくしないと，細胞は死んでしまう．このような反応を**除去修復**（excision repair）という．除去修復には損傷の違いに対応してさまざまな経路が用意されている．たとえば紫外線によって DNA にピリミジンダイマーが生じると，大腸菌では UvrA-UvrB というタンパク質二量体がピリミジンダイマーを認識して結合し，さらに UvrC が呼び込まれてピリミジンダイマーから数塩基離れた両側を切断する（図 5.11）．次に UvrD タンパク質が切り取られた DNA 断片を引きはがし，その後 DNA ポリメラーゼ I によって残っている相補鎖の情報に従って元の鎖を合成し，最後は DNA リガーゼが切れ目を結びつけて修復が完了する．このようなしくみを**ヌクレオチド除去修復**（nucleotide excision repair）という．ヌクレオチド除去修復は，ピリミジンダイマーだけでなくアルキル化などの塩基への修飾を除去することができる．ヒトでもよく似たしくみでピリミジンダイマーやその他の障害を除去する酵素群があり，この経路に働く酵素が欠失して起きる疾患に**色素性**

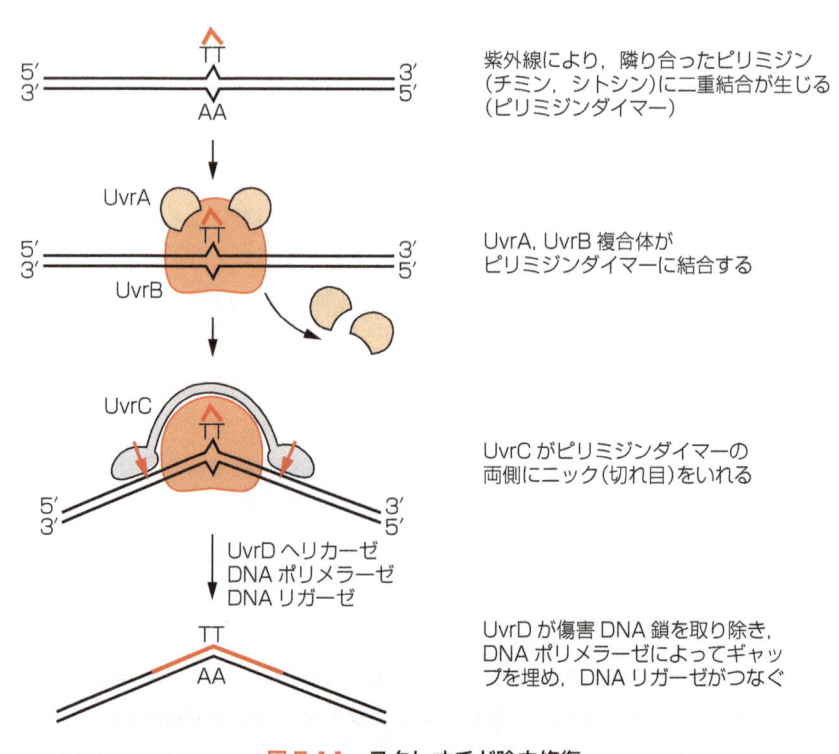

図 5.11 ヌクレオチド除去修復

乾皮症(xeroderma pigmentosum：XP)がある．XP の患者では損傷を修復できず，緊急避難的な誤りがち修復(次項参照)によって変異を多発して，がんを誘発してしまう．

　いずれの修復も，DNA が互いに相補的な二重鎖構造をとっていることに依存している．すなわち，片方の鎖に問題が生じてもそれを除去して，もう一方の鎖に保持されている正確な情報をもとに DNA 鎖を再合成することができる．よって修復機構の存在は DNA 二重鎖が遺伝物質として安定に維持されるために重要である．DNA とよく似た物質である RNA は通常一本鎖で存在し，有効な修復機構が存在しない．このため RNA を遺伝物質として生きる一部のウイルス(インフルエンザウイルスなど)では遺伝子の変化が激しい．

5.2.5　誤りがち修復

　DNA に損傷が生じると除去修復機構などによってそれを取り除こうとする．しかし多数の損傷が起きた場合には，修復が間に合わずに複製フォークの DNA ポリメラーゼが損傷にぶつかってしまうことがある．最近の研究から，そのような場合には損傷を乗り越えることができる別の DNA ポリメラーゼが働いて複製を継続させるしくみが明らかになってきた．**損傷乗り越え DNA 合成**(translesion DNA synthesis)と呼ばれるしくみでは，通常の複製

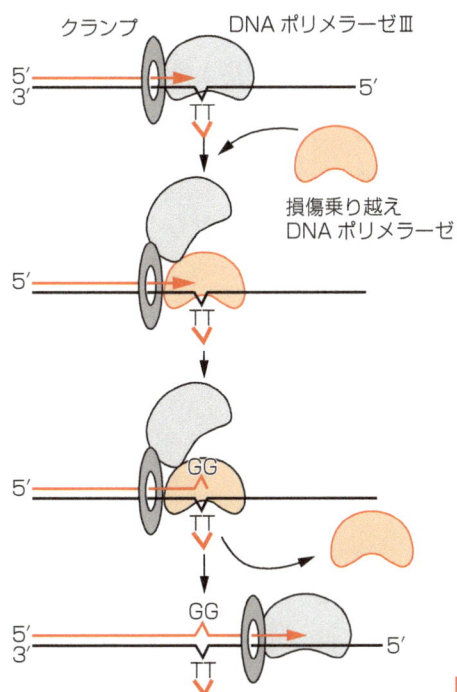

図 5.12　損傷乗り越え DNA 合成

を行う DNA ポリメラーゼが損傷部位で停止したとき，Y ファミリーと呼ばれる特殊な DNA ポリメラーゼに交代し，このポリメラーゼは鋳型鎖の配列にかかわらず特定のヌクレオチドを付加して，損傷部位を通過することができる(図5.12)．その後，再び通常のポリメラーゼに交代して複製を継続する．損傷そのものは残ったままとなり，後でゆっくり修復される．いわば非常事態でのワンポイントリリーフのような DNA 合成である．非常事態を回避した対価として，損傷乗り越え DNA 合成では塩基の間違いが発生しやすくなる．そこで**誤りがち修復**(error prone repair)と呼ばれる．

練習問題

1 保存的複製と半保存的複製の様式の違いを説明しなさい．
2 複製フォークでリーディング鎖とラギング鎖の合成の仕方の違いを説明しなさい．
3 なぜリーディング鎖とラギング鎖という異なる DNA 合成方法を行う必要があるか，その理由を述べなさい．
4 DNA ヘリカーゼの役割を述べなさい．
5 線状 DNA の末端が複製のたびに短くなる理由を説明しなさい．
6 テロメア末端がテロメラーゼにより伸長されるしくみを述べなさい．
7 テロメアと老化の関連を考察しなさい．
8 真核生物の DNA 複製に特徴的なタンパク質を挙げ，その働きを説明しなさい．
9 複製 DNA ポリメラーゼの校正機能について説明しなさい．
10 大腸菌のミスマッチ修復で新たに合成された DNA 鎖を見分けるしくみを述べなさい．
11 紫外線により DNA にピリミジンダイマーが生じると，転写や複製の障害となる．これを除去するしくみを述べなさい．
12 損傷乗り越え修復では，なぜ塩基の間違いが生じやすいか，理由を説明しなさい．

6章 遺伝的組換えのしくみと意義

DNA の修復が遺伝情報を変化させないためのしくみであるのに対し，積極的に遺伝情報を変化させるしくみが**組換え**（recombination）である．さまざまな DNA 組換えのしくみはゲノムの多様化と複雑化をもたらし，生物進化の原動力となっている．組換えには，同じ塩基配列の場所で起きる**相同組換え**（homologous recombination：HR）と，まったく違う配列のところで起きる**非相同組換え**（nonhomologous recombination）があり，後者にはゲノム上を移動する因子の**トランスポゾン**が含まれる．

6.1　相同組換え

　DNA がいったん切断されてから別の DNA につなぎ換えられる反応を**組換え**といい，とくに同じ塩基配列部分で起きる組換えを**相同組換え**という．遺伝情報にとって組換えは二つの重要な意味をもっている．一つは遺伝情報を守るための働きである．DNA 二重鎖が切断されてしまったとき，まったく同一の情報を保持する**姉妹染色分体**（sister chromatid，複製によって 2 倍になった染色体）との相同組換えによって，遺伝情報を変化させずに修復することができる．もう一つは，生殖細胞において減数分裂によって配偶子をつくり出す際に，染色体の**交叉**（crossover）を引き起こす相同組換えが必須になる．この場合には，父方と母方に由来する相同染色体間での組換えによって，両方のゲノムを混合した配偶子をつくり出す役割がある．こうしてDNA 相同組換えはゲノム情報の保持と変化という異なる役割を果たす．

6.1.1　相同組換えのしくみ——ホリデイ構造モデル

　大腸菌で二つのDNA分子間の相同組換えが起きるとき，隣接した遺伝マーカーの交換を伴う場合と伴わない場合が観察された．1964 年，組換え反応の分子機構を理解するうえで重要なモデルがホリデイ（R. Holliday）によって提案された．二つの DNA が互いに同じ方向性の鎖を相手の相同領域にもぐり込ませた状態を**ホリデイ構造**（Holliday structure）という（図 6.1）．このような構造では交叉部分が移動可能である．この状態でDNA の枝を回転させると（図 6.1 下図），交叉部分は短い一本鎖 DNA を四辺にもつ構造をとることができる．交叉部位が切断されてホリデイ構造は解離する．点線 X のように切断されると大規模な遺伝子の組換えは起こらないのに対し〔左図，**非交叉型組換え**（non-crossover recombination）〕，点線 Y のように切断されると交叉の両側で DNA が大規模に入れ替わる〔右図，**交叉型組換え**（crossover recombination）〕．ホリデイ構造は相同組換え反応の中間段階として現象をうまく説明してくれる．

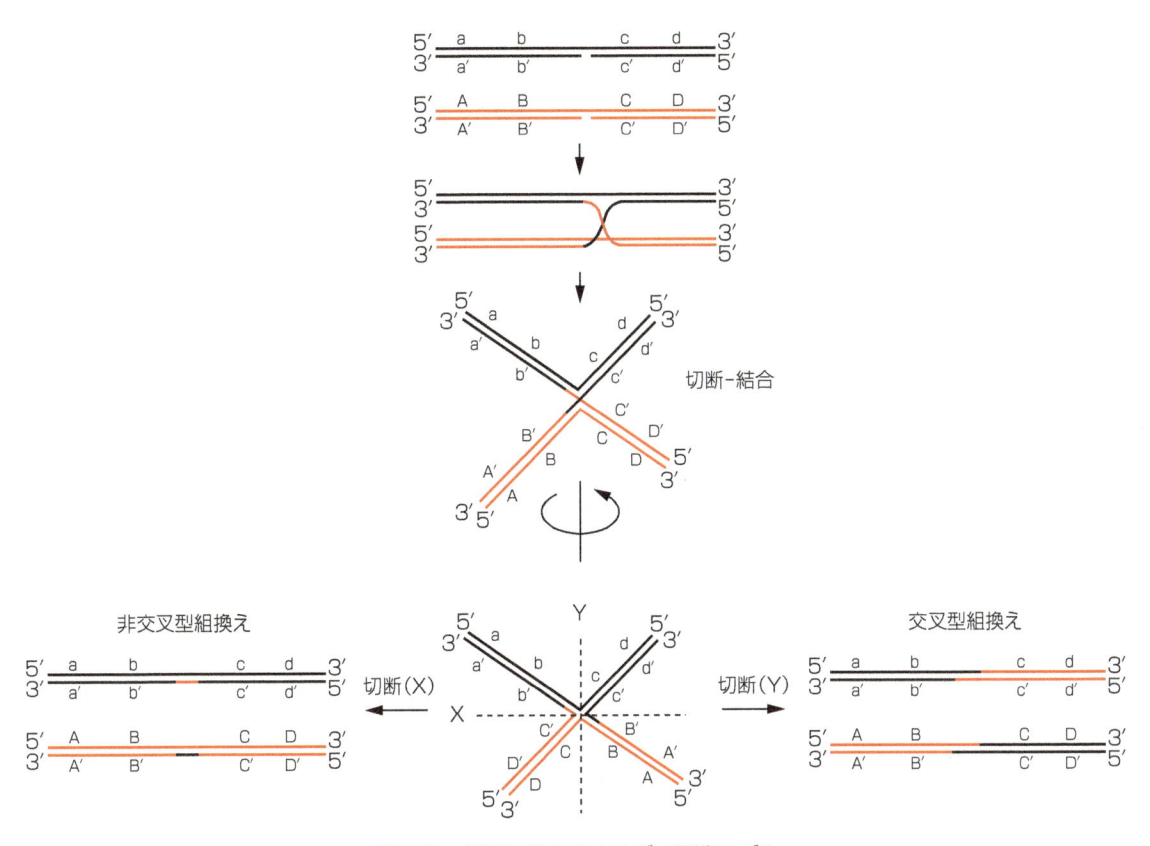

図 6.1　相同組換えのホリデイ構造モデル

6.1.2　相同組換えのしくみ——二重鎖切断モデル

　現在，多くの研究者に受け入れられている相同組換えモデルは，**二重鎖切断**(double-strand break：DSB)からの DNA 鎖交換を介したモデルである．図 6.2 に示すように，まず姉妹染色分体の片方の二重鎖 DNA が切断される．次に 5′ 末端から DNA が分解され，3′ 末端が一本鎖として露出する．この一本鎖 DNA は姉妹染色分体の相同領域にもぐり込んで塩基対を形成し，3′ 末端から DNA 合成が起きて対合領域が拡大する．二重鎖切断の箇所で逆側に形成した一本鎖 DNA も姉妹染色分体の相同領域に対合し，この 3′ 末端からも DNA 合成が起きて対合領域を拡大する．この段階で DNA 鎖が交叉する部位は，図 6.1 に示したホリデイ構造と同じである．この段階で姉妹染色分体にもぐり込んだ DNA 鎖が元の染色体にもどると，DSB で分断された付近だけを姉妹染色分体からコピーして回復したことになる(**非交叉型**)．一方，減数分裂期では相同染色体間で DNA 鎖交換反応が起き，交叉した構造が安定化されて対合領域が拡大し，二つのホリデイ構造をもつ中間体(**ダブルホリデイ構造**)となる．さらに DNA 鎖が広範囲で組み換わるようにホリデイ

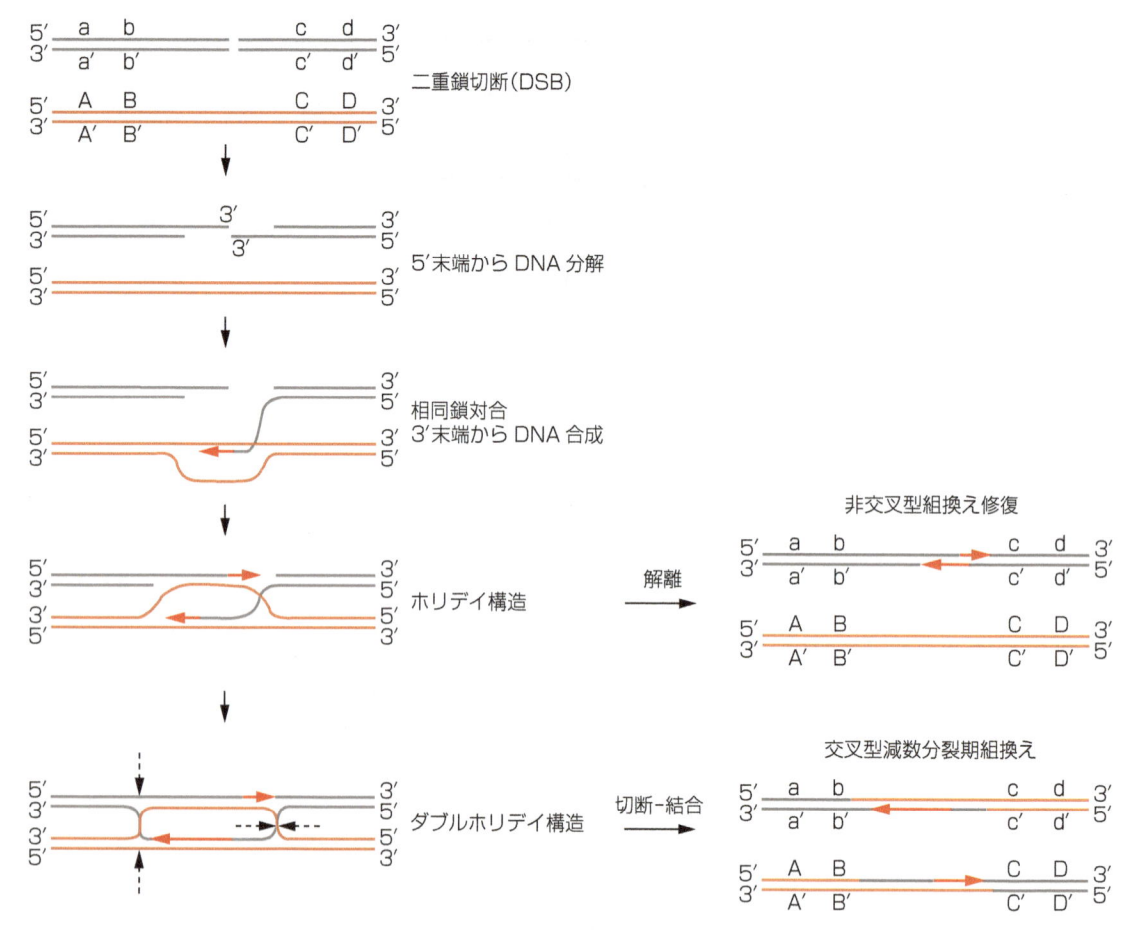

図 6.2 相同組換えの二重鎖切断モデル

構造が切断される（**交叉型**）．体細胞分裂では，まったく同じ情報をもつ姉妹染色分体間での組換え反応なので，交叉型も非交叉型も同じ産物を生じる．しかし減数分裂期では，父方由来と母方由来の遺伝情報を混ぜ合わせた子孫をつくるため，交叉型組換えが選択的に起きるように制御されている．

相同組換え反応には多くのタンパク質が関与することが明らかとなっている．なかでも中心的役割を果たすタンパク質は，大腸菌で発見された **RecA** である．RecA は一本鎖 DNA に結合して RecA-DNA フィラメント構造体をつくり，相同配列を探し出して一本鎖 DNA をもぐり込ませる活性をもつ．組換え反応の後半では，**リゾルベース**（resolvase）と呼ばれる酵素がホリデイ構造を切り離す．大腸菌では RuvA, RuvB, RuvC タンパク質複合体がリゾルベースとして働く．真核生物では RecA とアミノ酸配列や機能がよく似た Rad51 タンパク質が相同組換えに働くことが知られており，相同組換え機構は保存されている．

6.1.3 遺伝情報を守る組換え

X線など強力なエネルギーをもつ電磁波はDNA二重鎖切断(DSB)を引き起こす[*1]．除去修復などの機構は相補鎖の情報を使って修復するので，DSBを直すことはできない．DSBを修復するしくみは2種類に分けられる．姉妹染色分体が存在するときには相同組換え(HR)を用いて正確に修復される．しかしながら，姉妹染色分体がつくられる前のG_1期や，一度に大量の二重鎖切断が生じた場合には，**非相同末端結合**(non-homologous end joining：NHEJ)というしくみが働く．非相同末端結合は元通りに末端をつなぐとは限らないため，ゲノムを変化させる危険がある．

[*1] DNAに対するX線の影響は，実際には複雑である．DNAの二重鎖切断のほかに一本鎖切断を引き起こし，さらに反応性の高いラジカルを発生することによる間接作用も引き起こす．

6.1.4 減数分裂期組換え

DNA組換えが最も重要な役割を果たすのは，ゲノムを再編して次の世代に伝える時期の減数分裂期である．減数分裂期では通常の体細胞分裂と異なり，複製によってゲノムを倍加した後，分裂を2度繰り返して1セットのゲ

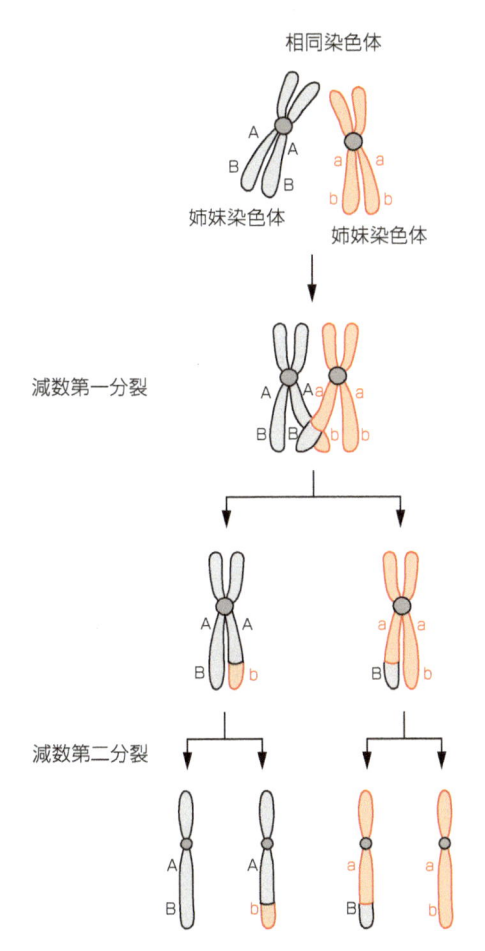

図6.3 減数分裂時の相同組換えと染色体分配

ノムをもつ配偶子をつくる(図 6.3). 減数分裂の過程では，必ず相同染色体間で交叉型の組換えを行うように制約されている. 減数第一分裂では，組換えによってゲノムの一部を交換した父方由来 2 組と母方由来 2 組の相同染色体が，別々の細胞へと分配される. 続いて複製を経ないで減数第二分裂が起き，2 組の染色体が分配されて 1 セットのゲノムをもつ配偶子が形成される.

減数分裂期組換え(meiotic recombination)では，体細胞分裂での組換えと異なり，**組換えホットスポット**(recombination hot spot)と呼ばれる部位に積極的に DSB を導入し，組換え反応を開始する(図 6.4). この過程には減数分裂期特異的に発現するいくつかのタンパク質が働く. その後の DNA 相同鎖検索・対合反応やホリデイ構造の解離を経て，交叉型組換え産物を生じる. 相同鎖検索と鎖交換反応には，体細胞での組換えに必要な Rad51 (RecA 類似)

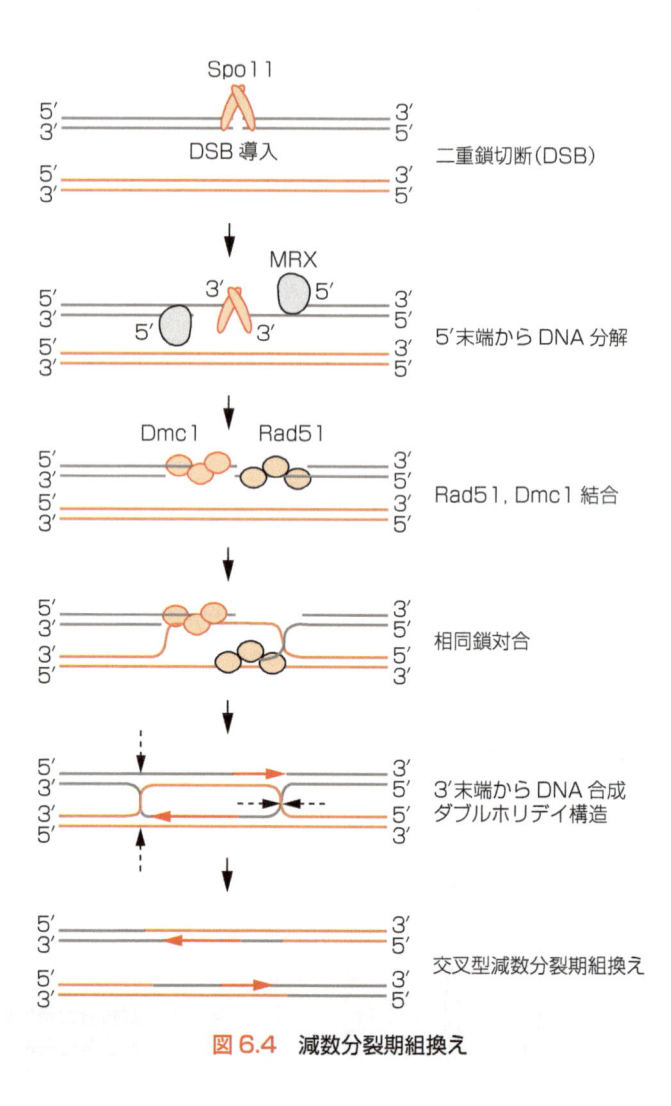

図 6.4 減数分裂期組換え

タンパク質が必要であり，さらに Rad51 と類似の Dmc1 タンパク質が必要になる．減数分裂期組換えで，姉妹染色分体間ではなく相同染色体間で選択的に組換えが起きるしくみや，非交叉型ではなく交叉型組換えが起きるしくみなど，興味深い問題点は完全には解明されていない．

6.2 部位特異的組換え

相同組換え反応は二つの DNA がある程度の長さの相同な塩基配列をもっている場合に相補的塩基対形成を介して起きるのに対し，**部位特異的組換え**(site-specific recombination)は長さの短い決まった配列部分で起きる反応である．部位特異的組換えでは，特異的配列を認識するタンパク質によってDNA 鎖の切断と再結合が起きる．細菌ウイルス(バクテリオファージ)ゲノムが宿主ゲノムに組み込まれる反応として詳しく解析されてきた．さらに高等動物の免疫細胞では，膨大な種類の抗体を産生するしくみに部位特異的組換えがかかわっている．

6.2.1 細菌での部位特異的組換え

大腸菌に感染して増殖する **λ ファージ**(λ phage)は，二つの異なる感染様式をもつ．**溶菌サイクル**(lytic cycle)では，感染したファージ DNA の複製とファージの殻をつくるタンパク質をつくり，大腸菌を溶菌して子ファージを産生する．ところが**溶原サイクル**(lysogenic cycle)[*2] では，ファージ DNA は大腸菌ゲノムに組み込まれ〔**溶原化**(lysogenization)という〕，宿主ゲノムの一部として眠ったような状態で維持されていく．溶原化反応では，ファージ DNA 上の特異的な配列 *attP* と大腸菌ゲノム上にある相同な配列

[*2] 宿主を殺してしまう溶菌サイクルとは異なり，ファージDNA は宿主ゲノムに組み込まれて複製する．この状態のファージ DNA をプロファージという．溶原菌はファージ増殖を抑制するリプレッサータンパク質を産生しているため，同種のファージが感染しても増殖できず，溶原菌はファージに殺されなくなる．

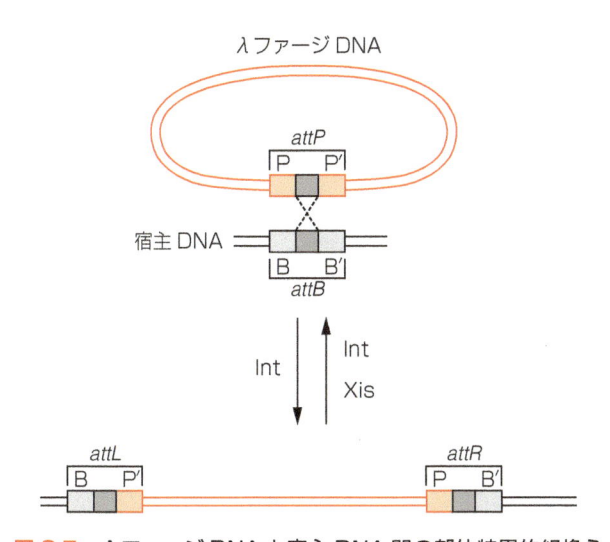

図 6.5 λ ファージ DNA と宿主 DNA 間の部位特異的組換え

attB の間での部位特異的組換えにより，ファージゲノム全体が大腸菌に組み込まれる(図6.5)．この反応は，ファージのコードする Int タンパク質が *attP*, *attB* の両方に結合し DNA 鎖切断と再結合を行う．溶原化したファージゲノムは長期間そのまま維持されていくが，大腸菌ゲノムが紫外線などの損傷を受けた場合には，Int とともに Xis というタンパク質が発現誘導されて，ファージゲノムを飛び出させて溶菌サイクルへと移行し，子ファージをつくることができる．

6.2.2　免疫遺伝子の組換え

ヒトをはじめ脊椎動物では，外界から体内に侵入した微生物やウイルスを殺すための免疫システムが発達している．侵入した異物(抗原)に反応して結合する抗体の**免疫グロブリン**(immunoglobulin)は2本の **H 鎖**(heavy chain, 長いペプチド)と2本の **L 鎖**(light chain, 短いペプチド)からなるタンパク質である(図6.6)．H 鎖も L 鎖もそれぞれアミノ末端側の **V 領域**(variable region, 可変領域)とカルボキシル末端側の **C 領域**(constant region, 定常領域)をもち，V 領域が抗原を認識し結合する．リンパ細胞が成熟する過程で，細胞ごとに異なる V 領域をもった免疫グロブリンタンパク質を発現するようになる．免疫グロブリンの発現に体細胞(**B リンパ細胞**, B lymphocyte)での DNA 組換えが関与することを初めて発見したのは利根川進[*3]らである(1976年)．ほとんどの体細胞は同じセットのゲノムをもつが，リンパ B 細胞の成熟過程においては免疫グロブリン遺伝子領域で組換え反応が起こり，細胞ごとに異なる配列をもつように変化する[*4](図6.7)．マウスの未成熟なリンパ B 細胞では，L 鎖遺伝子領域は約250種類の V 領域(約95アミノ酸をコード)と4種類の **J 領域**(V 領域と C 領域の接続領域，約12アミノ酸をコード)，さらに1個の C 領域から構成されている．それぞれの B 細胞が

[*3] 1987年，ノーベル生理学医学賞を受賞した．

[*4] 1種類の B 細胞は1種類の抗体しかつくらず，また1種類の抗体は1種類の抗原しか認識しない．このため，数億以上の異なる B 細胞がそれぞれ異なる抗体をつくり，あらゆる抗原に対応するしくみになっている．

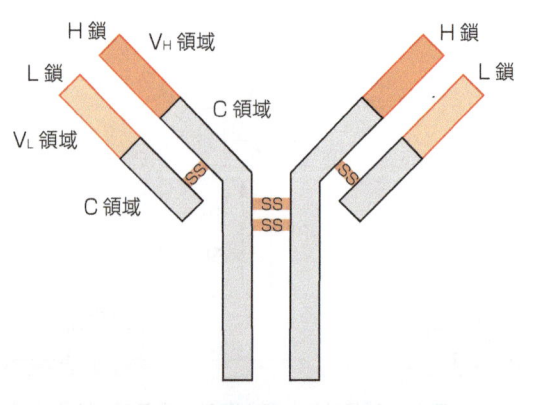

図6.6　免疫グロブリンの構造

免疫グロブリン-L鎖遺伝子領域

部位特異的組換え

Bリンパ球細胞

転写

RNAスプライシング
成熟mRNA

タンパク質に翻訳

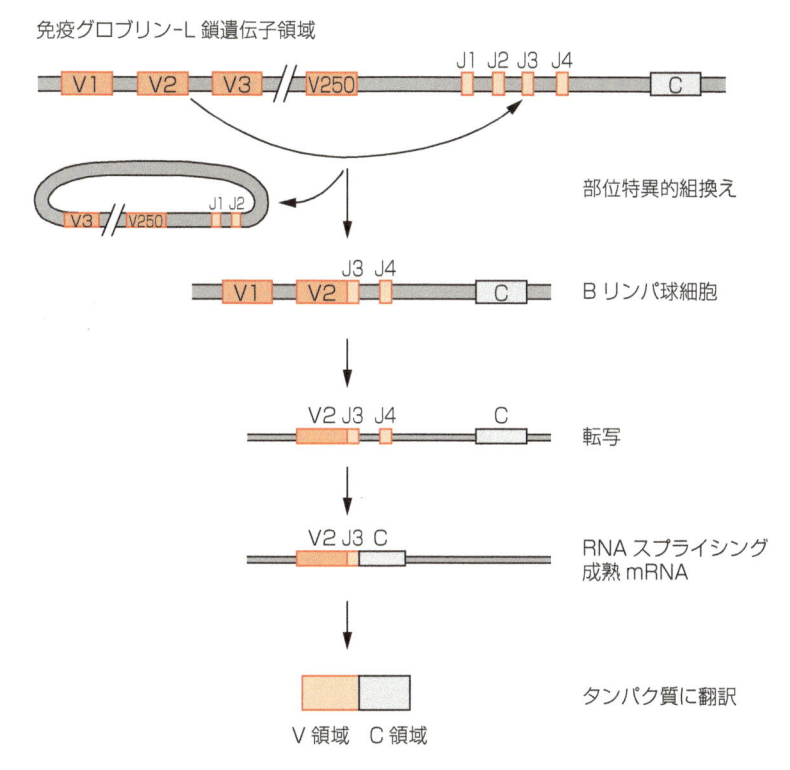

V領域　C領域

図6.7　多様な免疫グロブリンの発現を導く遺伝子再編

成熟する間に，一つのV領域と一つのJ領域の間の領域が組換え反応により取り除かれ，さらに遺伝子発現時のRNAスプライシング反応によりよぶんなJ領域が除かれ，V領域，J領域，C領域を一つずつもつL鎖タンパク質がつくられる．V-J領域の組換え反応は，各領域の端にあるシグナル配列でDNAの切断・結合を行う**部位特異的組換え**である．250種類のV領域と4種類のJ領域からは約1000種類（250×4通り）の異なるL鎖をつくり出すことができる．さらにH鎖遺伝子領域では500種類のV領域，12種類のD領域，4種類のJ領域の間で2度の組換えが起こり，約24,000種類（500×12×4通り）のH鎖がつくられる．この結果，1000種類のL鎖と24,000種類のH鎖の組合せにより2×10^7種類の免疫グロブリンタンパク質をつくり出すことができる．実際には，部位特異的組換え反応では1〜5ヌクレオチドの欠失や挿入が生じるため，多様性が約100倍ずつ増大し，約10^{11}という膨大な種類の抗体産生が可能である．

6.3　飛び回る遺伝子——トランスポゾン

トランスポゾン[*5]は，ゲノムDNAのある場所から別の場所へ飛び移る「転移」反応を行うDNA配列である．トランスポゾンは原核生物からヒトまで

[*5] 転移因子(transposable element)とも呼ばれる.

ほとんどすべての生物のゲノムに存在し，ヒトなどの哺乳類ではゲノムの半分近くを占めるほど多量に存在する．トランスポゾンはどのようなしくみで離れた場所へ移動するのだろうか．また，本来はゲノムの基本情報として必要のない DNA であるはずのトランスポゾンが，なぜゲノム中に大量に存在するのだろうか．

6.3.1 トランスポゾンの発見

トランスポゾンの発見者であるマクリントック（B. McClintock）は 1983 年にノーベル生理学医学賞を受賞した．彼女らは 1940 年代にトウモロコシの粒に黄色と紫の斑入りが現れる現象に注目し，斑入りが起きるときに染色体の切断が起きていることを見つけた．さらに切断を引き起こす場所にある **Ds**（dissociation，解離）という因子は染色体上を移動すると提唱した．しかし，そのような概念が受け入れられるには長い年月を必要とした．その後多くの生物でトランスポゾンが見いだされ，さまざまな転移のしくみがあることが明らかとなっている．トランスポゾンは大別すると DNA トランスポゾンとレトロトランスポゾンに分けられる．

6.3.2 DNA トランスポゾン

DNA トランスポゾンは，原核生物にも真核生物にも広く存在する．移動のしくみによっていくつかに分けられるが，共通している構造は，転移反応を引き起こす酵素の**トランスポゼース**（transposase）をコードする遺伝子をもっていることと，トランスポゾンの両端に特徴的な繰返し配列をもつことである（図 6.8）．トランスポゾンの両末端は同じ配列が逆向きに繰り返している（**逆方向反復配列**，inverted repeat sequence）．DNA トランスポゾン

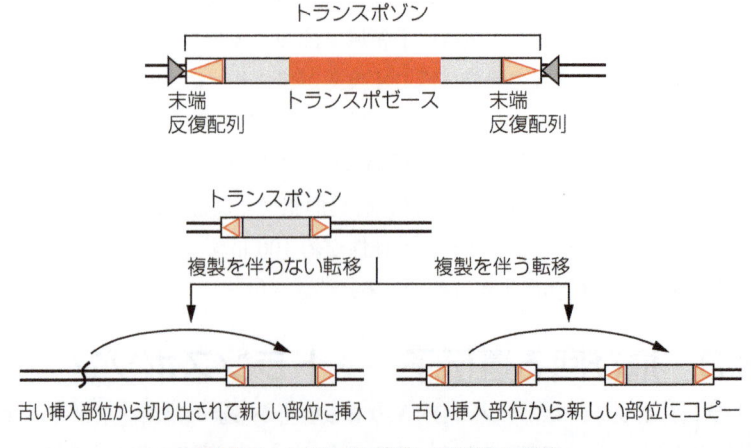

図 6.8　トランスポゾンの構造と転移

6.3 飛び回る遺伝子——トランスポゾン

図 6.9　DNA トランスポゾンの転移のしくみ

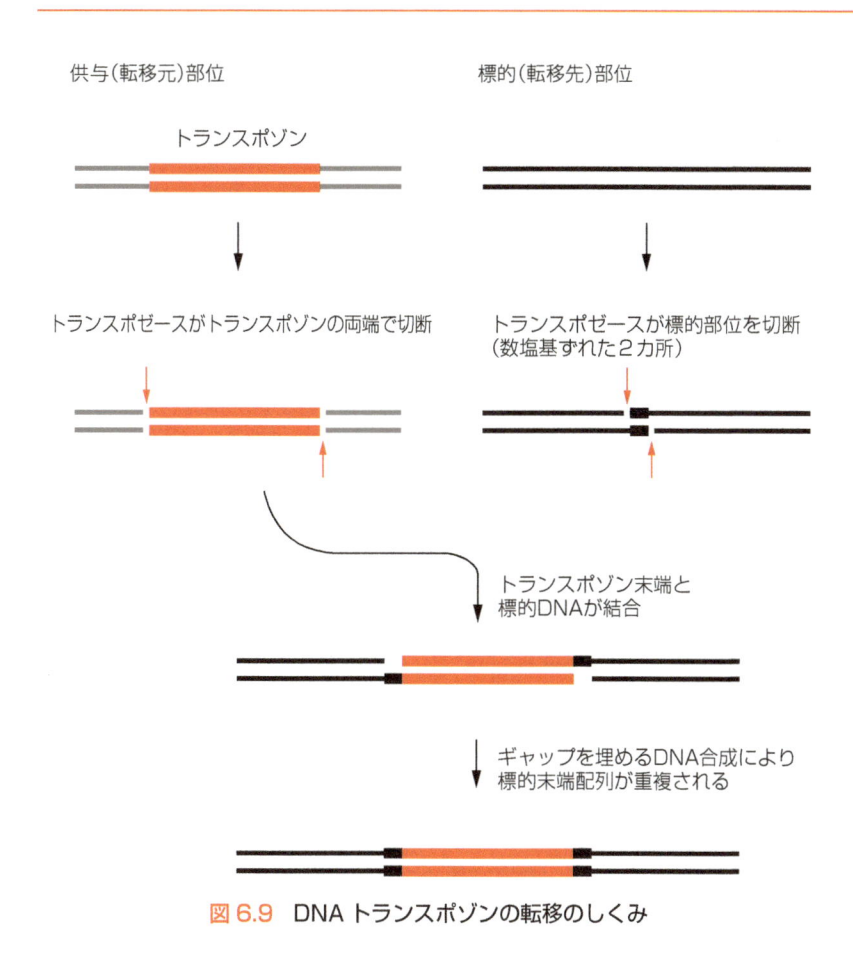

はそれぞれ少しずつ違ったしくみで転移を行うが，図 6.9 に最も基本的な転移のしくみを示す．トランスポゼースは繰返し配列の外側でトランスポゾンを切り出し，別の染色体部位（ターゲット DNA）につなぎ込む．転移先の DNA 二重鎖上の数塩基離れた 2 カ所にニック（切れ目）を入れるので，トランスポゾンが挿入されると短いギャップが生じるが，修復機構と同様に DNA ポリメラーゼがそのギャップを埋めて，DNA リガーゼによってつながれる．この様式をとるトランスポゾンでは，転移によって元の場所からトランスポゾンが消失する．細菌には多種多様な DNA トランスポゾンが存在しており，転移の様式もそれぞれに特異的である．なかには二つのトランスポゾン単位が薬剤（テトラサイクリン，カナマイシン[*6]など）耐性遺伝子をはさみ込む構造をとっていて，薬剤耐性遺伝子を移動させるものもあるものもある．

[*6] 両者とも細菌のリボソームに結合し，タンパク質合成を阻害する．

6.3.3 レトロトランスポゾン

もう一つのグループは，転移過程でいったん RNA に転写され，さらに

DNAに逆転写されて標的部位に組み込まれる**レトロトランスポゾン**（retrotransposon）である（図6.10）．レトロトランスポゾンは，DNAとしてゲノムに組み込まれている状態から転写によってRNAがつくられる（図6.10）．このRNAを鋳型として逆転写酵素[*7]によって二重鎖DNAがつくられ，トランスポゼースによってゲノムに組み込まれる．逆転写されるこの種類のトランスポゾンをレトロトランスポゾン（あるいはレトロポゾン）という．この種類のトランスポゾンはRNAをゲノムとするレトロウイルスの増殖と非常に似ている．このためレトロトランスポゾンとレトロウイルスは同一の起源をもつと考えられる．

[*7] 逆転写酵素（reverse transcriptase）は，一本鎖RNAを鋳型としてDNAを合成する酵素で，RNAをゲノムにもつレトロウイルスの増殖に必須の因子として発見された．

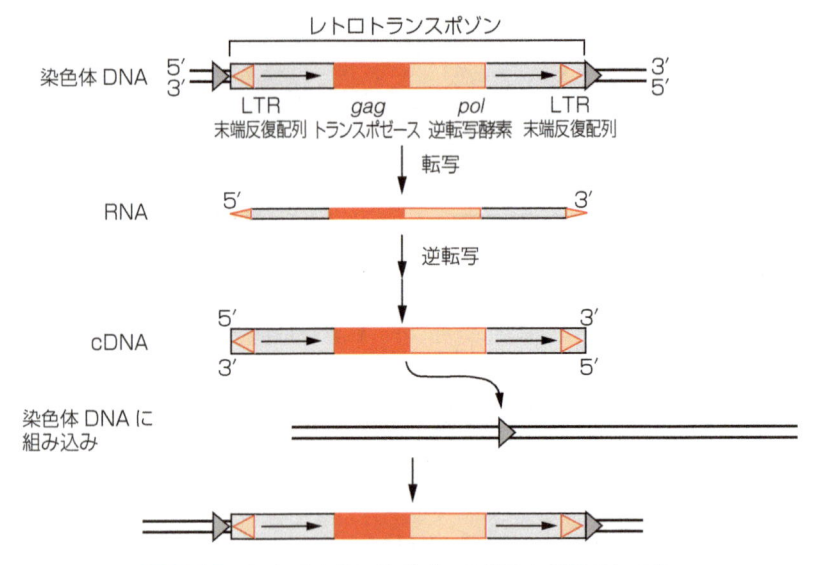

図6.10 レトロトランスポゾンの構造と転移のしくみ

6.3.4 ゲノムに占めるトランスポゾンの割合

ゲノムの大きさが必ずしも遺伝子の数に比例しないことは2章で述べた通りである．この食い違いの大部分は，ゲノム中のトランスポゾンが占める割合の違いによってもたらされている．ヒトゲノムでは，すべてのトランスポゾンを合わせるとゲノムの約45％を占める（図6.11）．とくに約7000〜10,000 bpの単位をもつ**LINE**（long interspersed nuclear element）はゲノム中に約85万コピー存在し，ゲノムの約17％を占める．一方，約300 bpの短い単位の**SINE**（short interspersed nuclear element）は約150万コピーも存在し，ゲノムの約15％を占めている．すなわちゲノムの大半は，せまい意味での遺伝子ではない配列，つまりトランスポゾンやトランスポゾンに由来する繰返し配列で占められているのが実態である．かつてはこれらの繰返し配列はまったく意味のない「ジャンク（くず）」と考えられていたが，現在で

6.3 飛び回る遺伝子——トランスポゾン

タンパク質
コード領域
(約1.5%)

イントロン
(約25%)

トランスポゾン
(約43%)

ユニーク
調節配列
(約15%)

単純反復配列
(約15%)

図6.11　ヒトゲノムの内訳

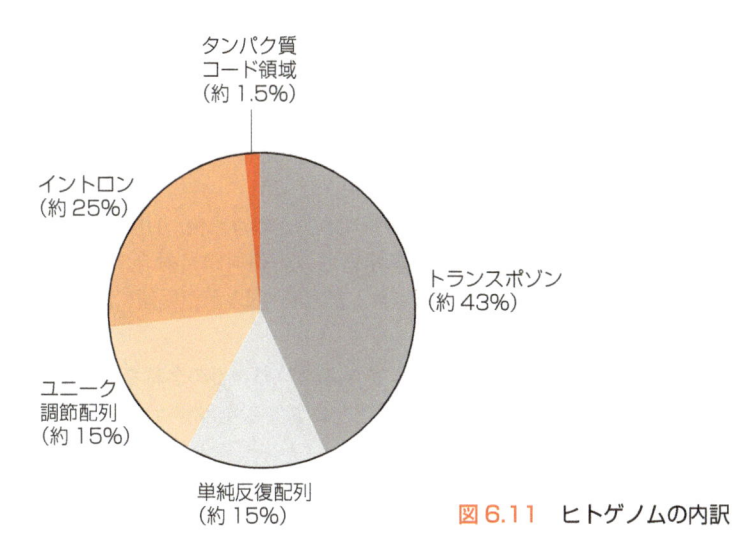

は少し違った見方がされている．トランスポゾンから転写される短いRNAが **RNA干渉**（RNAi）[*8] というしくみを通してヘテロクロマチン化や遺伝子発現の抑制にかかわっている証拠が得られており，ゲノムの重要な構成要素

[*8] RNA interferenceの略で，低分子の二本鎖RNAが遺伝子発現を抑制する現象を指す．翻訳を抑制するしくみと，染色体をヘテロクロマチン化して不活化するしくみがある．

Column

アサガオの花弁の変化はトランスポゾンの転移の証

　身近な植物であるアサガオには奇妙な模様の花弁をもつ株が見られる．たとえば一つの花の半分が紫で半分が白いもの（図6A）や，白い花弁に斑点模様に色がついたもの，また1本の茎に白い花と紫の花の両方が咲く場合などが古くは江戸時代から知られていた．最近の研究から，これらの変化の多くがトランスポゾンによって引き起こされていることが判明してきた．たとえば白と紫の2色からなる花が生じるのは，Tpnと呼ばれるトランスポゾンが花弁の色をつくる遺伝子の中に入り込んだ場合であり，白色となる．花の発生段階でTpnが色の遺伝子から飛び出してしまうと，遺伝子機能が回復して紫になる．トランスポゾンが飛び出す時期が遅れるにつれて，花全体が紫，花の半分が紫，斑点状の紫などの変化が見られる．

　アサガオ以外の植物でも，斑入りの葉などトランスポゾンがかかわるものが多い．

図6A　半分が紫で半分が白いアサガオ
仁田坂英二氏（九州大学）のご厚意で「アサガオホームページ」より転載．

となっている可能性が今後明らかにされるであろう．

練習問題

1. 相同組換えの中間段階にできる構造を何と呼ぶか．
2. 相同組換えの最初の段階で二重鎖切断(DSB)が起きた後，DNAが5′末端から分解され，露出した3′末端が姉妹染色体の相同鎖に対合する．もし，DSB後にDNAが3′末端から分解され，5′末端DNAが相同鎖に対合すると，どのような不都合があるか．
3. 大腸菌で相同鎖検索に中心的な働きをするタンパク質の名称を述べなさい．
4. リンパ細胞が成熟する過程で，細胞ごとに異なる免疫グロブリンを産生するようになるしくみを述べなさい．
5. トランスポゾンとはどのようなDNAか説明しなさい．
6. レトロトランスポゾンが転移するしくみを説明しなさい．
7. レトロトランスポゾンがRNAの状態を経て転移することを証明する実験を考案しなさい．

7章 タンパク質の構造と機能

豊かな世界

7章 タンパク質の構造と機能

7.1 はじめに

核酸によって保存，伝達された遺伝情報は，4章で述べたように**タンパク質**に翻訳され，これらが受容体，酵素，抗体，イオンチャネル，細胞骨格などとして機能し，生命活動を維持するうえで必須の役割を担っている．したがって，タンパク質は核酸と並ぶ最も重要な生体高分子である．

分子生物学においては，2003年にヒトゲノムの解析が終了し，ゲノムのコードするタンパク質の構造と機能の解析に研究の中心が移りつつある．タンパク質の構造は，有機化学の基本概念である酸性と塩基性，水素結合，立体化学などと密接に結びついている．分子生物学をこれから学ぼうとする諸君にとって，化学の知識は必要不可欠である．本章ではまず，タンパク質の構成単位である**アミノ酸**について述べ，次にタンパク質の構造および機能について化学的な視点も交えて解説する．

7.2 アミノ酸

7.2.1 アミノ酸の構造

タンパク質は，アミノ酸が脱水縮合した高分子化合物である．タンパク質中の個々のアミノ酸を**残基**(residue)と呼び，アミノ酸同士の結合（CO—NH）を**ペプチド結合**(peptide bond)という．アミノ酸の残基数が2個の場合はジペプチド，3個の場合はトリペプチド，さらに一般的には**ポリペプチド**(polypeptide)と呼ぶ(図7.1)．便宜上タンパク質は，分子量1万以上のポリペプチドの総称である．また，遊離のアミノ基をもつ末端を**N末端**(N-terminal)，遊離のカルボキシル基をもつ末端を**C末端**(C-terminal)と呼ぶ．通常，N末端を左側に書く．

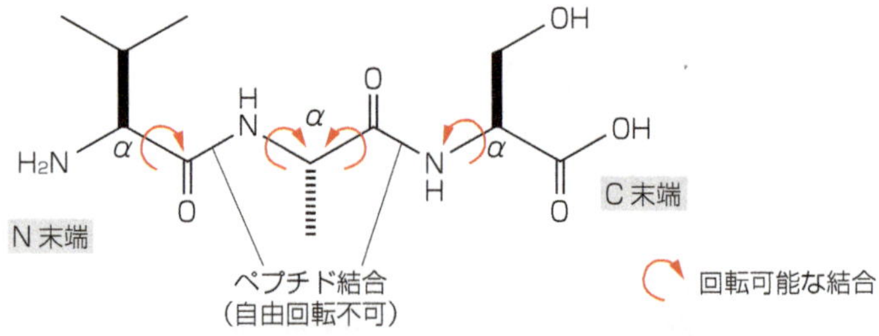

図7.1 トリペプチド(Val-Ala-Ser)の構造

タンパク質を構成するアミノ酸は20種類あり，すべてα-アミノカルボン酸である．これらの名称および物理化学的性質を表7.1に，構造を図7.2に示した．側鎖構造全体の形状を把握しやすくするため，線表示式で示してある．また，アミノ酸の表記については，3文字表記とともに1文字表記に

7.2 アミノ酸

表 7.1 アミノ酸の種類と物理化学的性質[a]

	アミノ酸	略号		解離定数			等電点	側鎖の相互作用
		3文字	1文字	pK_1	pK_2	pK_3	pI	
疎水性アミノ酸	アラニン	Ala	A	2.34	9.69		6.00	CH 供与体[b]
	バリン	Val	V	2.32	9.62		5.96	CH 供与体
	イソロイシン	Ile	I	2.36	9.68		6.02	CH 供与体
	ロイシン	Leu	L	2.36	9.60		5.98	CH 供与体
	メチオニン	Met	M	2.28	9.21		5.74	配位結合, CH 供与体
	フェニルアラニン	Phe	F	1.83	9.13		5.48	CH, π 供与体
	トリプトファン	Trp	W	2.38	9.39		5.89	水素結合, CH, π 供与体
	プロリン	Pro	P	1.99	10.60		6.30	CH 供与体
親水性(極性)アミノ酸	グリシン	Gly	G	2.34	9.60		5.97	CH 供与体
	セリン	Ser	S	2.21	9.15		5.68	水素結合
	トレオニン	Thr	T	2.71	9.62		6.16	水素結合
	アスパラギン	Asn	N	2.02	8.80		5.41	水素結合
	グルタミン	Gln	Q	2.17	9.13		5.65	水素結合
	システイン	Cys	C	1.96	8.18	10.28(SH)	5.07	配位結合, S-S 結合
	チロシン	Try	Y	2.20	9.11	10.07(OH)	5.66	水素結合, CH, π 供与体
酸性	アスパラギン酸	Asp	D	1.88	3.65(COOH)	9.60(NH_3^+)	2.77	イオン結合, 水素結合
	グルタミン酸	Glu	E	2.19	4.25(COOH)	9.67(NH_3^+)	3.22	イオン結合, 水素結合
塩基性	アルギニン	Arg	R	2.17	9.04 (NH_3^+)	12.48(guan.)[c]	10.76	イオン結合, 水素結合, CH 供与体
	リジン	Lys	K	2.18	8.95 (α-NH_3^+)	10.53 (ε-NH_3^+)	9.74	イオン結合, 水素結合, CH 供与体
	ヒスチジン	His	H	1.82	6.00 (imid.)[c]	9.17(α-NH_3^+)	7.59	配位結合, 水素結合, π 供与体

[a]『生化学データブック』より引用. [b]ファンデルワールス相互作用およびCH/π相互作用を意味する.
[c]guan.: guanidine, imid.: imidazole.

も慣れてほしい. これらのうち, プロリンの側鎖のみが α イミノ基と環状構造をもっている. アミノ酸は, 側鎖の化学構造によって疎水性アミノ酸(Ala, Val, Ile, Leu, Met, Phe, Trp, Pro), 親水性(極性)アミノ酸(Gly, Ser, Thr, Asn, Gln, Cys, Tyr), 酸性アミノ酸(Asp, Glu), および塩基性アミノ酸(Arg, Lys, His)にそれぞれ分類される. アミノ酸にはグリシンを除いて不斉炭素原子が存在し, 光学異性体が存在する. タンパク質を構成するアミノ酸は, 基本的に L 体[*1]のアミノ酸であり, 不斉炭素原子の絶対立体配置は, システインを除いてすべて S 配置[*1]である(図 7.2).

7.2.2 アミノ酸の解離と等電点

アミノ酸は, 中性付近では双性イオンとして存在している. 強い酸を加えると左側に, 強い塩基を加えると右側にそれぞれ平衡が移動する(図 7.3). アミノ酸の解離平衡において, それぞれの**解離定数**(dissociation constant)を左から K_1 および K_2 とし, その逆数の対数を pK_1 および pK_2 と表記する.

*1 不斉炭素の立体配置を表示する方法として, 相対配置と絶対配置の2種類がある. L 体は α 炭素の相対立体配置を示し, アミノ酸の場合は天然型を意味する. L 体の鏡像異性体は D 体である. S 配置は α 炭素の絶対立体配置を示す. S 体の鏡像異性体は R 体である. 詳細は有機化学の教科書を参照されたい.

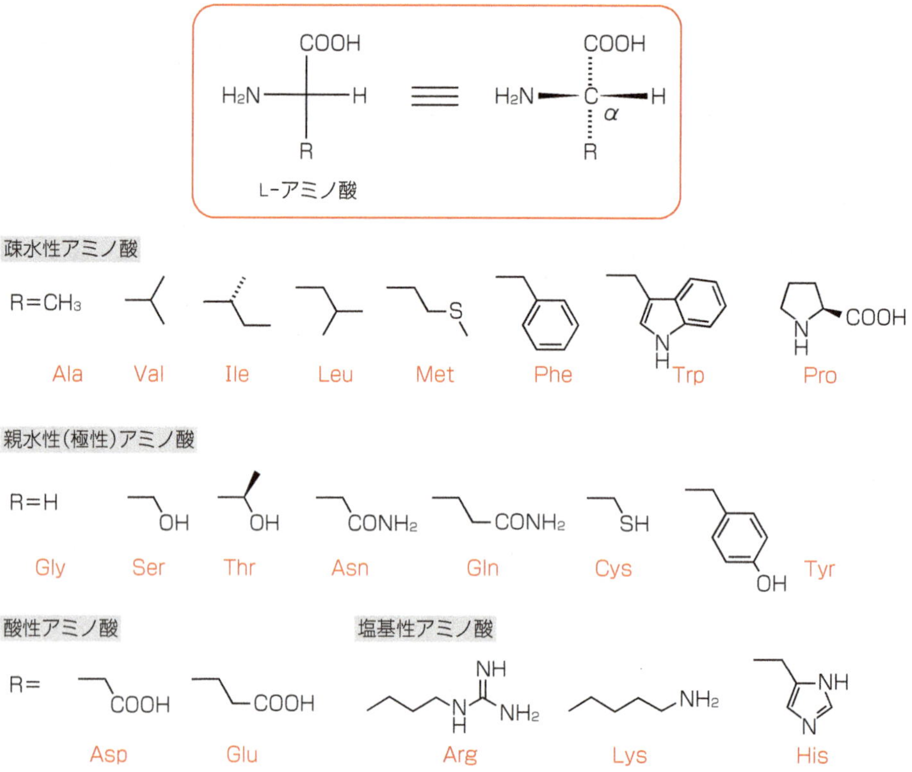

図7.2 アミノ酸の構造と分類

pH = pK_1 のときは[H_3N^+CHRCOOH] = [H_3N^+CHRCOO$^-$]の関係が，また pH = pK_2 のときは[H_3N^+CHRCOO$^-$] = [H_2NCHRCOO$^-$]の関係が成立する．

タンパク質表面に存在するアミノ酸残基の側鎖は，水溶液中のアミノ酸と同じ挙動を示す．たとえばアスパラギン酸側鎖の場合，[—CH_2COOH] = [—CH_2COO$^-$]となるpHはカルボン酸のpK_a値（～4.5）にほぼ等しい．アミノ

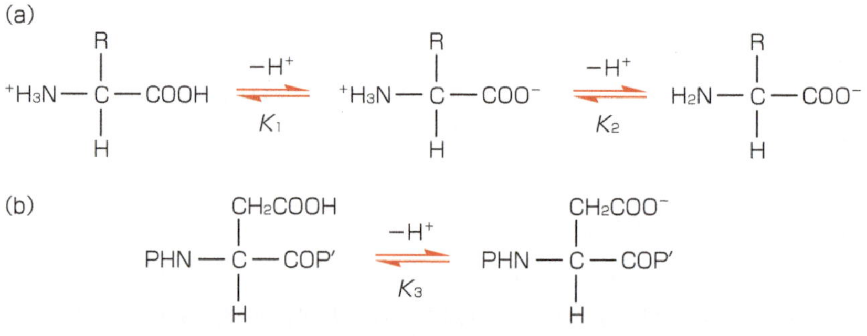

図7.3 アミノ酸(a)およびタンパク質(b)の解離平衡
P, P′はポリペプチド鎖を示す．

酸残基の側鎖の解離状態は，タンパク質の構造と機能にとってきわめて重要であることから，これらの関係を正確に把握しておく必要がある．なおタンパク質の内部では，水溶液中での pK_a 値とは異なった値をとることがあり，このことが酵素による触媒反応を円滑に進行させるために役立っている．たとえば Lys 側鎖は，疎水性の環境下では NH_3^+ 基の酸性度が上がり，プロトンを遊離しやすくなる（pK_a 値が小さくなる）．

7.3 タンパク質の構造

7.3.1 一次構造

タンパク質の構造は，一次構造から四次構造までの四つの階層に分けられる．**一次構造**（primary structure）とは，アミノ酸の配列順序を意味している．通常，1文字表記（表7.1 参照）で N 末端を左に，C 末端を右に書く．アミノ酸同士を連結しているペプチド結合は，*cis* あるいは *trans* のいずれかの配置をとっている．このペプチド結合の特性は**共鳴**（resonance）によって説明される（図7.4）．

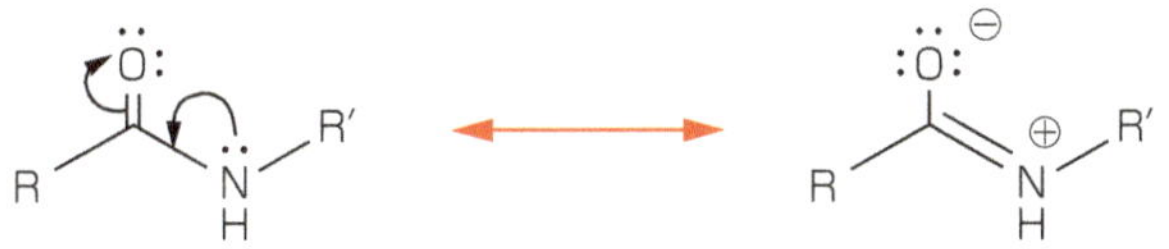

図7.4 ペプチド結合の共鳴構造

共鳴とは，π 電子や非共有電子対が複数の原子間に非局在化されることである．電子の非局在化は，結果として化合物を安定化させる．ペプチド結合の NH 基が塩基性を示さないこと，ペプチド結合が一部，二重結合性を帯びているため自由回転しにくいこと，さらにペプチド結合が極性を示すことなどは，すべてこの共鳴によって説明される．ポリペプチド鎖は，自由回転可能な $N-C_\alpha$ および $C_\alpha-C$ 結合と自由回転が制限されているペプチド結合が交互に並んだものである（図7.1 参照）．このため，タンパク質のとりうる立体構造には制限がある．

7.3.2 二次構造

タンパク質の**二次構造**（secondary structure）とは，ペプチド結合の NH と C=O との間の水素結合によって形成される立体構造の総称であり，主要なものに **α ヘリックス**（α-helix）と **β シート**（β-sheet）が知られている（図7.5）．α ヘリックスは，4残基離れたアミノ酸残基の NH と C=O との間に水素結合が形成されることによって生じる右巻きのらせん状の構造である．

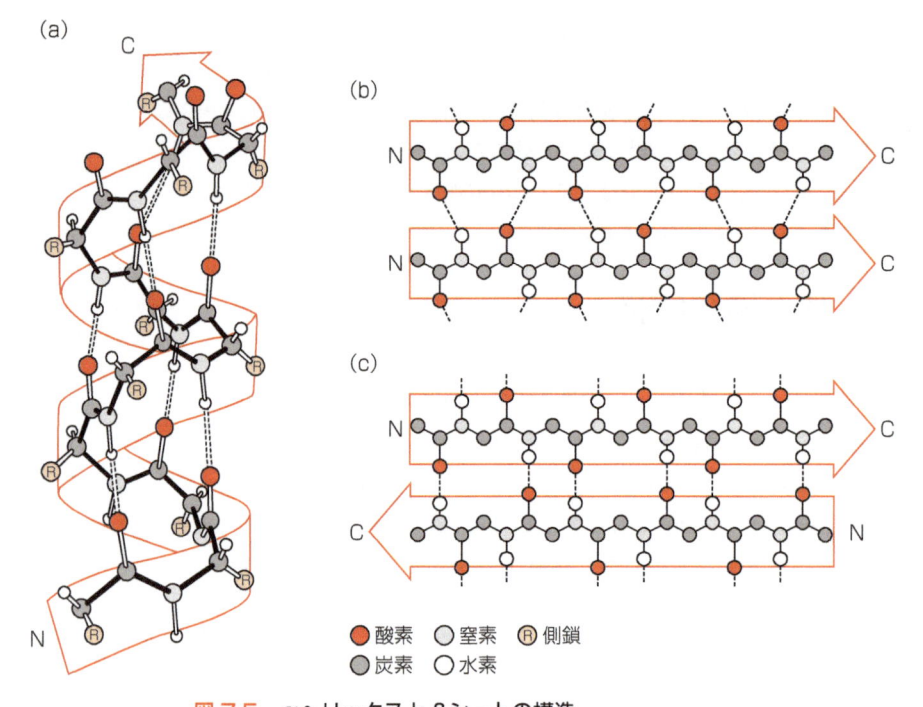

図 7.5　αヘリックスとβシートの構造
(a)右巻きαヘリックス，(b)平行βシート，(c)逆平行βシート．
(b)と(c)で，C_α上の側鎖は省略されている．

　ヘリックス1回転あたり，3.6個のアミノ酸残基が存在する〔らせんのピッチは5.4 Å（0.54 nm）〕．ヘリックスをつくるポリペプチドの主鎖がヘリックスの中心を形成し，側鎖がヘリックスの外側に向かって突き出した構造をとっている．βシートは，複数のポリペプチド鎖のセグメントが並んで位置するときに，主鎖のNHとC=Oとの間の水素結合によって形成される．同じ方向を向いたポリペプチド間で形成される平行βシートと，互いに逆向きに配置した逆平行βシートの2種類が知られている．逆平行βシートの水素結合の方向は直線になるので，平行βシートと比べて安定である．βシートでは側鎖は交互にシートの上下に突き出た構造となる．
　二次構造は，ループやターン構造の部分で折り返し，さらに高次の構造をつくることがある．これらの高次構造のなかでよく見られるものは**モチーフ**（motif）と呼ばれている．**ヘリックス・ターン・ヘリックス**（helix-turn-helix）はその代表例で，多くのDNA結合タンパク質に認められる．**ロスマンフォールド**（Rossmann fold）と呼ばれるα/βねじれ構造は，通常，補酵素NADと結合する．

7.3.3 三次構造

タンパク質の**三次構造**(tertiary structure)は，二次構造あるいはモチーフが，アミノ酸残基の側鎖間での非共有結合性の弱い分子間相互作用によって寄り集まることによって構築される．これらの分子間力には主として以下の五つがある(図7.6)．個々の分子間力は弱いが，その数はタンパク質全体でかなり大きくなることから，積算すると非常に大きな分子間力になる．しかしながら，タンパク質が折りたたまれる過程は，エントロピーの減少を伴う熱力学的に不利な側面をもっている．したがってタンパク質の折りたたみは，ほどけた状態と比べてわずかに熱力学的に安定であることが多い．このことが，多くのタンパク質が温度や溶媒などの外的変化に対して不安定な分子である理由の一つである．

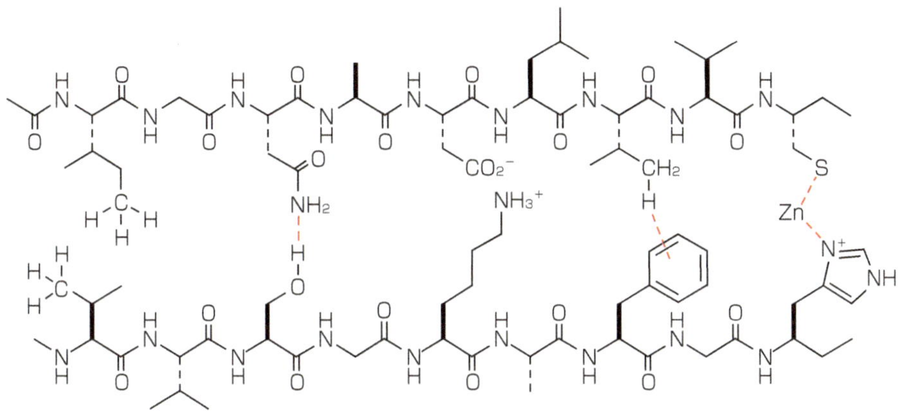

ファンデルワールス力　　水素結合　　イオン結合　　CH/π水素結合　　配位結合

図 7.6 タンパク質の三次構造を形成する分子間力

(1) ファンデルワールス力

ファンデルワールス力(van der Waals force)は，分子の極性，非極性にかかわらず，普遍的に働く分子間力である．主体は誘起双極子相互作用に基づく分子間力(**分散力**，dispersion force)で，非極性の分子間に働く代表的なものである．原子団の分極率が高いもの(原子核によって電子雲が強く引きつけられていない原子．具体的には電気陰性度が比較的小さく，原子半径の大きいものが該当する)ほど，その効果が大きい．エネルギーは0.3 kcal/molとかなり小さいが，水中のような極性の高い環境下でも有効に働く点が，下記のイオン結合と異なる．αヘリックスの同じ側面にLeuあるいはIleの疎水性側鎖が出現し，その側鎖同士のファンデルワールス相互作用で2本のαヘリックスが結合した**ロイシンジッパー構造**(leucine-zipper structure)(図7.7)は，その一例である．

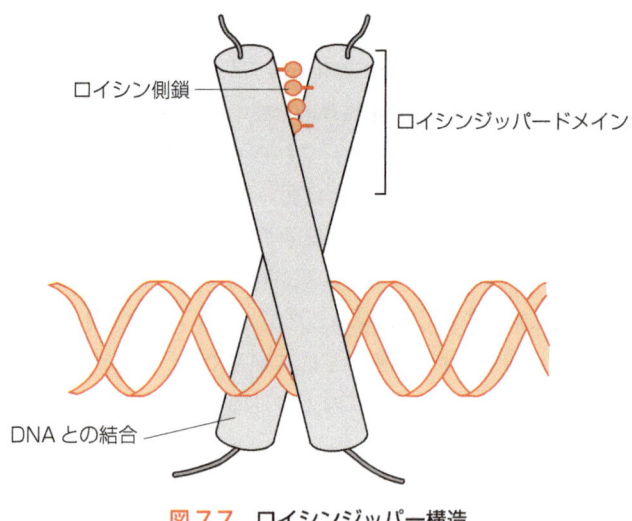

図7.7　ロイシンジッパー構造

(2) イオン結合(静電的相互作用)

分子が部分電荷をもつ場合には，正と負の電荷間に静電的な相互作用が働く．**イオン結合**(ionic bond)の強さは2〜7 kcal/molと比較的大きいが，水中では非常に弱くなる．逆にタンパク質内部では強く，立体構造の保持に重要な役割を果たしている．

(3) 水素結合

水素結合(hydrogen bond)は，電気的に陽性な水素原子（OH, NH）と電気的に陰性な原子（O, N, ハロゲン）との間に働く静電的な引力である．その強さは3〜7 kcal/molと比較的大きいが，水中では弱くなる．一方，芳香環などのπ電子系とCH基との引力的な相互作用として**CH/π相互作用**(CH/π interaction)が知られている[*2]．この相互作用の強さ（0.5〜2.0 kcal/mol）は普通の水素結合と比べて弱いが，水などの極性溶媒中でも働くという特徴がある．Phe残基とVal, Ile, Proなどの疎水性アミノ酸残基が集中している部位では，CH/π相互作用が立体構造の安定化に重要な役割を果たしている場合が知られている．

(4) 配位結合

配位結合(coordinate bond)は，一方の原子の孤立電子対が供与される化学結合である．金属イオンは，HisやCys残基の窒素原子や硫黄原子の孤立電子対と配位結合する．亜鉛イオンがCys残基とHis残基に配位して形成される構造は，**亜鉛フィンガー**(zinc finger)と呼ばれ，転写因子などによく見られる構造である．亜鉛イオンの配位の仕方によって，さまざまな立体構

---

*2　西尾元宏著，『新版 有機化学のための分子間力入門』，講談社サイエンティフィク(2008)を参照.

造が構築され，転写などの機能を発揮している．また，カルシウムイオンも配位することにより，立体構造の構築にかかわっている〔この構造モチーフを **EF ハンド**（EF hand）という．（図7.8）〕．このような金属イオンは，鉄や銅イオンのように，活性部位にあって化学反応にかかわっている酵素（たとえばスーパーオキシドジスムターゼやペルオキシダーゼなど）とは根本的に役割が異なっている．

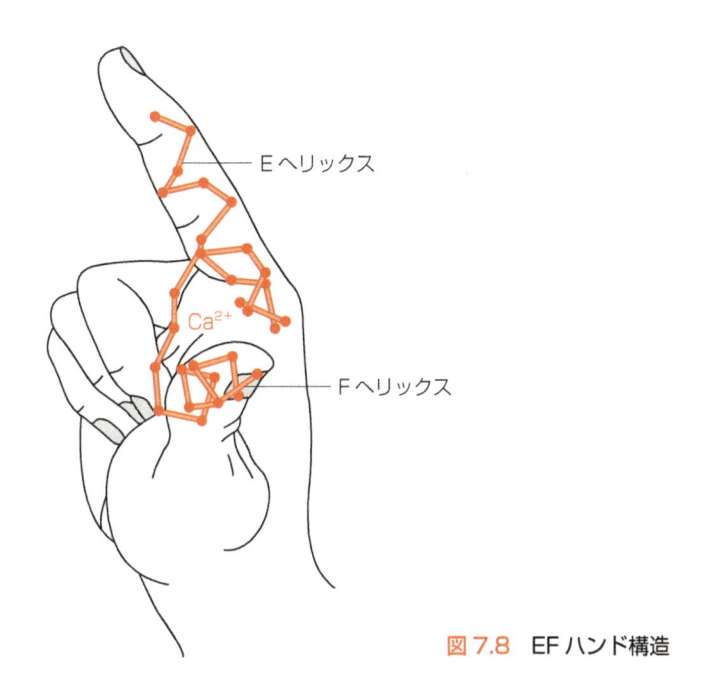

図 7.8　EF ハンド構造

(5) 非極性相互作用

疎水性分子を水と混ぜると，凝集して油滴となる．タンパク質においても，非極性側鎖が水分子との接触を避けて，タンパク質内部に埋め込まれる傾向にある．これは**非極性相互作用**（nonpolar interaction）と呼ばれ，その分子間力に対して**疎水結合**（hydrophobic bond）という用語も使われている．ただし，疎水性分子が会合するのは，水素結合した水分子が疎水性分子を囲んで籠状の構造をとろうとするからであり（エントロピーの増大を最小に抑えるため），疎水性分子間の真の力によるものではなく，(1)〜(4)と区別して考える必要がある．しかし，この相互作用は後で述べるようにタンパク質の三次構造の形成と維持に重要な役割を担っている．

二つのシステイン残基が酸化されて形成される**ジスルフィド結合**（disulfide bond，**S—S 結合**）によって構築される立体構造も三次構造に分類される．しかしながら，S—S 結合は水素結合（3〜7 kcal/mol）と比べて

1桁以上高い結合エネルギー（40 kcal/mol）をもつ共有結合であるという理由で，図7.6に示した三次構造とは本質的に異なるものである．インスリンやフィブロネクチン（図7.12参照），トリプシンインヒビターなどの分泌性タンパク質や細胞外領域をもつタンパク質はS—S結合を含むことが多いが，細胞内部の環境は非常に還元性が高いので，細胞内タンパク質ではS—S結合はほとんど見られない．

7.3.4　四次構造

生体内で機能しているタンパク質（とくに分子量の大きなタンパク質）は1本のポリペプチド鎖からなっているのでなく，複数のポリペプチド鎖から構成されている場合がある．このような場合，非共有結合性の分子間力によって会合した個々のポリペプチド鎖の特定の空間配置を**四次構造**(quaternary structure)という．ポリペプチド鎖が同じ会合体には「ホモ」，異なるものには「ヘテロ」という接頭語をつけ，たとえば二量体の場合はホモダイマー，ヘテロダイマーなどと呼ぶ．特定の化合物（補酵素，補欠分子族）がタンパク質に結合したものも，広い意味では四次構造といえる．ヘモグロビンは代表的な四次構造をもつタンパク質で，2本のαグロビン鎖と2本のβグロビン鎖からなるヘテロ四量体を構成する（図7.9）．このような四次構造をもつことで，複数のサブユニット間で協調した活性調節が可能となっている．

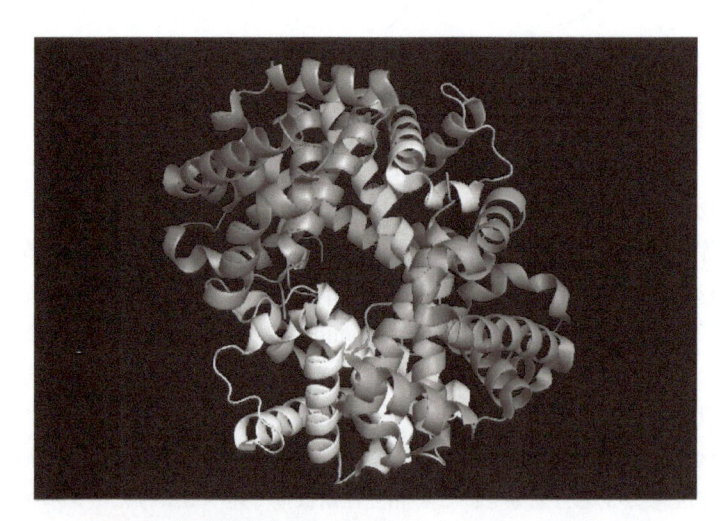

図7.9　ヘモグロビンの四次構造
α鎖とβ鎖のヘテロ四量体からなる．左下と右上がヘモグロビンα，左上と右下がヘモグロビンβ．

7.3.5 タンパク質のフォールディングと立体構造予測

生体内ではシャペロンと呼ばれるタンパク質が**フォールディング**(folding, **折りたたみ**)過程を補助する必要があるが，多くのタンパク質は，リフォールディング(変性)させた後，pHあるいは塩濃度を調整することによって正しくフォールディングすることも可能である．このことは，タンパク質の高次構造(二次，三次，四次構造)を規定する情報が一次構造に含まれていることを示唆している．極性基は水分子と水素結合をつくりやすいので，フォールドする原動力にはなりにくい．まず，疎水性側鎖同士の非極性相互作用によってポリペプチドの構造がコンパクトになる．同時にアミド結合などの極性基同士がβシートやαヘリックスをつくることによって安定化される．三次構造においては，αヘリックスとβシートが互いに図7.6に示す分子間力により会合し，さまざまな立体構造のパターンを形成する．

これらの過程はきわめて複雑であり，コンピュータによるフォールディングのシミュレーションも信頼できるものにはなっていないが，アミノ酸の構造に基づいてある程度の立体構造予測は可能である．たとえばPro残基は，水素結合供与体であるN—Hがなく，また，側鎖とアミノ基との間で五員環を形成しているため直線構造をとれない(図7.2参照)．そのためプロリンは，αヘリックスおよびβシートの構成アミノ酸残基になりにくい．プリオンタンパク[*3]，アミロイドβタンパク[*4]などは，βシート構造を多く含む凝集体を形成し，そのことが神経細胞毒性の発現と密接に関連している．これらのタンパク質には，Pro残基はほとんど含まれていない．一方でPro残基は，ターン構造あるいはループ構造に高頻度で出現している．とくにPro—X (Xは任意のアミノ酸)は，βターンによく見られる構造である．

αヘリックスに多く認められるアミノ酸の特徴は，Leu, Met, Gln, Gluなどのようにβ位[*5]で分岐していないことである．その理由は，αヘリックスが根元では込み合っているが，円筒状の表面から突き出ることは可能であるからと推定される(図7.5参照)．逆に，βシートに多く認められるアミノ酸は，β位で分岐したVal, Ileである．さらに嵩高いフェニルアラニンもβシートに多い．βシートでは側鎖が交互に違う方向をとるため，β位で分岐した側鎖を収容する余地を残しているためと考えられる．

7.3.6 タンパク質のドメイン構造と機能

タンパク質の構造と機能の研究が進むにつれて，多くの場合，1本のポリペプチド鎖が構造的にも機能的にも独立した領域から成り立っていることがわかってきた．この領域を**ドメイン**(domain)と呼んでいる．ドメインの大きさは，タンパク質によっては最大1000近いアミノ酸残基からなるものが知られているが，大半は50〜250残基の範囲である．構造的に見ると，各ド

[*3] プルシナー (S. B. Prusiner)によって提唱され，ヒトではヤコブ病，ウシではBSE(牛海綿状脳症)の原因物質と考えられている．

[*4] アルツハイマー病の原因物質と考えられている40あるいは42残基のペプチド．

[*5] アミノ酸の不斉炭素をα位，その隣の炭素をβ位という．

メインはそれぞれαヘリックス，βシートなどの二次構造を複数，あるいはモチーフを含み（αヘリックスのみ，あるいはβシートのみを含むものもある），密に折りたたまれた構造をしている．通常，このようなドメイン間をあまり構造のはっきりしない1本または2本のポリペプチド鎖がつなぎ，さらにドメイン間の相互作用によってタンパク質全体が折りたたまれた構造をとっている（図7.10）．タンパク質をトリプシンなどのプロテアーゼを用いて限定加水分解すると，特定部位でのみペプチド鎖が切断され，プロテアーゼに対して比較的耐性をもつ部分分解物を生じることが多い．これは，タンパク質を構成するドメイン間のペプチド鎖はプロテアーゼに感受性が高いのに対し，密に折りたたまれたドメイン内のペプチド鎖は分解を受けにくいため，ドメイン構造がプロテアーゼ耐性断片として生じるからである．

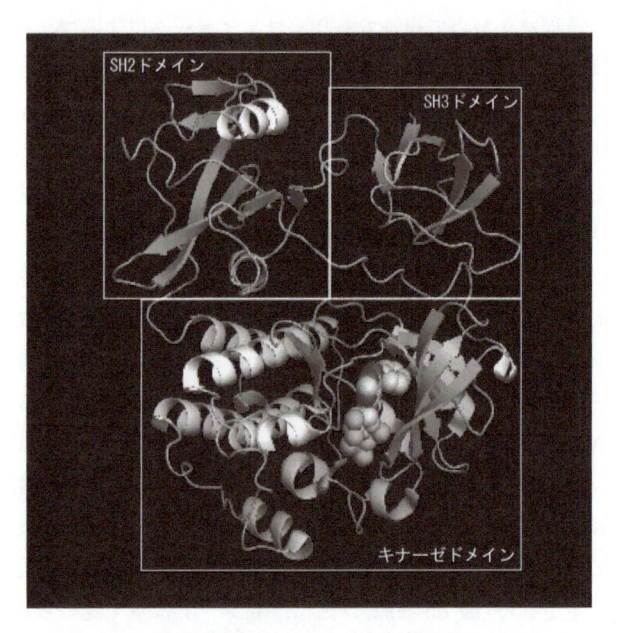

図7.10　原がん遺伝子c-Srcの立体構造とドメイン

各ドメインは機能的にも独立した役割をもっている．現在知られているドメインは，もともと他のタンパク質とのアミノ酸配列上の相同性とその領域がもつ特異的な機能から，ドメインとして認識されてきたものが多い．すなわち当初は，構造的にドメインを形成しているかどうかは不明であった．しかしながら近年の構造解析の進展によって，機能的にドメインと認識されていたものが，構造的にもドメインとなっていることが示されてきている．各ドメインがもつ機能は多岐にわたっている．たとえば，タンパク質-タンパク質相互作用，DNA結合活性，酵素活性，脂質結合活性を単独で示すドメ

インなどが知られている．ドメインの種類はあまりにも多いので（SMART データベースで 726 種，Pfam データベースで 8957 種登録されている），以下に代表的なドメインだけを簡単に説明する．

(1) タンパク質-タンパク質相互作用ドメイン

SH(Src homology)2 ドメイン　がん遺伝子 *src* で最初に見つかったドメイン構造で，およそ 110 個のアミノ酸からなっている．SH2 ドメインは，逆平行 β シートからなる疎水性のコア領域を 2 本の短い α ヘリックスがはさみ込むような形をとっている．SH2 ドメインは，リン酸化されたチロシンを含む配列を特異的に認識し結合する．このため多くのシグナル伝達分子に含まれ，スイッチの ON/OFF（チロシンリン酸化の有無）の読み取り機として機能する．

SH(Src homology)3 ドメイン　SH2 ドメインと同じく，がん遺伝子 *src* に含まれる相同性領域として見つかってきた．SH3 ドメインはおよそ 60 個のアミノ酸よりなり，五つの β 鎖が二つの平行 β シートを形づくることで構成されている．SH3 ドメインは PXXP（X は任意のアミノ酸）と結合するとされてきたが，プロリンを含むさまざまな配列を認識することがわかってきている．SH3 ドメインはシグナル伝達分子に含まれて，タンパク質相互作用を通じて大きなシグナル伝達分子複合体の形成に寄与することが知られているが，アクチン細胞骨格や細胞運動をシグナル伝達と結びつけるような分子にも多く含まれている．

PDZ(PSD-95, Dlg, ZO-1)ドメイン　約 90 個のアミノ酸よりなるタンパク質相互作用ドメインで，六つの β 鎖と 2 本の α ヘリックスが β サンドイッチ構造をつくっている．PDZ ドメインは，タンパク質の C 末端にある疎水性の短い配列（4 残基程度）を認識する．PDZ ドメインの標的となるタンパク質には，チャネルや膜貫通型受容体などの膜タンパク質が多く，PDZ ドメインを複数含むタンパク質によって，多種の膜タンパク質が細胞膜上で集合体をつくって機能していると考えられている．

(2) DNA 結合ドメイン

ホメオドメイン　ショウジョウバエの発生に重要な役割をもつ遺伝子群に見つかったドメインで，約 60 個のアミノ酸よりなる．ヘリックス・ターン・ヘリックスモチーフを含み，それが DNA を認識，結合する．

亜鉛フィンガー　Zn^{2+} と配位結合することでポリペプチド鎖が密に折りたたまれて形成されるドメインで，数クラスに分類される．ヒスチジン 2 残基とシステイン 2 残基が Zn^{2+} と結合する C2H2 タイプでは，1 本の α ヘリックスと逆平行 β シートが Zn^{2+} と結合し，その α ヘリックスが DNA の主溝（1

章参照）に挿入されることでDNAと結合する．

（3）酵素活性ドメイン

キナーゼドメイン　ATPのγ位のリン酸をタンパク質または脂質に付加する酵素ドメインである．ヒトゲノムには500以上のキナーゼおよびキナーゼ様タンパク質が含まれており，これらはチロシンキナーゼ，セリン-トレオニンキナーゼに分類される．これらのキナーゼドメインは約300残基のアミノ酸よりなり，N末端側ローブ（Nローブ）とC末端側ローブ（Cローブ）がヒンジでつながったような構造をとっている（図7.10参照）．このNローブとCローブの間にATP結合部位と触媒部位がある．Nローブに含まれる活性化ループの1カ所または2カ所のアミノ酸のリン酸化により活性化される．

（4）脂質結合ドメイン

PH（pleckstrin homology）ドメイン　7本のβ鎖よりなるβサンドイッチ構造と1本のαヘリックスから構成される．各種のPHドメイン間の一次構造上の相同性はあまり高くないが，立体構造がよく保存されている．PHドメインの最もよく知られている機能はイノシトールリン脂質と結合することであり，この結合によりPHドメインを含むタンパク質を一過的に細胞膜に局在化させることができる．このためPHドメインは，キナーゼやGタンパ

Column

質量分析法とは

質量分析法（mass spectrometry）とは，分子を気体状のイオンとし，高電圧のかかった真空中を飛行させて，質量/電荷比によって分子を分離，測定する手法である．この手法は当初低分子物質にのみ適用可能であったが，ノーベル賞を受賞した田中耕一博士らの研究により，高分子物質，すなわちタンパク質にも応用が可能となった．タンパク質同定の主流はこれまでエドマン分解法によるアミノ酸配列の決定であったが，タンパク質分子およびその断片の質量を質量分析法により正確に測定し，それをタンパク質配列データベース，DNA配列データベースと比較することで，エドマン法に比べはるかに高い感度（fmolオーダー）で未知タンパク質が同定できるようになった．このため，たとえば正常組織とがん組織の抽出液を二次元電気泳動で分離，比較し，異なる泳動パターンを示すタンパク質を質量分析法により同定することで，正常組織とがん組織で異なる発現を示すタンパク質を簡単に見つけ出すことができるようになった．また，転写調節にかかわるタンパク質をはじめ，多くのタンパク質は数種類から十数種類のタンパク質からなるタンパク質複合体として機能している場合が多い．免疫沈降法によるこれら複合体の精製と質量分析法を組み合わせることで，このような複合体の構成因子の同定が格段に進んだ．

ク質の制御因子などシグナル伝達関連タンパク質に多く含まれる．

　ここに例示したようなドメインは，さまざまな組合せでタンパク質に含まれている．たとえばSrcファミリーキナーゼの場合は，キナーゼドメインに加え，SH2ドメイン，SH3ドメインを含む（図7.11）．AktやTecファミリーキナーゼの場合はキナーゼドメインに加えPHドメインを，受容体型キナーゼの場合は膜貫通ドメインを含んでいる．おもしろいことに，キナーゼとは逆にタンパク質からリン酸を除去するホスファターゼに，SH2ドメインが含まれる場合もある．多くのタンパク質がこのようなドメイン構造からなることを考えれば，進化の過程で既存のドメインを新しい組合せでつなぎ合わせることで，あるいは特定のドメインを別のドメインと入れ替えることで（**ドメインシャッフリング**，domain shuffling），まったく新しい役割をもつタンパク質を発達させ，多様性を獲得してきたものと考えられる．たとえばPHドメインをもつキナーゼは，増殖因子の刺激によって生じたイノシトールリン脂質に呼び寄せられることで一過的に細胞膜に局在することができる．SH3ドメインやSH2ドメインをもつキナーゼは，特定の結合相手と複合体をつくることで特定の標的タンパク質のみをリン酸化することができる．またSH2ドメインをもつホスファターゼは，SH2ドメインをもつキナーゼと同じ特定の結合相手の脱リン酸化を触媒することができる．つまり，同じ機能をもつドメインでも，タンパク質内に含まれるドメインの組合せを変えることで，作用する細胞内の場所，結合相手，活性化するタイミングなどを変化させることができる．また，遺伝子のエキソン・イントロン構造を見ると，

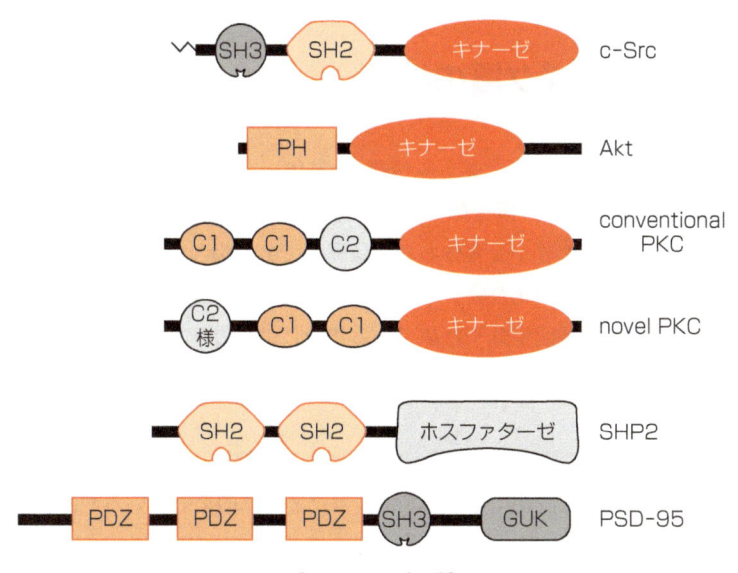

図 7.11　さまざまなタンパク質のドメイン構造

ドメインとドメインの間にイントロンが存在することが多く，そのイントロン領域を介してドメインシャッフリングが行われたことが伺える．

　一つのタンパク質内に複数の類似ドメインをもつタンパク質もよく見られる．たとえば，細胞が接着する細胞外マトリックスとして機能するフィブロネクチン(8 章参照)の場合，3 種類のドメインが 12 個(Ⅰ型)，2 個(Ⅱ型)，17 個(Ⅲ型)繰り返した構造をとっている．これは，細胞の進化の過程で，ドメインをコードする遺伝子の重複によってつくり出されたものと考えられる．その結果，フィブロネクチンは各ドメインを使ってさまざまな種類の細胞外マトリックス，あるいは細胞外マトリックス受容体と結合できる能力を獲得している(図 7.12)．図 7.11 に示した PKC の C1 ドメインや PSD-95 の PDZ ドメインにも重複が見られる．新規なタンパク質の構造が毎年報告されているが，そのタンパク質を構成するドメインの多くは既知である．しかも，折りたたみの種類も限られている．このことは，ヒトのような複雑な生物を維持するのに必要なタンパク質の多様性が，実は限られたドメインの組合せによってもたらされていることを示している．

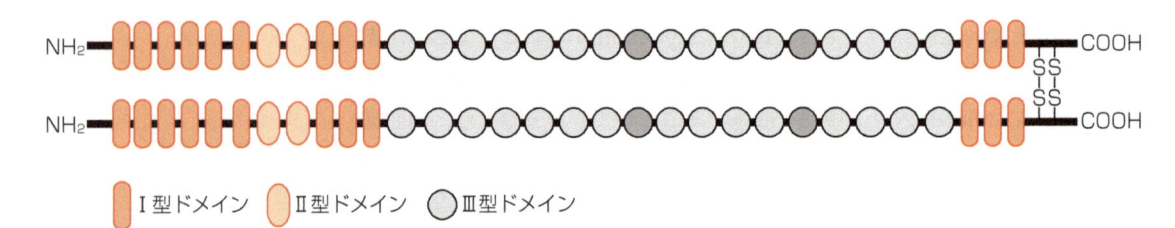

図 7.12 フィブロネクチンのドメイン繰返し構造

7.4 タンパク質の機能
7.4.1 タンパク質の機能

　タンパク質の機能は，シグナル伝達(受容体)，物質の輸送(イオンチャネル)，触媒作用(酵素)，構造体(細胞骨格)としての機能の四つに大まかに分類される．タンパク質が受容体あるいは酵素である場合には，その機能を発揮するうえで，特定の化合物(リガンド)と結合する必要がある．リガンドが結合する部位は，機能が分子認識である場合には**リガンド結合部位**(ligand-binding site)と呼ばれる．化学反応を触媒する場合には**活性部位**(active site)という．

　リガンドとリガンド結合部位との関係は，鍵と鍵穴によくたとえられる．リガンドの特異性を説明するうえで，このたとえは的を射ているが，一方で，「剛体同士の結合」という誤った認識を与えている．リガンドならびにタンパク質は柔軟な分子であり，結合が形成されるとともに互いに構造を最適化す

るという**誘導適合**(induced fit)が起こっている．さらにリガンドが結合することにより，大きな立体構造の変化を生じる柔軟性もある．

　酵素と基質との結合は強過ぎると，かえってよくない．触媒として働くためには，生成物をできるだけ速く放出することも必要となるからである．酵素と基質との結合は，反応が起こるために必要な配向をとるうえで必須のものである．酵素は触媒なので活性化エネルギーを下げるが，平衡の位置は変えない．一般に，遷移状態を安定化することによって活性化エネルギーを下げている(図7.13)．もちろん，基底状態の不安定化も反応速度を加速する．酸化，還元，付加，脱離，加水分解，脱炭酸などのさまざまな反応を触媒する酵素が知られている．

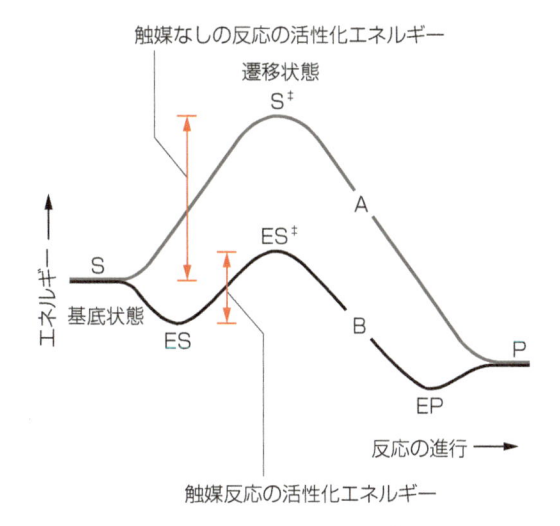

図 7.13　活性化エネルギー

7.4.2　タンパク質の機能調節メカニズム
(1) 翻訳後修飾
　タンパク質の構造と機能は基本的にアミノ酸の一次配列で規定されているが，真核生物においては**翻訳後修飾**(post translational modification)と呼ばれるいくつかの化学修飾が知られており，翻訳後修飾によってその機能が調節されていることが多い．たとえば，翻訳後修飾によりタンパク質の活性のON/OFFが規定されていたり，タンパク質の熱耐性やプロテアーゼ耐性が付与されていたり，あるいは翻訳後修飾によって細胞内局在が規定されることもある．一方，原核生物の場合には翻訳後修飾はほとんど見られず，また修飾自体が真核生物とは異なっている．以下に真核生物の代表的な翻訳後修飾について説明する．

① 糖鎖修飾（セリン，トレオニン，アスパラギン残基）

糖鎖修飾（glycosylation）は，セリン，トレオニンに結合している O 結合型糖鎖，アスパラギンに結合している N 結合型糖鎖に分けられる．糖鎖は分泌タンパク質や膜貫通型タンパク質の細胞外領域に付加される．糖鎖は折れ曲がりが少なく親水性なので，分子量のわりには非常に大きな容積を占め，その結果，付加されたタンパク質のプロテアーゼ耐性，熱安定性や，四次構造（7.3.4 項参照）の安定性を著しく高める．また，タンパク質同士の認識に関与している場合もあり，とくに加水分解酵素のリソソームへの特異的輸送に特定の糖鎖修飾が必須であることが知られている．この糖鎖修飾を行う酵素の欠損あるいは異常は，加水分解酵素の欠損と同様の表現形を示す遺伝病を引き起こすことから，糖鎖修飾の重要性が理解できる．

② リン酸化

細胞内タンパク質の最も代表的な翻訳後修飾が**リン酸化**（phosphorylation）である．キナーゼによってATPの γ 位のリン酸がチロシンあるいはセリン，トレオニンのヒドロキシ基に付加される．タンパク質のリン酸化は可逆的で，ホスファターゼによって脱リン酸化される．リン酸化はタンパク質の活性のON/OFFを調節する最も重要な細胞内スイッチである．たとえば，刺激により一過的に活性化したキナーゼが，特定のタンパク質をリン酸化して活性を上昇させる．その後ホスファターゼが脱リン酸化し，活性を元のレベルに低下させる（図 7.14）．また，タンパク質のリン酸化によって，リン酸化された残基とだけ特異的に結合できるドメイン（SH2 など）との結合も調節されている．

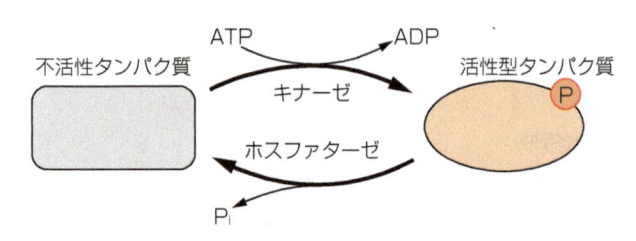

図 7.14 リン酸化によるタンパク質の活性調節

③ ユビキチン化

ユビキチンは 76 残基からなるポリペプチド鎖で，C 末端のグリシン残基が標的タンパク質のリジン残基に結合する．**ユビキチン化**（ubiquitination）はユビキチン活性化酵素，ユビキチン結合酵素，ユビキチンリガーゼの三つの酵素によって触媒される．このうちユビキチンリガーゼが基質特異性を決めており，ヒトゲノム中には 500〜1000 種類あるといわれている．ユビキチ

ン化はリン酸化と同様，可逆的であり，脱ユビキチン化酵素によってユビキチンが除去されることも知られている．ユビキチン化の最もよく知られた機能はプロテアソーム[*6]による分解のための目印（タグ）であり，ポリユビキチン化されたタンパク質は速やかに分解される．それ以外に，ユビキチン化は標的タンパク質の活性調節やユビキチン結合ドメインとの結合を介して，エンドサイトーシス[*7]やアポトーシス，DNA 修復などさまざまな細胞機能の調節にかかわっている．また，SUMO や NEDD8 といったユビキチン様タンパク質も見つかってきており，これらの分子も可逆的なタンパク質修飾を通してさまざまな細胞機能の調節にかかわっている．

[*6] 細胞質や核に存在する分子量 250 万の巨大な樽状構造をもつプロテアーゼ複合体．正しく折りたたまれなかったタンパク質や変性タンパク質，あるいは特定の短寿命タンパク質を，ポリユビキチン化を目印（タグ）として ATP 依存的に分解する．

[*7] 細胞表面の細胞膜が陥入し，最終的に切り離されて小胞を形成することで，細胞外の溶液や巨大分子を取り込む過程．

(2) 機能調節例

以下に，翻訳後修飾によってタンパク質機能が調節される例を示す．

① Src

Src はニワトリに肉腫（がんの一種）を引き起こすウイルス Rous sarcoma virus から見つかったがん遺伝子の産物であり，後に宿主（ニワトリ）にも同様の遺伝子があることがわかった．ウイルスから見つかった遺伝子を v-src（産物は v-Src），もともと宿主がもっている正常な遺伝子を c-src（産物は c-Src）と呼ぶ．Src も他のがん遺伝子産物と同様，細胞増殖を促進する作用をもつタンパク質であり，無制限に活性化したものが v-Src，正しく制御されるものが c-Src である．

c-Src の活性調節はリン酸化と分子内相互作用によって行われている（図 7.15）．Src は N 末端にミリスチル酸が付加されており，それに続いて前述したように SH3 ドメイン，SH2 ドメイン，キナーゼドメインを含んでいる．活性調節にはキナーゼドメイン内にある 416 番目のチロシンと，キナーゼド

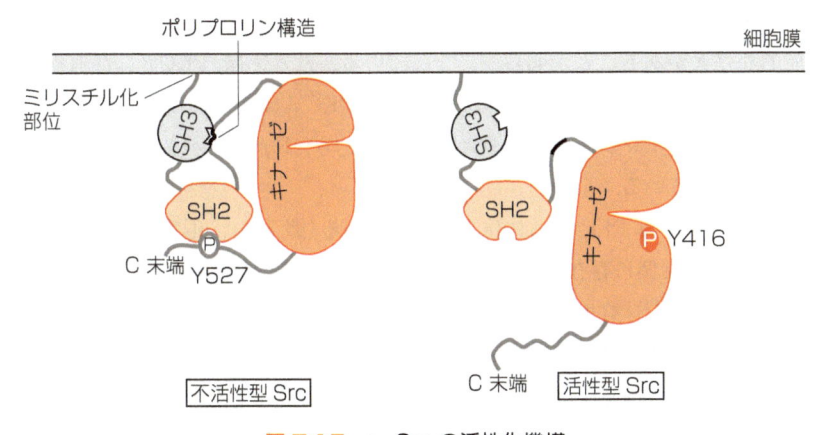

図 7.15　c-Src の活性化機構

メインのさらに C 末端側の短い尾部領域にある 527 番目のチロシンのリン酸化が寄与している．527 番目のチロシンがリン酸化していると，c-Src 自身がもつ SH2 ドメインがリン酸化 527Tyr と結合し，かつ，SH2 ドメインとキナーゼドメイン間のリンカー領域にあるポリプロリン構造が SH3 ドメインと相互作用する．この結果，SH2 ドメインと SH3 ドメインが（活性部位の反対側から）キナーゼドメインを不活性型に安定化させ，活性は抑制されている．527 番目のチロシンの脱リン酸化や SH2 ドメインと他分子のリン酸化チロシンとの結合による分子内 SH2 ドメイン-リン酸化チロシン相互作用の解離，あるいは SH3 ドメインと他分子ポリプロリン領域との相互作用による分子内 SH3 ドメイン相互作用の解離が引き金となり，活性部位にある**活性化ループ**(activation loop)と呼ばれる領域の構造が変化し，416 番目のチロシンがリン酸化される．このチロシンがリン酸化されると活性化ループの位置が変化し，基質が活性部位にアクセスできるようになり，Src はキナーゼ活性を示す．c-Src はこのように活性の ON/OFF が調節されているが，v-Src の場合，活性抑制のための 527 番目のチロシンが欠損し，活性が抑制されず増殖シグナルが流れるために細胞ががん化する．また，N 末端に見られる翻訳後修飾であるミリストイル化も Src の機能には必須であり，v-Src から N 末端ミリストイル化領域を欠損させると，キナーゼ活性はもつものの，がん形成能は消失する．

② PKC

プロテインキナーゼ C(protein kinase C：**PKC**)は，発がんプロモーター（DNA に損傷を受けた潜在的な腫瘍細胞に働いて，がん細胞へと変化させる化学物質の総称）の主要なターゲットである．PKC は，ジアシルグリセロールをセカンドメッセンジャーとした細胞内情報伝達において，重要な役割を果たしているセリン-トレオニンリン酸化酵素である．

近年，PKC は多くのアイソザイム[*8]からなり，個々のアイソザイムに機能的な差異があることが明らかになっている．たとえば，PKCβ は高血糖症による血管合併症に，PKCγ は神経痛に，PKCδ は発がんの抑制に，PKCε はアルツハイマー病の原因物質であるアミロイド β タンパクの分解にそれぞれ関与している．

C1 ドメインは PKC の活性化を調節している(図 7.16)．通常，PKC の触媒領域は N 末端側に存在する偽基質領域[*9]によって覆われており，不活性であるが，発がんプロモーターや内因性のリガンドであるジアシルグリセロールが，PKC の N 末端側に二つ存在する C1 ドメイン(C1A，C1B)に結合することによって，細胞膜への移行を引き起こし，活性化する．ジアシルグリセロールは速やかに代謝分解され，その結果 PKC は不活性型として細胞質に

*8 同一の化学反応を触媒する複数の（一次構造，すなわちアミノ酸配列が異なる）酵素がある場合，それらをアイソザイムと呼ぶ．

*9 基質のアミノ酸配列と相同性の高い領域．

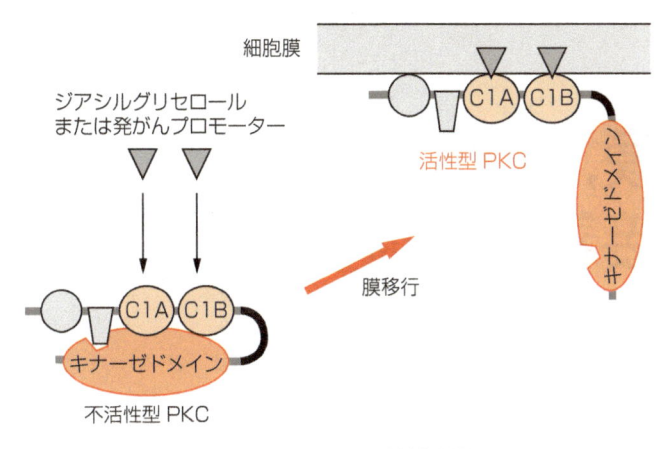

図 7.16 PKC の活性化機構

もどる．一方，発がんプロモーターによる活性化は一般に不可逆である．

練習問題

1 H_2O の pK_a 値はいくらか．

2 チロシンを pH10 の水溶液に溶かしたとき，フェノール部分の解離状態はどのようになると予想されるか．

3 19 種の光学活性なアミノ酸のなかで，システイン残基のみが R 配置になる．その理由について説明しなさい．

4 20 残基からなる α ヘリックスの長さはおよそ何 nm か．

5 タンパク質の立体構造の構築に重要な 5 種類の分子間力を挙げなさい．

6 分子量 5 万のあるキナーゼのアミノ酸配列にはトリプシン認識部位が散在しており，すべてのトリプシン認識部位が切断されると，非常に短いペプチド断片に分解されると予想される．このキナーゼを 4℃ でトリプシンで処理したところ，キナーゼ活性をもつ分子量 4 万の断片と，キナーゼ活性をもたない分子量 1 万の断片が得られた．このことについて説明しなさい．

7 あるヒトタンパク質 X の cDNA を大腸菌とヒト培養細胞で人為的に発現させ，そのタンパク質の大きさを SDS-ポリアクリルアミドゲル電気泳動で調べたところ，ヒト培養細胞で発現させたタンパク質のほうが大腸菌で発現させたタンパク質よりも見かけ上大きいことがわかった．大腸菌内でタンパク質 X が部分分解されている可能性以外に，どのような理由が考えられるか説明しなさい．

8章 細胞膜, 細胞骨格, 細胞接着と細胞運動

形の夢

8.1 はじめに

生物の生存と増殖に必須な核酸やタンパク質は，脂質を主成分とする**細胞膜**によって囲まれ，それが細胞の基本構造となる．細胞膜は核酸やタンパク質を外部環境から隔離するだけでなく，細胞膜を介してイオンの濃度差をつくり出すことによってエネルギー産生にも寄与している．また，タンパク質や核酸の分解酵素を含む区画やpHの異なる区画も細胞膜によってつくり出されている．

細胞膜に囲まれた細胞は，多細胞生物の組織，細胞種によってさまざまな形態をとる必要がある．また，細胞内の種々の細胞小器官を適切に配置するとともに，機械的な力に耐え，あるいは逆に力を発生させて細胞を分裂させたりする必要がある．これらには**細胞骨格**(cytoskeleton)と呼ばれる繊維状成分が必要不可欠である．

さらに，多細胞生物として生物が生きていくためには，細胞と細胞，あるいは細胞と非細胞成分とが結合し，それらが周りの環境に応じて一つの組織として機能していく必要がある．このためには**細胞接着**(cell adhesion)装置が必要であり，この装置を介して自らを取り巻く環境を感知している．

本章では細胞として機能するために必須な細胞膜，細胞骨格，細胞接着とそれらが協調して起こる**細胞運動**(cell migration)について述べる．

8.2 細胞膜

細胞膜はおよそ50％が脂質，50％がタンパク質より構成されている．このうち両親媒性の脂質からなる**脂質二重層**(lipid bilayer)が細胞膜の物理的な性質を決定している．細胞膜を構成する脂質は親水性の**頭部**(head)，疎水性の**尾部**(tail)からなる(図8.1)．親水性の頭部は水と相互作用できるが，疎水性の尾部は水と接触しないほうがエネルギー的に安定なため[*1]，水中では脂質分子は疎水性尾部を内部に集め，表面を親水性頭部で覆う構造，すなわち球形の**ミセル**(micell)あるいは二重層をつくる(図8.1)．どちらの構造をつくりやすいかは脂質分子の形によるが，細胞膜を構成している主要な脂質分子は円筒形の形をとるので，二重層をつくりやすい．一方，膜タンパク質は受容体，チャネル，トランスポーターとして機能し，あるいは細胞骨格と相互作用することで個々の細胞膜特有の機能に貢献している．

8.2.1 脂質組成

細胞膜を構成する主要な**脂質**は大きく3種類に分けることができる．細胞膜に最も大量に存在する脂質分子は**ホスホグリセリド**(phosphoglyceride)である．ホスホグリセリドではグリセロールの三つのヒドロキシ基のうち二つに脂肪酸がエステル結合しており，この脂肪酸が疎水性尾部を形成している

[*1] 疎水性尾部と水が接触すると，疎水性尾部に沿って水分子が整列することになり，そのため水分子の規則性が増加（すなわちエントロピーが低下）することになる．エントロピーの低下は，熱力学的にエネルギー的に不利な状態となる．

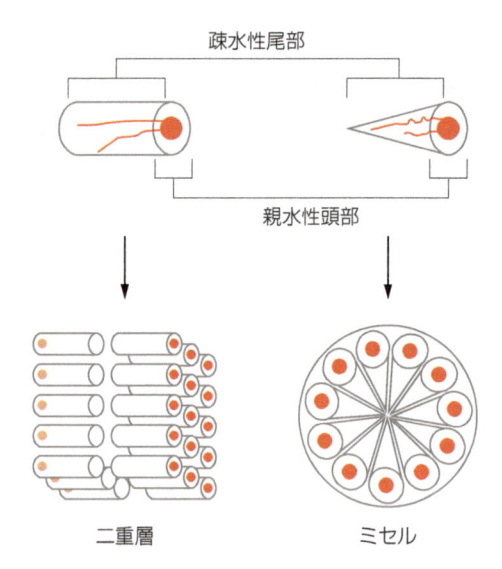

図 8.1　脂質分子によってつくられるミセルと二重層
円錐形の脂質（たとえば疎水性尾部が 1 本の脂質：右側）はミセル構造をつくりやすいが，円筒形の脂質は二重層を形成する傾向が強い．生体膜を構成するホスホグリセリドやスフィンゴ脂質は疎水性尾部を 2 本もつ円筒形である．

（図 8.2a）．C1 には C_{16} または C_{18} の飽和脂肪酸，C2 には C_{16} から C_{20} の不飽和脂肪酸が付加されていることが多い．グリセロールのもう一つのヒドロキシ基にはリン酸が結合している．このリン酸基にはさまざまな極性分子がエステル結合しており，それが親水性頭部をつくる．ホスファチジルコリン，ホスファチジルエタノールアミンは中性だが，ホスファチジルセリンは負電荷をもつ酸性ホスホグリセリドである．ホスファチジルイノシトールは比較的量の少ない酸性ホスホグリセリドだが，シグナル伝達において重要な役割を果たしている（9 章参照）．

　第二の脂質は**スフィンゴ脂質**（sphingolipid）であり，これもリン脂質である．スフィンゴ脂質は，長い炭化水素鎖をもつアミノアルコール（スフィンゴシン）のアミノ基に長鎖脂肪酸がアミド結合によりつながった分子である．細胞内に最も多く含まれるスフィンゴ脂質であるスフィンゴミエリンの場合，末端のヒドロキシ基にホスホコリンが結合することで親水性頭部を形づくる（図 8.2b）．

　細胞膜に含まれるもう一つの主要な脂質は**ステロイド**（steroid）のグループである．動物細胞の場合はコレステロール，植物細胞の場合はスチグマステロールと β-シトステロールが主要なステロイド成分である．基本となるステロイド環構造に脂肪族側鎖とヒドロキシ基を含み，ヒドロキシ基が親水性頭部となる（図 8.2c）．コレステロールは健康上良くないという一般的イメージがあるが，細胞膜成分としては必須であり，細胞膜全脂質のうちおよ

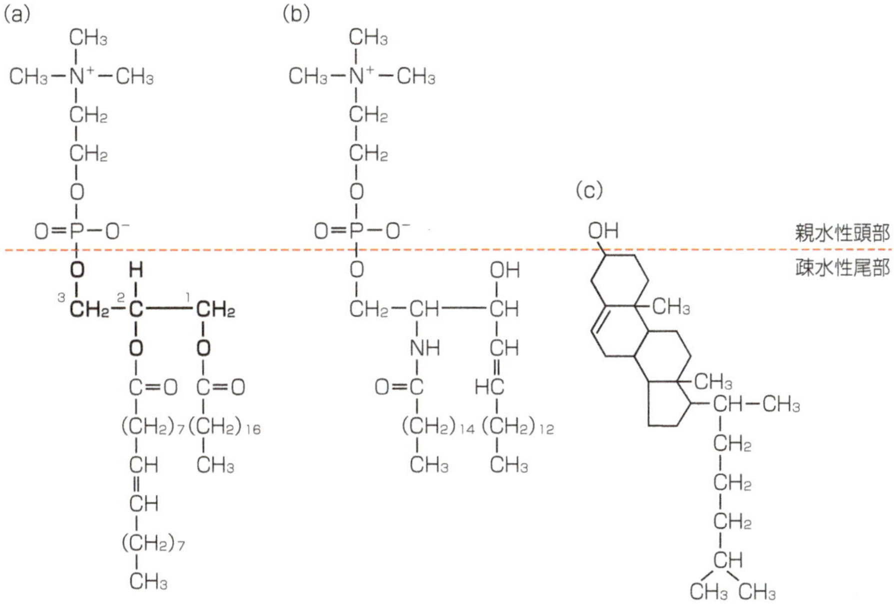

図 8.2 生体膜に含まれる代表的な 3 種類の脂質構造
(a)ホスホグリセリド(1-ステアロイル-2-オレオイル-3-ホスファチジルコリン),
(b)スフィンゴ脂質(スフィンゴミエリン), (c)コレステロール.

そ四分の一を占める.

8.2.2 膜タンパク質

　細胞膜のもう一つの主要な構成成分である**膜タンパク質**(membrane protein)は，それぞれの膜が特有の機能を発揮するためにとくに重要であり，膜によって含まれる膜タンパク質の種類，量が大きく異なる．たとえば絶縁性の高いミエリン膜では，膜タンパク質は 25% を占めるだけなのに対し，ミトコンドリア内膜では 75% を膜タンパク質が占める．膜タンパク質には，① タンパク質自身が脂質二重層を貫通し，細胞内領域，膜貫通領域，細胞外領域の三つの領域からなる**膜貫通型タンパク質**(transmembrane protein), ② タンパク質に脂質が共有結合し，その脂質が脂質二重層に係留される**脂質アンカー型膜タンパク質**(lipid-anchored membrane protein), および③ 脂質や他の膜タンパク質と相互作用することで膜につなぎ留められている**膜表在性タンパク質**(peripheral membrane protein)がある(図8.3).

　膜貫通型タンパク質の膜貫通領域はほとんどの場合，疎水性 α ヘリックスである．これは，タンパク質が α ヘリックス構造をとるとペプチド結合がもつ極性基(カルボニル基とアミノ基)はすべてヘリックス内部に存在し，脂質二重層内の疎水性領域と接触しないためである．ヘリックスの外側に突き出

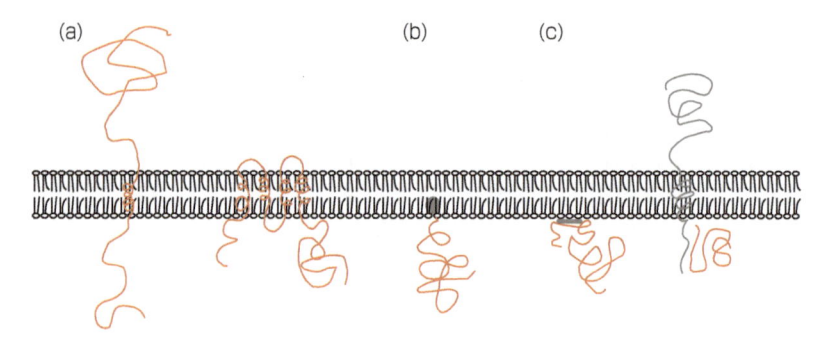

図 8.3　膜タンパク質の細胞膜への連結
細胞膜を α ヘリックス構造で1回貫通した構造をもつ膜タンパク質も，複数回貫通した構造をもつタンパク質もある(a)．タンパク質に脂質が付加され，その脂質が細胞膜に埋め込まれることで細胞膜に係留されるタンパク質もある(b)．また，細胞膜脂質や膜タンパク質と相互作用することで細胞膜に局在するタンパク質も存在している(c)．

す側鎖が疎水性で，しかも α ヘリックスの長さがちょうど脂質を貫通する長さ（アミノ酸残基 20〜30 個）であれば，疎水性側鎖が脂質二重層の疎水性領域と相互作用し，細胞膜に安定に埋め込まれる．一方，β シート 16 本からなる β バレル構造を膜貫通領域としてもつ大腸菌のポリンを代表とするタンパク質もある．このようなタンパク質では樽状に構築された β シートの外側に疎水性側鎖を突き出すことで，脂質二重層の疎水性領域と相互作用している．

　人工的に脂質だけで作成した脂質二重層は，イオンや糖，アミノ酸をほとんど透過させない．一方，細胞膜はさまざまなイオンやアミノ酸，糖を効率よく通過させる．これは脂質二重層に埋め込まれた膜タンパク質である**チャネル**(channel)や**トランスポーター**(transporter)の働きによる．チャネルはチャネル分子内に親水性の通路を形成し，そこに特定のイオンや水分子だけが濃度（あるいは電位）に従って高速で移動する．トランスポーターは自身が構造変化することでアミノ酸や糖を膜の一方から反対側に通過させる．トランスポーターには，ATP の加水分解エネルギーや別のイオンの濃度勾配を利用して濃度勾配に逆らった分子の輸送（**能動輸送**，active transport）を行うものもある（図 8.4）．

　細胞膜にはチャネル，トランスポーターといった物質を輸送する分子だけでなく，細胞外環境の情報を細胞内に伝達する膜タンパク質もある．たとえば，細胞の増殖や分化を刺激する**増殖因子**(growth factor)の多くはペプチド性であり，細胞膜を通過できない．増殖因子は，膜貫通型タンパク質である増殖因子受容体の細胞外領域に結合し，それによって受容体タンパク質の構造，とくに細胞内領域の構造を変化させることで，細胞外の増殖因子の情報を細胞内に伝えている．また，隣接細胞の有無や周囲の細胞外マトリック

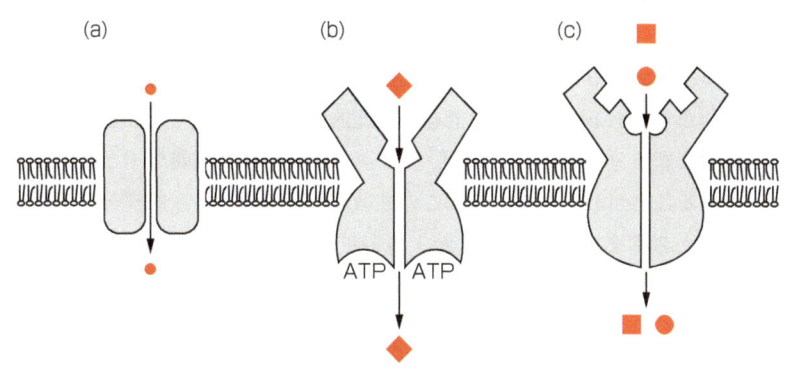

図 8.4 チャネルとトランスポーターの働き
(a)チャネルは分子内に親水性の通路を形成し，特定のイオンや分子だけがその通路を高速で通過できる．(b)(c)トランスポーターは自身が構造変化することで特定の分子だけを細胞膜の反対側に通過させることができる．このとき，ATPの加水分解エネルギーを利用するもの(b)や別のイオンの濃度勾配を利用するもの(c)がある．

スの種類，堅さなどの細胞外環境の情報も，膜貫通型タンパク質である細胞接着分子によって細胞内に伝えられている．細胞接着分子の細胞外領域が隣接細胞や細胞外マトリックスと結合すると，細胞接着分子の細胞内領域に結合する細胞骨格分子やシグナル伝達分子の種類や活性が変化する（図 8.5）（9章参照）．

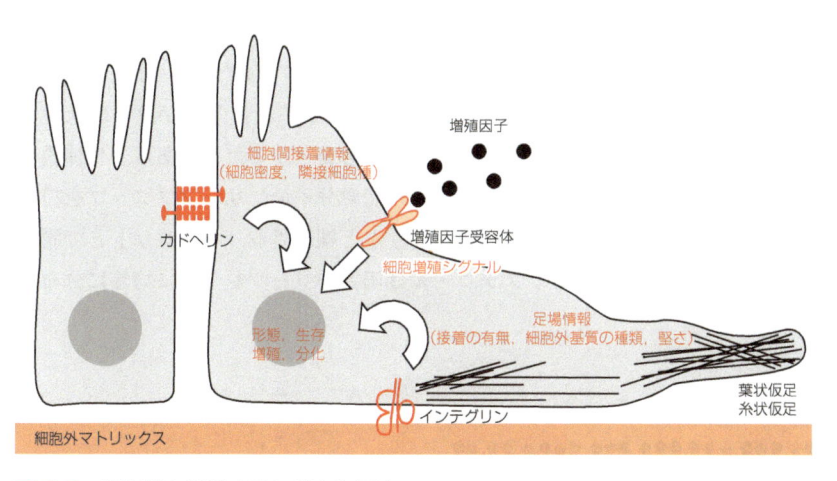

図 8.5 細胞膜を通過するシグナル伝達
細胞膜はチャネルやトランスポーターを使って物質を透過させるとともに，膜タンパク質を介して細胞外からさまざまな情報を細胞内に伝達する．たとえばペプチド性の増殖因子は，細胞膜上の増殖因子受容体の細胞外領域に結合し，細胞内にシグナルを伝達する．また細胞密度や隣接している細胞種に関する情報は，カドヘリンなどの細胞間接着分子によって感知され，細胞内に伝えられる．細胞−細胞外マトリックス間の接着分子であるインテグリンは，周囲の細胞外マトリックスの種類や堅さを細胞内に伝えている．これらの情報に基づいて細胞は増殖や分化を行い，また糸状仮足や葉状仮足の形成を通じて細胞の形態や運動の制御を行う．

8.2.3 膜の流動性と区画

細胞膜を構成する分子は細胞膜上で固定されているわけではなく，その場で回転したり，あるいは細胞膜上を二次元的に自由に拡散している．たとえば典型的な脂質分子の場合，10^7 回/秒の速さで隣接する脂質分子と場所を交換していることがわかっている．この拡散速度で考えると，脂質分子は細菌細胞の端から端まで（1 μm）わずか1秒で拡散できる．このような脂質の**流動性**（fluidity）は，構成している脂質分子と温度に依存する．飽和脂肪酸を炭化水素鎖としてもつ脂質の場合，飽和脂肪酸は密に詰め込まれ，隣接する脂質分子と強固な相互作用をするため膜の流動性は低下する．一方，不飽和脂肪酸は折れ曲がり構造のため，立体的に密に詰め込むことができないので，膜の流動性が上昇する．また長鎖脂肪酸と短鎖脂肪酸をもつ脂質分子を比較した場合，長鎖脂肪酸のほうが強固に疎水性相互作用をするので膜の流動性は低下する．低温環境下においても膜の流動性は低下する．低温で生育する細菌の場合，不飽和脂肪酸をもつ脂質の比率を上げることで，低温下における細胞膜の流動性を確保している．コレステロールも膜の流動性に影響している．コレステロールがもつ柔軟性の乏しいステロール環は，リン脂質の炭化水素鎖と相互作用することで炭化水素鎖の柔軟性を低下させ，細胞膜の流動性を低下させる．しかし，高濃度のコレステロールは逆に長鎖飽和脂肪酸が整列するのを妨害することで細胞膜の相転移（脂質が二次元結晶状に配置してゲル化すること）を阻害し，膜の流動性を維持させる作用もある．

二次元方向の流動性に比べ，細胞膜の一方のリン脂質層（**リーフレット**，leaflet）から他方のリン脂質層への移動（**フリップフロップ**，flip-flop）（図8.6a）は人工膜ではほとんど起こらない．これは，極性頭部が膜の疎水性領域を通過するためには大きなエネルギーを必要とするためである．生体膜の場合，フリッパーゼと呼ばれる輸送体が脂質分子のフリップフロップを担っている．細胞膜では細胞質側リーフレットと細胞外側リーフレットとで膜の組成が異なっている．コレステロールは両方のリーフレットに均等に分布し

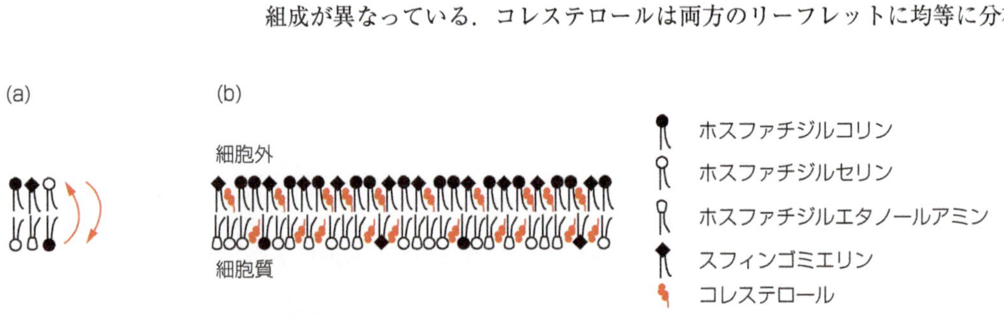

図 8.6 細胞膜における脂質の非対称分布とフリップフロップ
細胞膜の一方の脂質層（リーフレット）から他方への移動(a)はフリップフロップと呼ばれるが，人工膜ではほとんど起こらない．生体膜ではフリッパーゼがフリップフロップを仲介している．また細胞膜では，細胞外側リーフレットと細胞質側リーフレットで脂質組成が大きく異なっている(b)．

ているが，ホスファチジルコリンやスフィンゴミエリンは細胞外側リーフレットに，ホスファチジルセリンは細胞質側リーフレットにおもに含まれる（図8.6b）．この不均一な分布は細胞のさまざまな機能と密接にかかわっている．たとえば，通常おもに細胞質側に存在しているホスファチジルセリンは，アポトーシスが起こるとともに（フリッパーゼによって）細胞外側に速やかに移行する．細胞表面に露出したホスファチジルセリンが目印となり，貪食細胞がアポトーシス細胞を除去する．

最近，リーフレット内でも脂質は均一に混ざり合っているのではなく，区画に分けられていることがわかってきた．最も典型的な区画は**ラフト**（raft，いかだ）と呼ばれる膜ドメインで，コレステロールとスフィンゴミエリンを多く含み，流動性の低い微小領域を形成している．スフィンゴミエリンは他の脂質に比べ疎水性尾部の長さが長いので，スフィンゴミエリンの多く集まっているラフトは他の膜に比べ厚い膜をつくっている．このようにラフトは脂質の組成，流動性，膜の厚さなどが他の領域と異なるため，特定のタンパク質がラフトに濃縮される．このようなタンパク質には細胞内シグナル伝達にかかわるものが多く，局所的に濃縮されることで効率よくシグナル伝達を引き起こしていると考えられている．

8.3　細胞骨格

細胞膜によって外界と区切られただけの細胞は，そのままでは試験管内で人工的につくられたリポソーム[*2]と同じく球形となるはずである．しかし，生体内で細胞はさまざまな形態をとる．たとえば，小腸上皮細胞は円筒状の形態をとり，神経細胞は長い突起をもち，あるいは繊維芽細胞は細く伸びた形態をとる．このような細胞の形態を決定しているのは，おもに**細胞骨格**と次節で述べる**細胞接着**である．動物細胞内の可溶性タンパク質を洗い流した後に，電子顕微鏡を用いて細胞を観察すると，細胞内にさまざまな繊維状の構造物が観察できる．これらの細胞内繊維が細胞骨格であり，おもに3種類のタンパク質ファミリーからなっている．これらの細胞骨格は小サブユニットが重合してできた繊維構造（図8.7）であり，これらが細胞膜を裏打ちすることで細胞膜を強化し，さらに力を発生する足場となって膜を突出させ，また逆に外部からの機械的ストレスに対する抵抗性を付与している．

8.3.1　ミクロフィラメント（アクチン繊維）

最も細い細胞骨格（直径7～9 nm）は**ミクロフィラメント**（microfilament，アクチン繊維）である．ミクロフィラメントは，細胞内に最も多く含まれているタンパク質である**アクチン**（actin．筋肉細胞で10%，そのほかの細胞でも1～5%程度含まれる）が重合したものであり，重合された繊維状のアクチ

[*2] 脂質二重層からなる人工的に作成された小胞．リン脂質をある条件下で水溶液に懸濁すると作成できる．

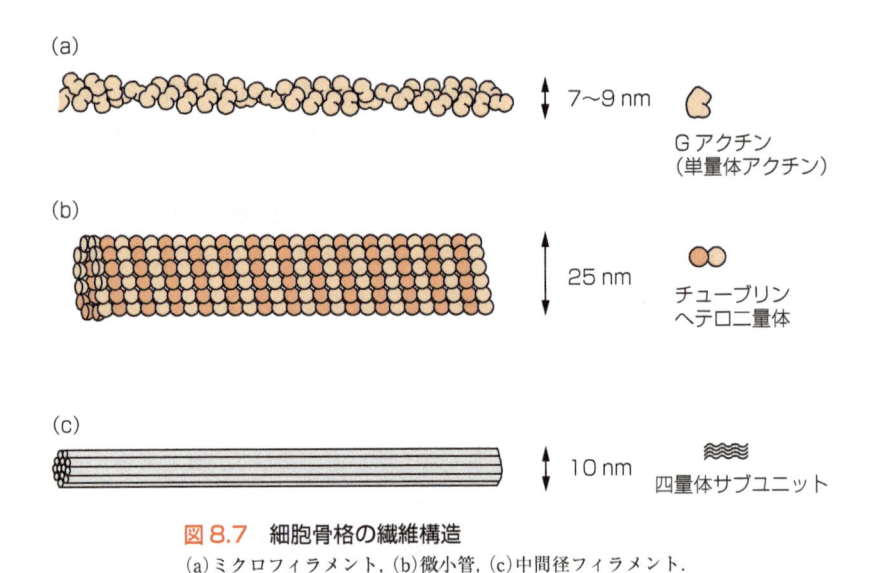

図8.7　細胞骨格の繊維構造
(a)ミクロフィラメント，(b)微小管，(c)中間径フィラメント．

ンをF(filamentous)**アクチン**，単量体アクチンを**G**(globular)**アクチン**とも呼ぶ．FアクチンとGアクチンの変換，すなわちアクチンの重合と脱重合は可逆的であり（図8.8参照），細胞内でミクロフィラメントの形態は常にダイナミックに変化している．たとえば，後で述べる細胞移動の際に形成される糸状仮足や葉状仮足といった細胞膜の突出構造にはミクロフィラメントが多く含まれており，しかもアクチン重合が細胞膜突出の駆動力となっている．さらに，ミクロフィラメント上をモータータンパク質であるミオシンが滑ることによって筋肉の収縮や細胞分裂時の収縮環の収縮が起こる．

(1) ミクロフィラメントの動態

　ミクロフィラメントの細胞内での役割とダイナミックな変化を理解するために，まずはFアクチン形成の基本的なしくみを理解する必要がある．アクチン分子は1分子のATPまたはADPを結合できる．細胞内ではGアクチンはおもにATPと結合しており，ATP結合アクチンはADP結合アクチンに比べ重合しやすい性質をもっている．Gアクチンに結合していたATPは，Fアクチンへ重合された後にADPへ加水分解される．Fアクチンの一方の末端は速い重合が起こり，**プラス端**(plus end)と呼ばれ，もう一方の末端は重合速度が遅く，**マイナス端**(minus end)と呼ばれる（図8.8）〔歴史的には，ミオシン頭部をFアクチンに結合させるとやじり（鏃）のように一方向を指し示す構造をとることから，マイナス端をやじり端(pointed end)，プラス端を反やじり端(barbed end)と呼んできた〕．精製されたGアクチンを試験管内である濃度〔この濃度を**臨界濃度**(critical concentration)と呼ぶ〕以

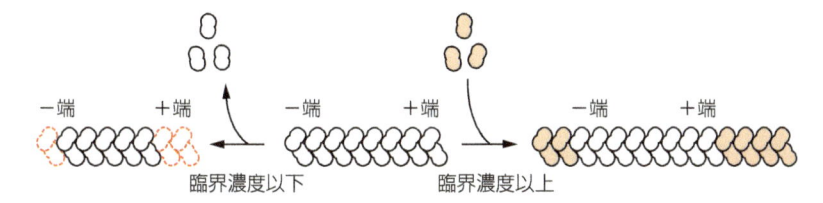

図 8.8　アクチンの重合と脱重合
Fアクチン末端は非等価であり，プラス端とマイナス端がある．臨界濃度以上のGアクチンがあるとFアクチンは伸張するが，このときマイナス端よりプラス端で速く伸長する．臨界濃度以下のGアクチンしかない場合，Fアクチンは退縮するが，このときの退縮速度もプラス端のほうが速い．

上で存在させると，この濃度を超えるアクチンはFアクチンへと重合される．プラス端とマイナス端のATP結合アクチンの臨界濃度は異なっており(それぞれ 0.1 μM と 0.6 μM)，そのため濃度によってはプラス端からは伸長し，同時にマイナス端からは短縮して，見た目の長さが変化しない状態(トレッドミルと呼ぶ)が起こりうる．

(2) アクチン調節タンパク質

　細胞内のアクチンの状態は単純な重合－脱重合反応ではなく，さまざまな**アクチン調節タンパク質**(actin-modulating protein)によって調節を受けている．細胞内では臨界濃度をはるかに超えるアクチン分子(およそ1000倍濃度)が含まれているにもかかわらず，そのおよそ半分はGアクチンとして存在している．また，アクチンは単に重合して繊維状構造をつくるだけでなく，束化した構造や網目状構造をとり，それが細胞形態や細胞膜の突出に寄与している．これは，さまざまなGアクチン結合タンパク質，Fアクチン結合タンパク質がアクチン重合と高次構造を調節しているからである(表8.1)．

　Gアクチンを調節するタンパク質としてはチモシンβ_4とプロフィリンがある．チモシンβ_4はATP結合Gアクチンと1：1で結合する．チモシンβ_4と結合したGアクチンはFアクチンへの重合が阻害されるため，チモシン

表 8.1　おもなアクチン調節タンパク質

	結合するアクチン	機能
チモシンβ_4	Gアクチン	Gアクチンの隔離
プロフィリン	Gアクチン	アクチン重合の促進
CAPZ	Fアクチン	プラス端のキャッピング
コフィリン	Fアクチン	Fアクチンの切断
Arp2/3	Fアクチン	アクチン重合核形成
フィンブリン	Fアクチン	アクチンの束化
フィラミン	Fアクチン	アクチンの束化，架橋

β_4 は G アクチンを隔離し重合に参加させない作用がある．チモシン β_4 の細胞内濃度は 0.5 mM 程度と高く，チモシン β_4 との結合により細胞内の多量の G アクチンの存在を説明できる．一方，プロフィリンはチモシン β_4 と競合して G アクチンに結合する．プロフィリン-G アクチン複合体は F アクチン伸長反応に寄与できるため，プロフィリンは，チモシン β_4 との結合によって隔離されていた G アクチンを重合に参加させることで重合促進作用をもつ．

G アクチンが重合するときの律速段階は重合核形成である．G アクチンのみの試験管内反応ではアクチン分子の三量体が重合核となる．しかし細胞内ではこのような反応はほとんど起こらず，すでに存在している F アクチンから新たな重合核が露出するか，あるいは特別な重合核形成タンパク質によって重合が開始される(図 8.9)．細胞内にある既存の F アクチンは通常，プラス端にもマイナス端にもキャッピングタンパク質が結合しており，重合も脱重合も起こらない．刺激によってキャッピングタンパク質がプラス端から外れたときに，この末端が重合核となる．あるいは，アクチン切断タンパク質によって F アクチンが切断された場合も新たにプラス端が露出することになるので，これが重合核となる．既存の F アクチンのプラス端を露出させずに新規に重合核を形成するものに Arp2/3 複合体やフォルミンがある．Arp2/3 複合体の場合，既存の F アクチンの側面に結合し，Arp2/3 複合体中に含まれるアクチン様タンパク質 2 分子を新たな重合核として，70 度に枝分かれしたアクチン繊維の重合を引き起こす．

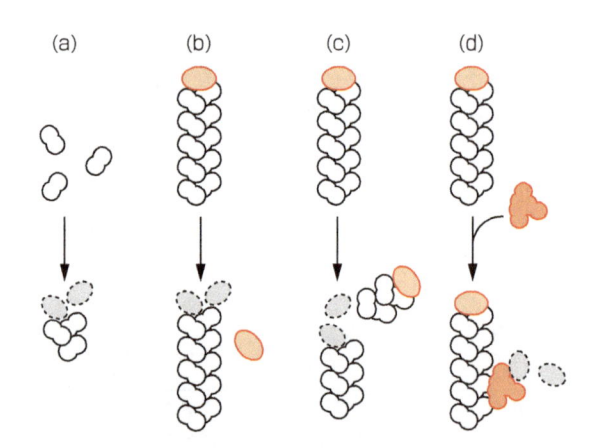

図 8.9 アクチン重合核形成と重合可能末端の露出
(a) G アクチンが 3 分子結合すると重合核が形成されるが，細胞内ではこのような重合核形成はほとんど起こらない．(b) キャッピングされていた F アクチンのプラス端からキャッピングタンパク質(●)が解離すると重合可能なプラス端が露出し，アクチン重合を開始する．(c) F アクチンの切断によっても重合可能なプラス端が露出することになり，重合を開始できる．(d) Arp2/3 (●) は既存の F アクチン側面に結合し，それを重合核として新たにアクチン繊維が重合される．

活発に移動中の細胞は糸状仮足や葉状仮足（図 8.5 参照）を形成している．糸状仮足には束化されたミクロフィラメントが，葉状仮足には網目状ミクロフィラメントが含まれている．また上皮細胞の微絨毛にもミクロフィラメントの束が含まれている．フィンブリンなどのように，近接した領域に二つのアクチン結合部位をもつタンパク質（あるいは二量体化して 1 機能単位中に近接した二つのアクチン結合部位をもつもの）はアクチンを束化する．一方，柔軟性のある領域をはさんでアクチン結合部位をもつフィラミンのようなタンパク質はアクチンを網目状に架橋する．このように F アクチン結合タンパク質によってミクロフィラメントの高次構造が決定され，それによってミクロフィラメントの役割も決められている．

(3) アクチン重合とミオシンによる力の発生

ミクロフィラメントは，G アクチンのミクロフィラメントへの重合およびモータータンパク質によって力の発生にかかわることができる．たとえば葉状仮足先端部，つまり膜の突出部において，Arp2/3 を介したアクチン重合が活発に起こっていることがわかっている．この重合が熱エネルギーによる細胞膜の揺らぎとあいまって細胞膜を突出させていると考えられている．また，赤痢菌は動物細胞に侵入後，自らの後方部に次々と網目状構造のアクチンを重合させながら，それを推進力として移動する．一方，アクチンは筋肉の収縮で見られるようにモータータンパク質を用いても力の発生に関与している．モータータンパク質の**ミオシン**（myosin）は ATP アーゼ活性をもち，ATP の加水分解のエネルギーをミオシン自身の構造変化とアクチンとの結合活性の調節に結びつけることによって力を発生している．ミオシンによる力の発生には，ミオシンの構造変化とミオシン-アクチン間のすべり運動が厳密にリンクしている「首ふりモデル」が提唱されていたが，一分子観察（コラム参照）の結果から，熱エネルギーによる揺らぎを取り入れたモデルも新たに提唱されている．

8.3.2 微小管

直径 24 nm からなる中空のチューブ状の構造をもつ細胞骨格が**微小管**（microtubule）である．αチューブリンとβチューブリンと呼ばれるよく似た構造をもつ 2 種類のタンパク質からなるヘテロダイマー（以下，このヘテロダイマーを単にチューブリンと呼ぶ）が重合することで微小管を形成する．微小管は**微小管形成中心**（microtubule-organizing center：MTOC）である中心体から放射状に細胞全体に伸びている．このような微小管は小胞輸送のレールとして機能している．また，細胞分裂の際には紡錘体を構成する紡錘糸として染色体の分配に関与している．

8章　細胞膜，細胞骨格，細胞接着と細胞運動

*3　タウもMAP2も，神経細胞に多く発現している微小管結合タンパク質である．軸索や樹状突起内の微小管の密度，安定化，束化に関与している．

*4　スタスミンは，がんで発現が上昇しているタンパク質として単離された．屈曲した状態の二つのチューブリン二量体と結合する．リン酸化によるスタスミンの活性調節が細胞周期の進行に重要な役割をもつ．

　微小管の動態はアクチンと似ている．微小管を形成するチューブリンにはGTP結合型とGDP結合型があり，GTP結合型が重合に用いられ，時間とともに加水分解が起こりGDP結合型となる．微小管にも極性があり，プラス端で急速な重合と脱重合が起こる（動的不安定性）（図8.10）．プラス端のチューブリンがGTP結合型の場合，サブユニット間の結合が強く，微小管が安定で次々と重合が起こる．一方，加水分解速度が重合速度を上回り，プラス端がGDP結合型となると，結合が不安定になり急速に脱重合が起こり，微小管が短縮する．このような伸長と短縮はさまざまな微小管結合タンパク質によって制御されている．タウやMAP2[*3]などは微小管側壁に結合し微小管を安定化させる．スタスミンファミリー[*4]は遊離チューブリンと結合し，重合可能な遊離チューブリン量を減少させることで微小管の脱重合を促進する．また，伸長する微小管のプラス端に特異的に結合する**微小管プラス端集積因子**（plus-end tracking proteins: +TIPs）も知られている．+TIPsは細胞内で微小管の局所的な安定化にも関与し，微小管を細胞内で非対称的に配置させる働きがあることがわかってきている．一方，マイナス端は細胞内で

Column

1分子イメージングと生細胞観察

　光学顕微鏡と蛍光プローブの発達が，さまざまな現象を「可視化」することを可能にした．それによって多くの新しい発見がもたらされている．たとえば，従来の顕微鏡観察においては数百，数千という分子を同時に（すなわち，それらすべての分子の挙動を平均として）観察していた．このため個々の分子の動きや動態（反応の中間状態など）を捉えることができなかった．近年，界面からわずか100 nm程度の範囲のみを照射でき，そのため背景光（バックグラウンド）がきわめて弱い全反射蛍光顕微鏡などが開発されたことで，1分子の動きが捉えられるようになった．この**1分子イメージング**（one molecular imaging）技術によりミオシンやキネシンの滑り運動のステップ幅が詳細に測定され，従来のモデルでは説明がつかないことがわかり，新たなモデルの提唱に至っている．さらに，F_oF_1ATPアーゼが回転モーターであることも1分子イメージングにより直接証明された．
　また，従来の蛍光顕微鏡観察は固定した細胞を用いていたため，特定の分子の細胞内局在を静止画像として取得していた．このため，時間的な変化（特定の場所への局在や構造物の出現頻度，持続時間，崩壊頻度など）や連続的な変化を捉えることはできず，異なる時期の静止画像から推測することしかできなかった．2008年の下村脩博士のノーベル化学賞受賞の対象となった，オワンクラゲの**緑色蛍光タンパク質**（green fluorescent protein: GFP．カバー写真参照）の発見が状況を大きく変化させた．目的のタンパク質をGFP融合タンパク質として細胞内で発現させると，そのタンパク質の細胞内局在と動きを生きた細胞内で観察できるようになった．現在では赤色，黄色などさまざまな色の蛍光タンパク質が発見，作成されたことにより，何種類もの分子の動態を同時に生細胞内で観察できる．生きた細胞内での挙動を直接観察することで，従来の手法を用いた観察では予想もつかなかった新しい発見が相次いでいる．

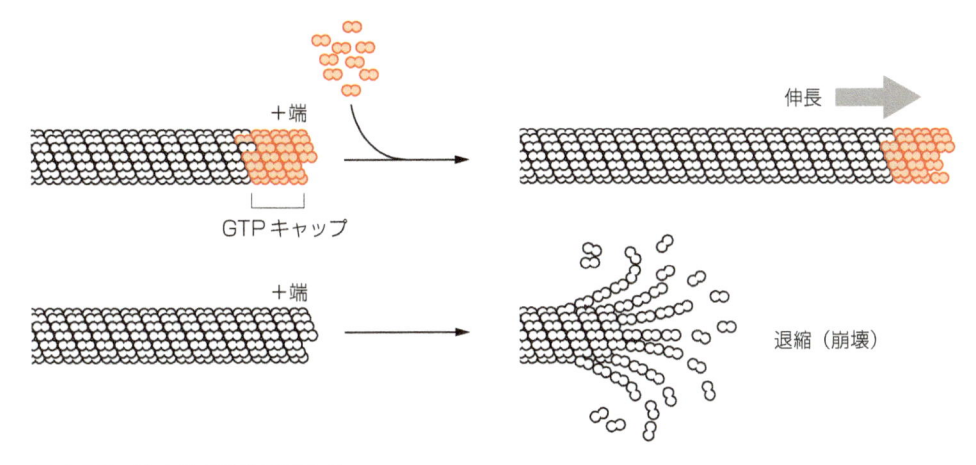

図 8.10　微小管の動的不安定性
微小管のプラス端が GTP 結合型チューブリン（∞）の場合には，サブユニット間の結合が強く微小管が安定であり，末端に新たにチューブリンが重合する．いったんプラス端が GDP 結合型のチューブリン（∞）になると，結合が不安定になり，急速に脱重合が起こる．マイナス端は細胞内では MTOC に結合したままである．

は中心体などの MTOC に結合している．MTOC に第三のチューブリン分子である γ チューブリンが含まれており，これが γ チューブリン環複合体を形成し，微小管の重合核として機能する．

微小管はおもに 2 種類のモータータンパク質を使って細胞小器官や小胞の輸送にかかわっている（図 8.11）．キネシンファミリータンパク質は微小管のマイナス端からプラス端方向に移動するモータータンパク質である．ミオシンと同じく**キネシン**（kinesin）の頭部は ATP アーゼ活性をもち，ATP の加水分解エネルギーを利用して移動している．また，キネシンは微小管から離れ

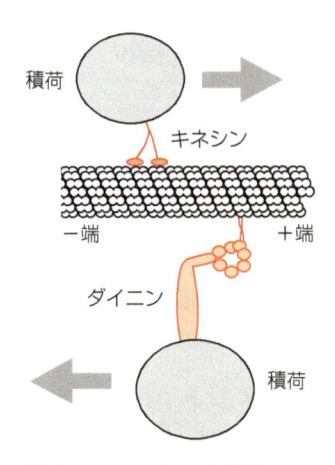

図 8.11　微小管上で働くモータータンパク質
キネシンはおもに微小管のマイナス端からプラス端方向に，ダイニンはプラス端からマイナス端方向に積荷を輸送する．

ることなく連続して移動する能力(プロセッシビティ)が高く，効率よく積荷を輸送することができる．実際，神経軸索において最長1mの距離を細胞体からシナプスへと効率よく小胞やタンパク質を輸送するのに，キネシンが寄与している．もう1種類のモータータンパク質である**ダイニン**(dynein)は分子量50万を超えるダイニン重鎖を含む巨大タンパク質複合体よりなり，プラス端からマイナス端へと積荷を輸送する．ダイニンもATP加水分解のエネルギーを用いて移動するが，ミオシンやキネシンとは立体構造的な相関は見られない．ダイニンは神経軸索をはじめとする細胞内輸送にかかわるだけでなく，真核細胞の鞭毛や繊毛(これらは軸糸と呼ばれる微小管の束をもっている)を屈曲させ力を発生させる際に役立っている．

　微小管およびキネシン，ダイニンは細胞分裂時もとくに重要な役目を担っている(図8.12または10章参照)．細胞分裂時に見られる紡錘体には，動原体に結合する動原体微小管，中心体から全方向に向かう星状体微小管，一方の中心体から反対側の中心体に向かって伸びつつ染色体とは相互作用せず反対側の中心体から伸びてきた微小管と重なり合う極微小管がある．動原体微小管と動原体の結合には＋TIPsが関与していることがわかってきている．また，染色体の赤道面への配置や中心体の両端への移動にはそれぞれ特殊なキネシンやダイニンが関与している．一方，染色体の両極への分離には微小管の脱重合がおもな役割を担っているらしい．

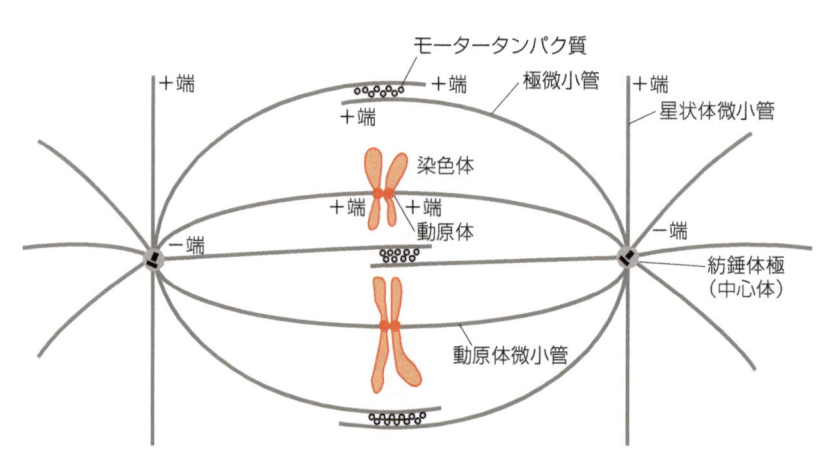

図8.12　細胞分裂時の微小管

8.3.3 中間径フィラメント

　ミクロフィラメントと微小管の直径の中間の太さ(10 nm)をもつ細胞骨格が**中間径フィラメント**(intermediate filament)である．中央部分にαヘリックスドメインをもつタンパク質が二量体を形成し，さらにこの二量体が逆平

行に相互作用することで四量体を形成したものが，中間径フィラメント形成の重合と脱重合のサブユニットとして機能している．中間径フィラメントには，核ラミン，ケラチン，ビメンチン，ニューロフィラメントなど細胞内の局在部位や発現の組織特性の異なるものが含まれるが，いずれも細胞膜や核膜を裏打ちすることで細胞膜に機械的強度を与え構造維持に寄与している．

中間径フィラメントはミクロフィラメントや微小管とは異なり，安定で静的な構造をもつとされていた．しかし，中間径フィラメントも一過的にリン酸化などを受け，ダイナミックな調節を受けることがわかってきている．たとえば，核ラミンは細胞分裂の核膜崩壊期にサイクリン依存性キナーゼによるリン酸化を受け，それによって核ラミンの脱重合が誘導される．この脱重合が核膜崩壊に必要であることがわかっている．

8.4 細胞接着と細胞運動

細胞は脂質二重層と膜貫通タンパク質からなる細胞膜に囲まれ，内部に含んでいる細胞骨格によって形が決められていることをここまで見てきた．では，多細胞真核生物はどのようにして多くの細胞を集めて組織をつくり，器官をつくり，個体を形成しているのであろうか．脊椎動物の組織は大きく**結合組織**(connective tissue)と**上皮組織**(epithelial tissue)に分けられる（図8.13）．いずれの組織においても細胞は**細胞外マトリックス**(extracellular matrix)と呼ばれる非細胞性成分(タンパク質，糖)と結合している．また上皮組織では，隣り合う細胞同士が密着することで外界と体内を区別している．ここでは，このような**細胞接着**のしくみと意義について見ていくとともに，細胞接着と細胞骨格の協調的な作用によって起こる細胞運動についても説明する．

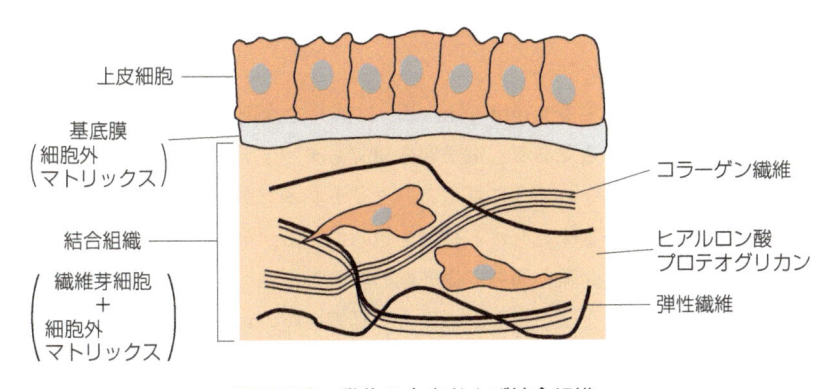

図8.13 動物の上皮および結合組織

8.4.1 細胞接着

(1) 細胞-細胞間接着

上皮細胞の細胞間接着はいくつかの特殊化された接着装置からなっている．頂端面から側底面方向に向かって[*5]タイトジャンクション，アドヘレンスジャンクション，デスモソームおよびギャップジャンクションがある（図8.14）．

*5 上皮細胞の管腔側を頂端側（その領域の細胞膜を頂端膜），細胞間および基底膜に面した側を側底側（その領域の細胞膜を側底膜）と呼ぶ．

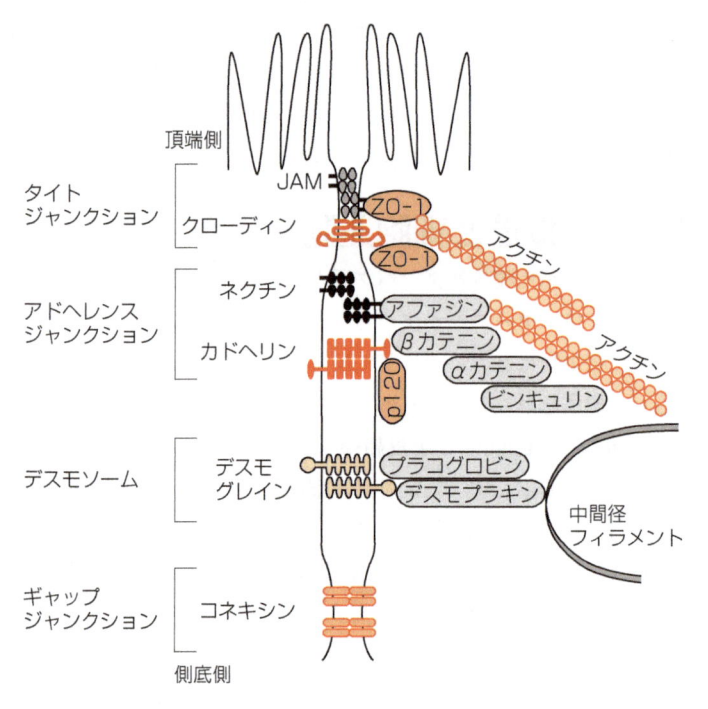

図8.14 細胞間接着領域の構造
細胞間の接着は，頂端側からタイトジャンクション，アドヘレンスジャンクション，デスモソーム，ギャップジャンクションよりなっている．

タイトジャンクション（tight junction）は隣り合う細胞同士の細胞膜が互いに密着する接着構造である．電子顕微鏡でもタイトジャンクションにおける細胞膜間の距離はないように見える．タイトジャンクションは細胞の頂端側と側底側を二つの意味で分ける役割を担っている．第一の役割は，頂端側の細胞外物質が細胞間隙を通って側底側の細胞外領域へと通り抜けるのを防ぐ役割である．たとえば小腸上皮の場合，腸管内腔の物質が体内へと無造作に進入しないように，あるいは体内の水分や栄養分が無造作に流出しないように，小腸上皮細胞間はタイトジャンクションによって密閉されている．第二の役割は膜タンパク質が頂端側と側底側で入り混じるのを防ぐ役割である．上皮細胞は頂端側と側底側で異なる性質をもつ細胞膜を形成している．

これは頂端側と側底側とで異なる膜タンパク質が発現しているためであり，タイトジャンクションがその境界を形成している．

タイトジャンクションを形成する主要な細胞接着分子に4回膜貫通領域をもつ**クローディン**(claudin)と**オクルーディン**(occludin)がある．とくにクローディンだけを非上皮性細胞に発現させればタイトジャンクションが形成されるので，クローディンはタイトジャンクション形成の中心的な役割を担っていると考えられている．クローディンは現在までに少なくとも24種類単離されており，これらのクローディンが隣り合う細胞間で同種分子間あるいは異種分子間結合をすることで，さまざまな性質をもつ細胞間隙が形成される．たとえばクローディン4やクローディン16は特定のイオンを通過させやすい細胞間隙を形成すると考えられている．クローディンのC末端にはPDZドメイン(7章参照)をもつZO-1が結合し，ZO-1がミクロフィラメント(アクチン繊維)を含むさらに多くの細胞骨格関連タンパク質と結合することでタイトジャンクションが安定化している(図8.14)．

アドヘレンスジャンクション(adherens junction)は細胞間接着形成の最初に形成される接着構造である．上皮細胞においては，細胞間接着の成熟とともにアドヘレンスジャンクションの頂端側にタイトジャンクションが形成される．アドヘレンスジャンクションの基本的な細胞接着分子は1回膜貫通型の**カドヘリン**(cadherin)である．カドヘリンは，細胞外領域を介してカルシウム依存的に隣接する細胞のカドヘリンと結合し，アクチンによって裏打ちされた強固な細胞間接着を形成する．たとえば胚発生の8細胞期に見られるコンパクション[*6]という現象は，カドヘリンを介した細胞間の強固な接着によって引き起こされる．カドヘリンは，およそ110アミノ酸よりなるカドヘリンリピートをもつカドヘリンスーパーファミリーを形成している．各カドヘリンの結合には特異性があり，たとえば上皮細胞型カドヘリン(E-カドヘリン)は同種親和性結合，すなわちE-カドヘリンとのみ強く結合する．この結合特異性が，発生段階の細胞間認識，組織認識に寄与していると考えられている．カドヘリンの細胞内領域にはβカテニン，p120カテニンが結合し，βカテニンを介してさらにαカテニン，ビンキュリンが結合し，これらの分子にミクロフィラメントが連結している(図8.14)．細胞間接着は細胞移動時や細胞の分裂時にはダイナミックに変動していると考えられており，それには，これらのアドヘレンスジャンクション構成因子のリン酸化による結合調節が関与していると考えられている．また，最近ではアドヘレンスジャンクションに局在する新しい細胞接着装置としてネクチン-アファジンが見つかり，これがカドヘリンの局在や機能に影響を与えていることがわかっている．

デスモソーム(desmosome)はアドヘレンスジャンクションの基底膜側に

[*6] ゆるくつながっていた各割球が緊密に接着し，胚表面が一様につながる現象．

存在する接着構造であり，隣接する細胞間に強固な接着をもたらす．アドヘレンスジャンクションとは異なり，デスモソームは中間径フィラメントによって裏打ちされており，皮膚や心臓など機械的ストレスの強い組織でとくに発達している．デスモグレインと呼ばれるカドヘリンスーパーファミリーに属する分子が細胞接着分子として機能し，βカテニンと相同性のあるプラコグロビンがデスモプラキンとともに中間径フィラメントをつないでいる（図 8.14）．この接着装置の異常は，天疱瘡をはじめとする表皮に水疱を生じる疾病の原因となることがわかってきている．

二つの細胞間の細胞質をつなぐチャネル構造を形成する接着構造が**ギャップジャンクション**（gap junction）である．**コネキシン**（connexin）と呼ばれる膜貫通型タンパク質の六量体が，隣接する細胞のコネキシン六量体と複合体をつくることでギャップジャンクションが形成される．形成しているコネキシンの種類によってギャップジャンクションの性質は異なるが，分子量約 1200 以下のイオンや分子は基本的に自由にギャップジャンクションを通過できる．心筋細胞や腸の平滑筋が同調して収縮するためには，ギャップジャンクションによる電気シグナルやイオンシグナルの迅速な細胞間の伝達が必要である．

(2) 細胞-細胞外マトリックス間接着

上皮組織では**基底膜**（basement membrane）と呼ばれる**細胞外マトリックス**構造上に上皮細胞が接着している．結合組織では細胞外マトリックスが個々の細胞を取り囲んでいる（図 8.13 参照）．細胞外マトリックスの生体内における主要な役割は組織に物理的な強度を与えることだと考えられていたが，現在では組織内の微小環境において細胞外マトリックスが細胞の生存，増殖，分化などさまざまな行動に影響していることがわかっている．

細胞外マトリックスはコラーゲン類，プロテオグリカン，非コラーゲン接着性タンパク質に大きく分けることができる．**コラーゲン**（collagen）は体の中に最も多く含まれるタンパク質であり，25 種類以上が知られている．コラーゲンはグリシン-X-Y（X と Y は任意のアミノ酸．X はプロリン，Y はヒドロキシプロリンのことが多い）の 3 アミノ酸の繰返し配列をもつポリペプチド鎖が三重らせんをとる特徴的な構造をもつ．グリシンはその三重らせんの中心部に配置されている．プロリンはヒドロキシ化されているものが多く，そのヒドロキシ基が分子間で水素結合をつくることで三重らせんを安定化させている．この三重らせんコラーゲンが会合してコラーゲン原繊維となり，さらにそれが集まって直径数 μm のコラーゲン繊維となる．**プロテオグリカン**（proteoglycan）はアグリカン[7]などのコアタンパク質に二糖の繰返し構造である**グリコサミノグリカン**（GAG）鎖[8]が結合したものである．連結さ

[7] 軟骨の主要な細胞外マトリックス．軟骨に硝子様形態と弾力性を与えている．

[8] 二糖が直鎖状に数十から数百回繰り返し結合したもの．たとえばヘパラン硫酸の場合，D-グルクロン酸と N-アセチル-D-グルコサミンの繰返しからなる．通常，グリコサミノグリカンは硫酸化などの修飾を受け，負に帯電している．高度に硫酸化されたヘパラン硫酸であるヘパリンは，血液の抗凝固剤として用いられている．

れた直鎖状の糖はポリペプチド鎖とは異なり折りたたまれることはなく，しかも親水性が強いため大きな容積を占める．このため，プロテオグリカンは圧縮力に対して強い抵抗性を示す．一方，コラーゲンは張力に対して抵抗性を示す．フィブロネクチンやラミニンは細胞外マトリックスに含まれる主要な非コラーゲンタンパク質であり，細胞接着を介して細胞内のシグナル伝達を制御する．いずれもタンパク質内の複数の領域でさまざまな細胞外マトリックスや細胞の接着分子と相互作用する．

　これら細胞外マトリックスの構成因子は基底膜と結合組織では大きく異なっている．基底膜はおもにコラーゲンⅣ[*9]とラミニン，プロテオグリカンの一種のパールカンを主成分としたシート構造をとる．一方，結合組織にはコラーゲンⅠ[*9]やフィブロネクチンおよびさまざまなプロテオグリカンが多く含まれている．

　細胞外マトリックスと細胞との接着領域には**接着複合体**(focal complex)，**細胞接着斑**(focal adhesion)，**繊維状接着**(fibrillar adhesion)，**ヘミデスモソーム**(hemidesmosome)と呼ばれる構造がある．接着複合体，接着斑，繊維状接着はアクチンによって裏打ちされるが，ヘミデスモソームは中間径フィラメントによって裏打ちされている．接着初期にはターンオーバー(形成と崩壊)の速い接着複合体が形成され，それが成熟化していき，細胞接着斑，繊維状接着となる．これらいずれの接着構造においても，α鎖とβ鎖のヘテロダイマーからなる膜貫通型タンパク質の**インテグリン**(integrin)が主要な接着分子として機能している(図8.15)．表8.2に示すようにインテグリンのα鎖とβ鎖の組合せが変わると，インテグリンの細胞外マトリックスに対する接着特異性が変わる．また，多くのインテグリンは複数の細胞外マトリックスと結合することができる．逆に細胞外マトリックスも複数のインテグリンと相互作用できる．さらに，一つの細胞は複数のインテグリンを発現していることが多いので，細胞と細胞外マトリックスとの間の接着は非常に多様性

*9　コラーゲンⅠは体内のコラーゲンの9割を占め，皮膚や腱，骨などに多く含まれ，繊維状の構造をとる．一方，コラーゲンⅣは基底膜に含まれ，シート状の構造をとる．

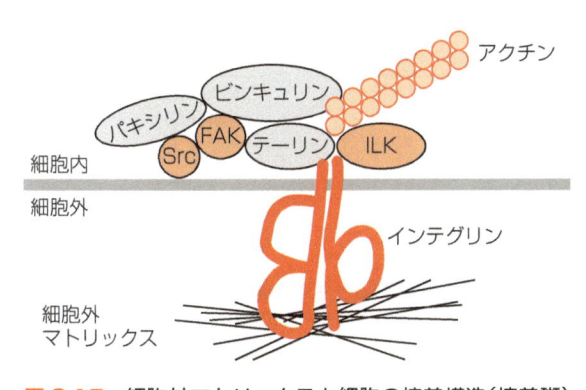

図8.15　細胞外マトリックスと細胞の接着構造(接着斑)

表8.2 主要なインテグリンとリガンド

インテグリン	おもなリガンド
$\alpha_2\beta_1$	コラーゲン，ラミニン
$\alpha_5\beta_1$	フィブロネクチン
$\alpha_{IIb}\beta_3$	フィブリノーゲン，ビトロネクチン
$\alpha_6\beta_1$	ラミニン
$\alpha_6\beta_4$	ラミニン
$\alpha_L\beta_2$	ICAM1（血球表面接着分子）
$\alpha_V\beta_3$	フィブロネクチン，ビトロネクチン，フィブリノーゲン

に富む．

インテグリン分子の細胞内領域はα鎖とβ鎖いずれも非常に短く，酵素活性もアクチン相互作用活性もない．したがって，細胞外マトリックスとの接着による細胞行動の制御には，インテグリンの細胞内領域に集積し接着構造を裏打ちする細胞質タンパク質が必須である（図8.15）．接着斑におけるこのようなタンパク質には，ビンキュリンやテーリンなどのアクチン結合性タンパク質やFAK（focal adhesion kinase）やILK（integrin-linked kinase），Srcファミリーキナーゼ，パキシリンなどのシグナル伝達系タンパク質が含まれる．細胞外マトリックスへのインテグリンの結合が引き金となって，FAKやSrcファミリーキナーゼが活性化し，細胞内シグナル伝達を調節している．また，ビンキュリンやテーリンは接着斑を強化，安定化させる一方，FAKやパキシリンは接着斑を不安定化させる．これらのバランスによって接着構造のターンオーバーが制御されている．

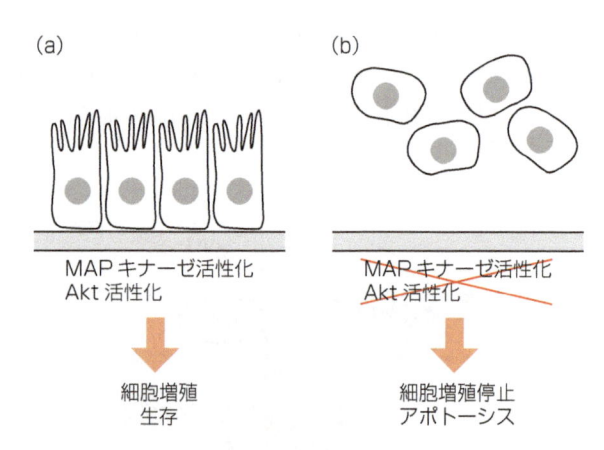

図8.16 細胞接着による細胞増殖と生存の制御
(a)細胞接着状態，(b)浮遊状態．血球を除く生体内のほとんどの細胞は細胞外マトリックスと接着している．適切な細胞外マトリックスと接着した細胞ではさまざまなシグナルが活性化し，生存と増殖が可能となる．一方，浮遊状態になった細胞は増殖せず，場合によってはアポトーシスを起こす．

細胞と細胞外マトリックスとの間の接着が細胞の行動を制御している最も重要な現象の一つは細胞増殖の足場（細胞接着）依存性である（図8.16）．血球細胞を除くほとんどの細胞はコラーゲンやラミニン，フィブロネクチンなどと接着した状態でのみ増殖する．細胞外マトリックスから離脱し浮遊状態となった細胞は増殖を停止し，細胞によってはアポトーシス〔**アノイキス**（anoikis）*10と呼ぶ〕を起こす．これには，細胞の増殖や生存にかかわるMAPキナーゼやAktなどのシグナル伝達経路（9章参照）の細胞接着依存的な活性化が関与している．たとえば，浮遊状態と接着状態の細胞を同じように増殖因子で刺激しても，浮遊状態の細胞ではMAPキナーゼやAktがほとんど活性化しない．がん細胞ではこの制御に異常が起こり，浮遊状態でも増殖や生存シグナルが活性化し，それががんの隣接組織への浸潤や遠隔組織への転移につながっていると考えられている．

*10　細胞が接着することによって得ていたシグナルを失った結果，引き起こされる細胞死．アポトーシス（10章参照）の一種．

8.4.2　細胞運動

細胞運動（遊走，migration）は胚発生の過程をはじめ，さまざまな状況下で観察される．たとえば神経堤（神経冠）細胞は神経管から胚全体のさまざまな領域に移動し，そこで色素細胞や末梢神経，大動脈の一部などに分化する．成体においても，たとえば皮膚が損傷を受けた場合，損傷部位に表皮細胞が周囲から移動することで創傷治癒が起こる．また，リンパ球やマクロファージの遊走が生体防御に必須である．細胞運動は病理的な側面においても重要であり，とくにがん細胞の浸潤，転移には細胞運動能の亢進がかかわっていると考えられている．

細胞運動は，これまでに見てきた細胞接着と細胞骨格が複雑に制御されることで引き起こされる．細胞運動は①細胞の極性（移動方向）の形成，②細胞膜の進行方向への突出，③細胞外マトリックスとの新しい細胞接着の形成，④収縮による細胞体の移動，⑤尾部の接着の解離，の五つのステップに分けて考えることができる（図8.17）．好中球では走化性因子に応答してホスホグリセリドの一つであるホスファチジルイノシトール3,4,5-リン酸の濃度勾配が形成され，それが引き金となって進行方向での微小管の安定化が起こる（ステップ1）．極性形成に続いて，細胞の先端部でArp2/3（図8.9参照）の活性化によるアクチン重合が起こり，それが細胞膜を突出させて糸状仮足や葉状仮足を形成する（ステップ2）．これら突起の先端部には，不安定で小さな接着構造である接着複合体が形成される．この接着複合体は細胞膜の突出部の基部付近で崩壊して最前線での接着構造の形成に再利用されるか，あるいは成熟化することによってより安定な接着構造（接着斑）となっていく（ステップ3）．この接着構造に束化したアクチン細胞骨格が連結され収縮することで細胞体が前方方向へ移動する（ステップ4）．最後に移動後方部にあ

8章 細胞膜，細胞骨格，細胞接着と細胞運動

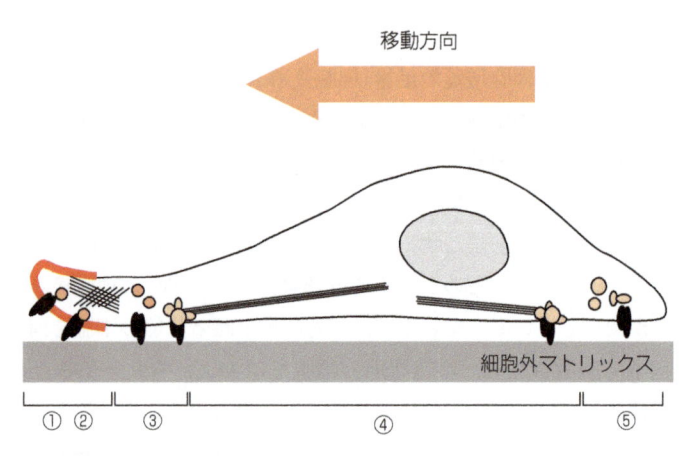

図8.17 細胞運動の五つのステップ
①細胞の極性（移動方向）の形成，②細胞膜の進行方向への突出，③細胞外マトリックスとの新しい細胞接着の形成，④収縮による細胞体の移動，⑤尾部の接着の解離．●はインテグリン，○○○○は接着斑タンパク質，━━はアクチン，━━は組成が変化した細胞膜を示す．

る接着構造が崩壊することで尾部が収縮する（ステップ5）．このように細胞運動においては細胞骨格の重合と安定化，細胞接着構造の形成と安定化および崩壊が必要であり，しかも厳密に協調されなければならない．

　細胞運動はこれまで，細胞外マトリックスでコーティングされたシャーレ上で繊維芽細胞をモデルとして研究されてきた．しかし，繊維芽細胞のように個々の細胞がばらばらに移動する場合に比べ，上皮細胞のように1層のシート状になった細胞が集団で移動する場合では異なるメカニズムもかかわっている．とくに集団で遊走する場合は細胞間接着を維持しつつ移動する必要があり，カドヘリンを介した細胞間接着も重要である．また，がん細胞などは，糸状仮足や葉状仮足を形成せずに泡状の突起を出すアメーバ状移動によっても移動する．さらにシャーレなどの平面状の細胞外基質を移動する場合とゲル状の細胞外マトリックス内を三次元的に移動する場合では，運動メカニズムが大きく異なることがわかってきている．

練習問題

1 細菌の培養温度を低温にシフトさせると，膜脂質に占める不飽和脂肪酸/飽和脂肪酸，長鎖脂肪酸/短鎖脂肪酸の比率はどのように変化すると予想できるか．その理由についても説明しなさい．

2 人工リポソームでは糖やアミノ酸，イオンは脂質二重層をほとんど通過できない．一方，細胞膜ではこれらの成分の透過性は高い．なぜか．

3 Fアクチンに対するキャッピング活性をもつと予想されるタンパク質Aを単離した．このタンパク質Aの機能を調べるために，Gアクチンを in vitro で

Fアクチンに重合させる反応系にAを十分量加えたところ，Fアクチンの生成速度が約2割に低下した．この現象について，プラス端，マイナス端，伸長速度の言葉を用いて説明しなさい．

4 アクチン，微小管に作用するモータータンパク質を挙げなさい．また，その移動方向について述べなさい．

5 タイトジャンクションのおもな機能について二つ挙げなさい．

6 壊血病は，ビタミンCの欠乏によりプロリルヒドロキシラーゼ活性が低下するために起こる．この酵素の活性が低下すると，なぜ血管などの組織がもろくなるのか．

7 $\alpha_5\beta_1$インテグリンだけを発現している細胞を，コラーゲンとフィブロネクチンをコーティングしたシャーレにまいたところ，フィブロネクチンをコーティングしたシャーレにだけ細胞が接着し，伸展した（広がった）．なぜか．

9章 細胞のシグナル伝達

地球のいのちを生きる

9.1 シグナル伝達とは

　セミや蝶がさなぎから出てくるところ（羽化）を実際に見たことがあるだろうか．虫とりに行って見たことのある人がいるかもしれないが，目にしたことのない人のほうが多いだろう．それはなぜだろう？　もちろん，都市部では樹木が減少していることや，羽化があまり目につかない葉陰などで行われることも一つの原因である．しかし，おそらく一番の要因は羽化が早朝に起こるからであろう．これはなぜかというと，日の出が引き金となって体内でさまざまな事象が起こり，最終的に**羽化ホルモン**（eclosion hormone）が分泌され，羽化に至るからだと考えられている．

　またヒトでも，暗いところから急に明るいところに出ると目が見えないが，そのうち見えるようになってくる．これは，暗所でも見えるように瞳孔が開いていた（暗順応）ところに，多量の光が入ったためにまぶしく感じるが，そのうち視細胞で反応が起こり，瞳孔が小さくなり見えるようになってくる（明順応）ためである．この羽化や視細胞の明暗順応が**シグナル伝達**（signal transduction）の例である．つまり，「外的な環境の変化を内的な化学的シグナルに変えて生物が起こす反応」がシグナル伝達である．

　しかし，いつも目に見える変化ばかりではない．蝶の羽化をもう少し詳しく見てみると，光を受けた細胞は興奮し，**神経伝達物質**（neurotransmitter）を放出する．この神経伝達物質が次の細胞に作用して羽化ホルモンが分泌される．分泌された羽化ホルモンは血液で運ばれ，さまざまな器官に受け取られ，各細胞（組織）特異的に羽化に向けた準備が進められる．このようにシグナル伝達は，最初は小さな流れからだんだん広く大きくなっていくことから**シグナル伝達カスケード**（signal transduction cascade, 連続した滝という意味）という言葉も使われている．さらに単一細胞レベルで見ると，ある刺激が入ってきて，それを受けて次の情報を発信する．これが細胞のシグナル伝達（細胞内情報伝達）である．ちょうど，何かを入れると，あるしくみで別のものが出てくるブラックボックスをイメージするとわかりやすいかもしれない．このとき，細胞内で行われる重要なことは次の二つである．

① 情報が増強されて伝えられる．
② 光刺激が神経伝達物質の分泌をもたらすというように，情報の転換が起こる．

本章では，この細胞のシグナル伝達について説明する．

9.2 一次メッセンジャーと伝達の種類

　細胞に情報を伝える役目をもつものは**一次メッセンジャー**（primary messenger）と呼ばれている．たとえば，神経伝達物質やホルモンがこれに

9章　細胞のシグナル伝達

表9.1　一次メッセンジャーと分泌様式

一次メッセンジャー	分泌様式など	標的
神経伝達物質 　アセチルコリン 　アミン類（ドーパミン，セロトニンなど） 　アミノ酸類（GABAなど） 　ペプチド類（神経ペプチドY，オピオイドなど） 　その他（ATP）	神経分泌	近接した細胞に働く
サイトカイン 　クラスI（IL-2, IL-3, レプチンなど） 　クラスII（INFγなど） 　増殖・成長因子（EGF, PDGFなど） 　TNF（TNFβ, Fasなど） 　ケモカイン（CXCL8, CCL3, CCL4など） 　TGFファミリー（TGFβなど）	オートクリン・パラクリン	自身あるいは近傍の細胞
生理活性脂質 　プロスタグランジン類 　ロイコトリエン類 　トロンボキサン類 　リゾリン脂質類（LPA, LPC, SP-1など）	パラクリン・内分泌	近傍の細胞〜離れた器官
ホルモン 　タンパク質性ホルモン（インスリン，LHなど） 　低分子ペプチド（バソプレシンなど） 　アミン・アミノ酸誘導体（甲状腺刺激ホルモンなど） 　ステロイドホルモン（アンドロゲン，エストロゲンなど）	内分泌	離れた器官に働く
脂溶性ビタミン 　ビタミンD 　レチノイン酸など	摂取後血中へ	離れた器官に働く

ヒスタミンなど神経伝達物質でもオータコイドとして働くものもあるので，すべての境界は厳密ではない．

あたる．広く捉えれば，光や温度，圧力もこの一次メッセンジャーに相当するが，本章では表9.1に挙げたような化学物質に限ることとする．

　一次メッセンジャーには，神経伝達物質のようにきわめてせまいシナプス間隙に分泌され隣接した細胞に働くものもあれば，ホルモンのように血中に分泌され遠く離れた器官に作用するものもある（図9.1）．また，自分で分泌したサイトカインやホルモンを自分自身や近傍の細胞で受容する**傍分泌**（paracrine．パラクリン，オートクリン）と呼ばれる分泌様式もある．このように分泌される物質は**局所ホルモン**（local hormone．オータコイド）とも呼ばれている．

　さらに一次メッセンジャーを受けて起こる時間的変化もさまざまである．たとえば，情報を受容後すぐにホルモンなどを分泌し，次の細胞へ情報を伝えていく場合は即時型の応答であり，一方，遺伝子の発現やタンパク質の合成を経て細胞分裂を起こす応答のように比較的時間を要する場合もある．

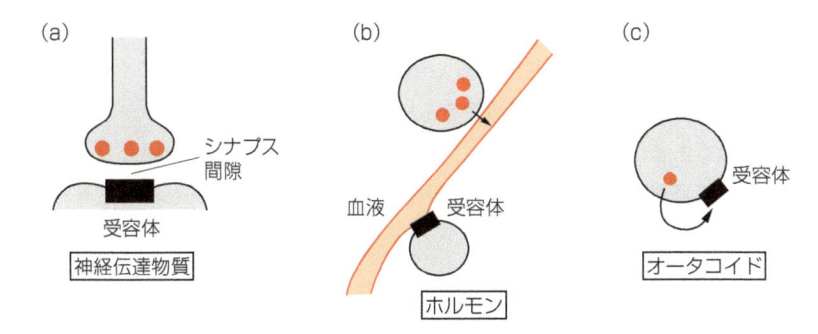

図 9.1　おもな分泌様式
(a)神経分泌，(b)内分泌，(c)傍分泌．

このようにさまざまな伝達の距離や時間の異なる様式が存在するが，一次メッセンジャーからの情報はすべて**受容体**（receptor）という受け取り手を介して細胞内へ伝えられる．なお，一次メッセンジャーは受容体に結合することから，**リガンド**（ligand）や**アゴニスト**（agonist）とも呼ばれる．

9.3　受容体の種類

細胞外からの情報（一次メッセンジャー）を最初に受け取る役目を担っているのが**受容体**である．受容体はタンパク質でできており，その局在から大きく二つに分けることができる．すなわち，細胞膜に存在する**細胞膜受容体**（cytoplasmic membrane receptor）と核に存在する**核内受容体**（nuclear receptor）である（表 9.2）．

表 9.2　受容体の種類と一次メッセンジャー

	受容体の種類	リガンド
細胞膜型	イオンチャネル型	アセチルコリン，セロトニン，GABA，ATP など
	Gタンパク質結合型（7回膜貫通型）	アセチルコリン，セロトニン，GABA，ATP，ケモカイン，エイコサノイド，リゾリン脂質，バソプレシン，オピオイドなど
	酵素結合型	インスリン，成長因子，TGFβ など
核内	核内受容体	ステロイドホルモン，ビタミン D，レチノイン酸，甲状腺ホルモンなど

そのほかにクラス I，II サイトカイン，TNFα などが細胞膜受容体を介するが，上記の三つに含まれないものもある．

9.3.1　細胞膜受容体

細胞膜に存在する受容体は，さらに三つに分けることができる（表 9.2）．受容体自体がイオンチャネル（後述）になっている**イオンチャネル型受容体**（ionotropic receptor），Gタンパク質が結合している**Gタンパク質結合型受容体**（G protein-coupled receptor），受容体自体が酵素活性をもつ**酵素結合**

型受容体(enzyme-coupled receptor)である．主要な酵素結合型受容体はチロシンキナーゼ結合型受容体であるが，TGF-β受容体のようにセリン-トレオニンプロテインキナーゼ活性をもつものやグアニル酸シクラーゼ活性をもつものもある．また，Gタンパク質結合型受容体は7回細胞膜を貫通しているので**7回膜貫通型受容体**(seven-transmembrane receptor)とも呼ばれている．

9.3.2 細胞内・核内受容体

ステロイドホルモン，活性化ビタミンD，レチノイン酸，甲状腺ホルモンなどは，細胞膜を通過することができ，これらの受容体は細胞質あるいは核内にある．脂溶性リガンドと結合した受容体はホモまたはヘテロ二量体を形成し，核内でDNAの特定部位(応答配列)を認識・結合することにより，下流の遺伝子の転写を活性化する(図9.8参照)．おもな核内受容体を表9.3に示す．

表9.3　ヒト核内受容体

受容体名	リガンド
アンドロゲン受容体	ジヒドロテストステロン(男性ホルモン)
エストロゲン受容体	エストラジオール(女性ホルモン)
プロゲステロン受容体	プロゲステロン(黄体ホルモン)
糖質コルチコイド受容体	コルチゾール
鉱質コルチコイド受容体	アルドステロン
レチノイン酸受容体	レチノイン酸
甲状腺ホルモン受容体	甲状腺ホルモン
ビタミンD受容体	1,25-ヒドロキシビタミンD
LXR	コレステロール
PPAR	エイコサペンタエン酸/9-HODE
ROR	ステアリン酸
RXR	9-cis-レチノイン酸
HNF4	パルミチン酸

そのほかリガンドが不明な核内受容体(オーファンレセプター)も多数存在する．

9.4　三量体Gタンパク質

7回膜貫通型受容体について，もう少し詳しく見てみよう．**三量体Gタンパク質**(trimeric G protein)は$α$，$β$，$γ$の三つのサブユニットからなっている．このうち$α$サブユニットには通常GDP(グアノシン5′-二リン酸)が結合しているが，受容体にホルモンなどの一次メッセンジャーが結合すると，$α$サブユニットはGTP(グアノシン5′-三リン酸)と結合する．すると三量体から解離し(G$α$)，アデニル酸シクラーゼなどの標的分子(**エフェクター**，effector)に結合し，標的分子を活性化あるいは抑制する．また，$βγ$サブ

9.4 三量体Gタンパク質

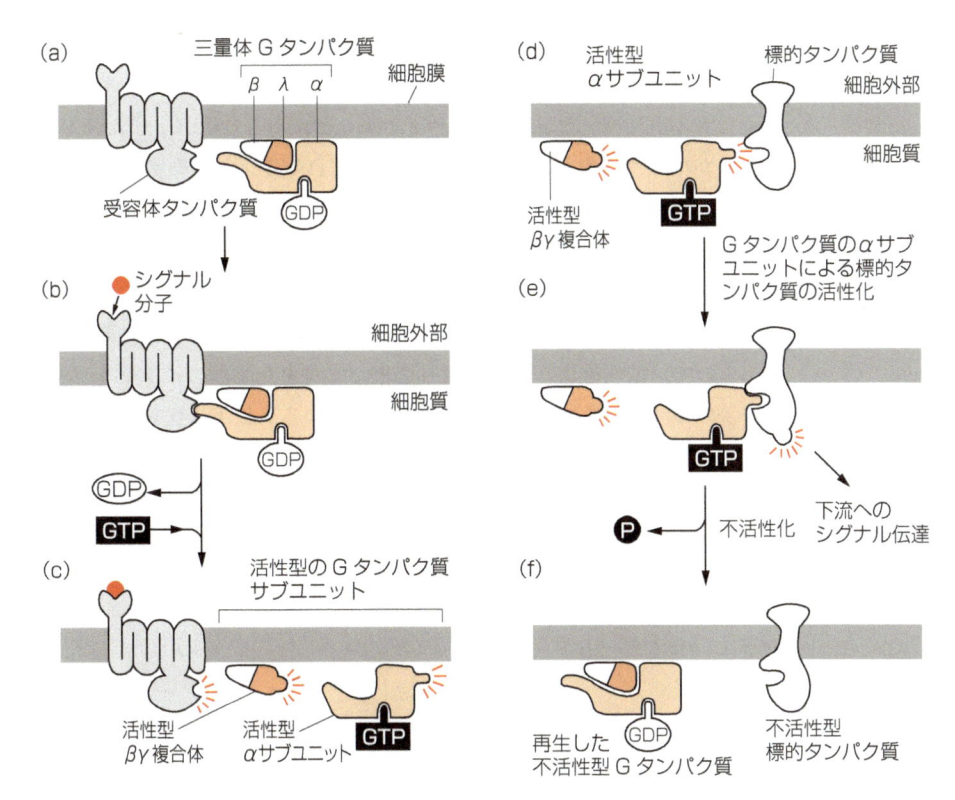

図9.2 三量体Gタンパク質の働き
井出利憲著,『分子生物学講義中継 Part2』,羊土社(2003), p.23 より.

ユニット($G\beta\gamma$)も別の標的分子に結合して信号を伝えることができる.$G\alpha$にはGTPアーゼ活性(GTPからリン酸を一つとってGDPに変換する活性)があるので,数秒後にはGDP結合型となり,再び三量体となり不活性な状態にもどる(図9.2).

また$G\alpha$タンパク質は,アデニル酸シクラーゼを促進するもの(Gs),抑制するもの(Gi),ホスホリパーゼCを活性化するもの(Gq),その他(G_{12})の四つに分類することができる.さらに表9.4のようにサブクラスに分類されている.

表9.4 三量体Gタンパク質のαサブユニットによる分類

クラス	サブクラス
Gs	$Gs\alpha$, Golf
Gi	$Gi_1\alpha$, $Gi_2\alpha$, $Gi_3\alpha$, $Go_1\alpha$, Gt
Gq	$Gq\alpha$, G_{11}, G_{14}, G_{15}, G_{16}
G_{12}	G_{12}, G_{13}

9.5 エフェクター分子とセカンドメッセンジャー

代表的な三量体Gタンパク質の標的分子には，アデニル酸シクラーゼやホスホリパーゼC，イオンチャネルなどがある(図9.3)．またエフェクターは，カルシウムやジアシルグリセロール(DAG)などの細胞内情報伝達物質の量を調節している．これらの細胞内情報伝達物質を**セカンド(二次)メッセンジャー**(second messenger)と呼ぶ．その特徴および利点は，一次メッセンジャーからエフェクターまでの流れが細胞膜あるいはその直下で行われるのに対し，セカンドメッセンジャーは比較的細胞内を自由に動くことができるので，情報を広く伝える役目を果たす．また多数のメッセンジャーができるので，情報を増幅する役割も果たしている．以下に代表的なエフェクター分子とセカンドメッセンジャーを示す．

三量体Gタンパク質	エフェクター	セカンドメッセンジャー	下流シグナル分子
Gs →	アデニル酸シクラーゼ →	cAMPの上昇 →	PKA（活性化）
Gi →	アデニル酸シクラーゼ →	cAMPの減少 →	PKA（抑制）
↘	K^+チャネル →	K^+の流入 →	イオンチャネルなど
Gt →	cGMPホスホジエステラーゼ →	cGMPの減少 →	cGMP感受性イオンチャネル
Gq →	ホスホリパーゼCβ →	IP_3の産生 → Ca^{2+} →	Ca^{2+}依存性酵素, チャネルなど
		ジアシルグリセロール(DAG) →	PKC, カイメリンなど

図9.3　エフェクターとセカンドメッセンジャー

9.5.1　アデニル酸シクラーゼとcAMP

三量体Gタンパク質GsやGiのおもな標的分子は**アデニル酸シクラーゼ**(adenylate cyclase)である．アデニル酸シクラーゼはATPから環状AMP(cyclic AMP: cAMP)[*1]をつくる．cAMPはさらにプロテインキナーゼA(PKA)を活性化して情報を伝える．

9.5.2　ホスホリパーゼCとカルシウム・脂質性メッセンジャー

Gqの標的分子である**ホスホリパーゼC**(phospholipase C)は，膜リン脂質であるホスファチジルイノシトール二リン酸(PIP_2)を分解し，イノシトール三リン酸(IP_3)とジアシルグリセロール(DAG)を産生する．IP_3は小胞体上の受容体に結合し，小胞体からカルシウムを放出させる．このカルシウムが

*1

さまざまな酵素を活性化する一方で，DAG はプロテインキナーゼ C（PKC）や他のシグナル分子を活性化する．

9.5.3 イオンチャネル

イオンチャネル（ion channel）とは，イオンを通過させる経路をもつ膜貫通タンパク質で，通常，細胞膜や小胞体膜に存在する．カリウムを選択的に通すチャネルをカリウムチャネル（K^+ チャネル），カルシウムを選択的に通すチャネルをカルシウムチャネル（Ca^{2+} チャネル）というように，おもにその選択性で名前がつけられている．上述の IP_3 受容体も Ca^{2+} チャネルの一つである．このチャネル活性が G タンパク質あるいはさまざまなリガンドにより調節され，細胞内のイオン濃度を変化させることにより情報を伝えている．

9.6　細胞内下流シグナル分子

セカンドメッセンジャーまで伝えられた情報は，多くの場合キナーゼやホスファターゼの活性を調節し，最終的に転写制御などの細胞応答を実現する．ここでは，このセカンドメッセンジャーによって活性が調節されている分子を**下流シグナル分子**（downstream signaling molecule）と呼ぶことにし，以下詳細を見てみよう．

9.6.1　プロテインキナーゼとプロテインホスファターゼ

タンパク質の機能（酵素活性，転写活性など）は**リン酸化**（phosphorylation）と**脱リン酸化**（dephosphorylation）で調節されていることが多い．リン酸化とはタンパク質中の特定のアミノ酸にリン酸基を結合させることであり，脱リン酸化とは結合したリン酸基を外すことである．タンパク質のリン酸化を行う酵素を**プロテインキナーゼ**（protein kinase）といい，脱リン酸化を行う酵素を**プロテインホスファターゼ**（protein phosphatase）という．一方，脂質をリン酸化および脱リン酸化する酵素をそれぞれ脂質キナーゼと脂質ホスファターゼと呼ぶ．

プロテインキナーゼは，タンパク質のセリン-トレオニン残基をリン酸化するセリン-トレオニンキナーゼとチロシン残基をリン酸化するチロシンキナーゼに大きく分けることができる（両方をリン酸化できるものやヒスチジンキナーゼなども存在する）．セリン-トレオニンキナーゼには，AGC キナーゼ（プロテインキナーゼ A，B，C，G，），Ca^{2+}/カルモジュリンキナーゼ（CaMK），サイクリン依存性プロテインキナーゼ，MAP キナーゼなどが含まれる．同様にセリン-トレオニンホスファターゼやチロシンホスファターゼも存在する．おもなセリン-トレオニンキナーゼ，チロシンキナーゼ，セ

リン-トレオニンホスファターゼを表 9.5, 9.6, 9.7 にまとめた. 以下, 代表的なプロテインキナーゼついて解説する.

表 9.5 代表的なセリン-トレオニンプロテインキナーゼ

分類	代表的なキナーゼ
AGC 群	PKA (cAMP 依存性プロテインキナーゼ)
	PKG (cGMP 依存性プロテインキナーゼ)
	PKB
	PKC
	PKN など
Ca^{2+}/カルモジュリン依存性キナーゼ群	Ca^{2+}/カルモジュリン依存性キナーゼ I, II
	EF2 キナーゼ
	CaMIV
	MLCK (ミオシン L 鎖キナーゼ)
	ホスホリラーゼキナーゼ
	AMPK
サイクリン依存性プロテインキナーゼ群	CDK
	CDKL
	CLK
	HIPK
	DYRK
	GSK など
マップキナーゼ群	MAPK*; ERK, JNK, p38
	MAPKK; MEK, SRK など
	MAPKKK; Raf, MOS, MEKK, PAK など
カゼインキナーゼ群	CK (カゼインキナーゼ)
	Wee1
	VRK など
その他	SGK
	IKK など

*遺伝子としては Ca^{2+}/カルモジュリン依存性キナーゼに近いが, 機能を考慮し, マップキナーゼ群に分類した.

9.6 細胞内下流シグナル分子

表 9.6 代表的なチロシンキナーゼ

受容体型チロシンキナーゼ	細胞質・核型チロシンキナーゼ
EGF 受容体ファミリー 　EGFR, Erb2, Erb3, Erb4 など	Src ファミリー 　c-Src, c-Yes, Fyn, Lyn, Lck, Blk など
PDGF 受容体ファミリー 　PDGFRα, PDGFRβ, Kit, Flt など	Tec/Btk ファミリー 　Tec, Btk, Itk など
FGF 受容体ファミリー 　FGFR1, FGFR2, FGFR3, FGFR4	Csk ファミリー 　Csk など
インスリン受容体ファミリー 　InsR, IGFIR など	Fes ファミリー 　c-Fes, Fer
NGF 受容体ファミリー 　TrkC など	Abl ファミリー 　c-Abl など
HGF 受容体ファミリー 　Met/HGFR など	Syk ファミリー 　Syk, Zap70
Ltk ファミリー 　Ltk, TrkA, TrkB など	Jak ファミリー 　Jak1, Jak2, Jak3 など
その他 　Ret など	Fak ファミリー 　Fak, Pyk2
	Ack ファミリー 　Ack, Tnk
	Frk ファミリー 　Frk など

表 9.7 代表的なプロテインホスファターゼ

分類	例
セリン-トレオニンホスファターゼ	PP1, PP2A, PP4, カルシニューリン, ピルビン酸デヒドロゲナーゼホスファターゼなど
チロシンホスファターゼ	PTP1B, PTPMEG, SH-PTP2, CD45 など
その他	Cdc25 など

(1) プロテインキナーゼ A

調節サブユニットと触媒サブユニットの二つのサブユニットからなっており，不活性化状態ではそれぞれ2個ずつが会合した四量体をつくっている．cAMP が調節サブユニットに結合すると，調節サブユニットが解離し，触媒サブユニットが露出することにより活性をもつ．

(2) プロテインキナーゼ B (Akt)

少なくとも三つのサブタイプが存在し，アポトーシス(プログラムされた細胞死)の抑制や細胞増殖，代謝など多岐の機能をもつ．その活性化にはリン酸化とN末端に存在する PH(plekstrin homology)ドメインへのホスファチジルイノシトール三リン酸(PIP_3)の結合が必要である．PIP_3 の産生には脂質キナーゼであるホスファチジルイノシトール 3-キナーゼ(PI3-キナー

ゼ)が重要な働きをしている.

(3) プロテインキナーゼC

少なくとも10種類のサブタイプからなるセリン-トレオニンリン酸化酵素の総称で，転写，増殖，分化などさまざまな細胞応答に関与している．カルシウムとDAGによって活性化されるconventional PKC: cPKC（PKCα，βI，βII，γ），DAG依存的であるがカルシウムに非依存的なnovel PKC: nPKC（PKCδ，ε，η，θ），カルシウムにもDAGにも活性化されないatypical PKC: aPKC（PKCζ，λ/ι）に分けられている．

(4) MAPキナーゼ[*2]（MAPキナーゼカスケード）

[*2] mitogen activated protein kinase の略．

代表的なものとしてextracellular signal-regulated kinase（ERK），c-Jun amino-terminal kinase（JNK），p38が知られている．ERKはインスリン，アンジオテンシンII，エンドセリン，細胞増殖因子などの増殖刺激により最も典型的に活性化される．一方，JNKとp38は物理化学的ストレスやTNF-αなどの炎症性サイトカイン，虚血などの生理的ストレスによって活性化される．MAPキナーゼの活性化には，キナーゼサブドメイン7と8の間に存在するT（トレオニン）残基とY（チロシン）残基の両方の残基がリン酸化されることが必要である．このリン酸化はMAPKキナーゼ（MAPKK）によってなされる．さらにMAPKKもMAPKKキナーゼ（MAPKKK）のリン酸化によって制御されている．このMAPKKK→MAPKK→MAPKという一連の活性化の流れを**MAPキナーゼカスケード**（MAP kinase cascade）と呼ぶ（図9.6参照）．

9.6.2 低分子量Gタンパク質

分子量が約10万ほどの三量体Gタンパク質に対して，分子量が2万～3万でサブユニット構造をもたないGTP結合タンパク質を**低分子量Gタンパク質**（small G protein）という．低分子量Gタンパク質にも三量体Gタンパク質と同様に，GDPが結合した不活性型とGTPが結合した活性型があり，GDPとGTPの交換反応はアゴニストによる細胞刺激に伴って誘導され，GTP結合型の活性型低分子量Gタンパク質が標的タンパク質の活性を制御することによりシグナルが下流へ伝達される．また，低分子量Gタンパク質も三量体Gタンパク質αサブユニットと同様にGTP加水分解活性をもっており，下流分子を活性化した後には結合しているGTPをGDPへ加水分解して不活性型へもどる．低分子量Gタンパク質は哺乳動物から酵母に至るまで存在しており，その数は50種類以上見いだされている．これらは構造や機能の類似性から，Ras，Rho，Rab，ARF，Ranの五つのサブファミリー

表9.8 低分子Gタンパク質

分類	働き	例
Ras ファミリー	増殖・分化	Ras*, Ral*, Rap*, Rheb など
Rho ファミリー	細胞骨格の制御	Rho*, Rac*, Cdc42
Rab ファミリー	小胞輸送	Rab*
ARF ファミリー		Arf*, Arl*
Ran ファミリー	核細胞質間輸送	Ran

*複数のサブタイプが存在する.

に分類されている(表9.8).

9.6.3 グアニル酸シクラーゼ

カルシウムは**グアニル酸シクラーゼ**(guanylate cyclase)という標的分子の活性を調節する.グアニル酸シクラーゼはGTPから環状GMP(cGMP)をつくる酵素であり,顆粒性(膜貫通型)と可溶性に大別される.産生されたcGMPは,cGMP依存性プロテインキナーゼ(PKG)の活性化やcGMP依存型チャネルを介してさらに情報を伝える.

9.6.4 転写調節因子

シグナル伝達は遺伝子の発現を伴っていることが多い.これらの遺伝子発現は,上述のプロテインキナーゼが転写因子をリン酸化することにより制御されており,三つに大別することができる.すなわち,キナーゼが核内に移行し核内でリン酸化が行われる場合(図9.4a),キナーゼは核内に移行せず,リン酸化された転写因子などが核内に移行する場合(図9.4b),さらにリン酸化が細胞質膜上(あるいはその近傍)で行われる場合である(図9.4c).たとえば,リン酸化が核内で起こる例としては,PKAによる転写因子CREB(cAMP response element binding protein)のリン酸化が挙げられる.核内に存在するCREBは,活性化し核内に移行したPKAの触媒サブユニットによりリン酸化され,CBP(CREB binding protein)と結合できるようになり,DNAの特異的領域(この場合はCRE: cAMP response element)に結合し転写を促進する.同様に,ERKなどのMAPキナーゼも核内に移行し,c-Junやc-Fosなどの転写因子をリン酸化することにより転写活性を調節している.一方,細胞質でリン酸化が起こる例としては,NFκBによる転写調節がある.NFκBは通常,IκB(inhibitor of nuclear factor kB)と結合することにより細胞質にとどまっているが,PKCなどによってリン酸化されると核内に移行し,転写を促進する.また,細胞質あるいはその近傍でリン酸化が起こる例としては,TGFβ-SmadやJak-STAT[*3]系などがある.TGF-β受容体はセリン-トレオニンキナーゼ結合型であるため,リガンドが結合すると活

[*3] STATはsignal transduction and activator of transcriptionの略.SmadはSma and Mad related proteinともいい,ショウジョウバエのMad (mother against decapentaplegic)と線虫のSmaのホモログ.ともに複数のサブタイプが存在し,実際の調節機構はもっと複雑であるので,ぜひ専門書を見ていただきたい.

9章 細胞のシグナル伝達

水溶性リガンドを介した転写調節

(a) 核内でリン酸化される場合
(b) 細胞質でリン酸化が起こる場合
(c) 細胞膜でリン酸化が起こる場合

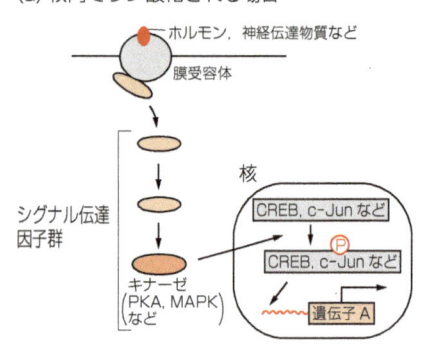

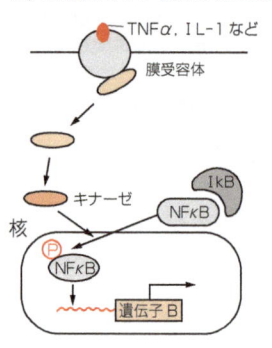

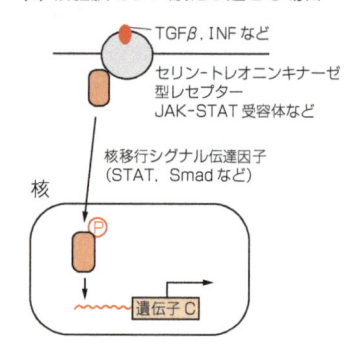

脂溶性リガンドを介した転写調節

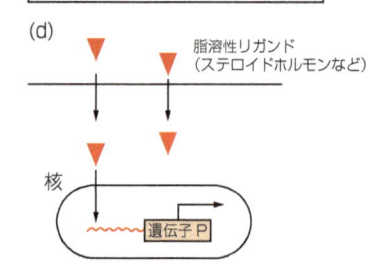

(d)

図9.4 転写調節様式のまとめ
通常，転写因子はオリゴマー（多くは二量体）を形成し働くが，図では省略した．

性化され，受容体に会合していたSmadをリン酸化する．リン酸化されたSmad[*3]は，核内に移行し転写を調節する．また，インターロイキンなどのサイトカインが受容体に結合すると，受容体に会合していた核移行型シグナル伝達因子STATがJAK (Janus kinase)によってリン酸化され，核内に移行し，直接転写因子として働く（図9.4c）．そのほか，上述のような脂溶性リガンドによる転写調節（図9.4d）も存在する．

9.7 シグナル伝達の例

それでは，上述の分子がどのようにしてシグナルを伝達しているのか，以下に具体例を示す．

9.7.1 イオンチャネル型受容体を介したシグナル伝達

カエルの脚の神経を電気などで刺激すると，脚の筋肉が収縮する．このシグナル伝達にはイオンチャネル型受容体が関与している．脚の筋肉には神経が伸びてきているが，神経終末と筋肉にはわずかに隙間があって，神経から**アセチルコリン**（acetylcholine）が分泌される．分泌されたアセチルコリンは筋肉の膜表面にあるイオンチャネル型アセチルコリン受容体（ニコチン性アセチルコリン受容体）に結合する．この受容体は図9.5(a)のように五量体を

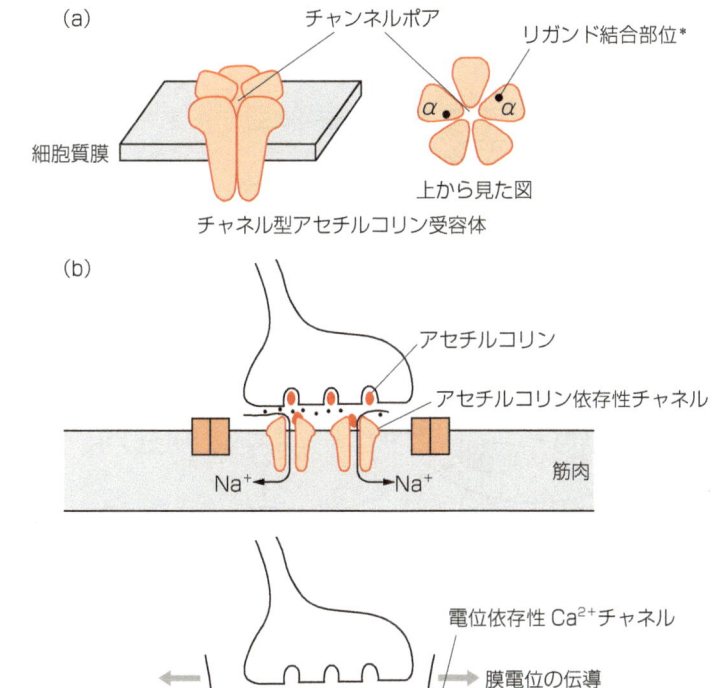

図 9.5 アセチルコリン受容体(a)と筋の収縮(b)
＊チャネル型アセチルコリン受容体は二つの α サブユニットと β、γ、δ または ε の五つのサブユニットからなり、二つの α サブユニットとそれぞれ隣接するサブユニットとの間に形成されるリガンド結合部位に二つのアセチルコリンが結合することでイオンチャネルが開く．

とっており，リガンドが結合すると中央部にナトリウムイオンを選択的に通す通路が形成される．通常，細胞外では細胞内よりナトリウムイオン濃度が高いため，この穴を通ってナトリウムイオンが細胞内に流れ込む．これにより膜電位の変化が生まれ〔神経細胞においては，このような膜電位の変化を**活動電位**(action potential)という〕，このシグナルによりカルシウムチャネルなどの他のイオンチャネル(電位依存性チャネル)が開き，細胞内のカルシウムイオンなどが上昇し，最終的に筋が収縮する(図 9.5b)．

9.7.2 酵素結合型受容体を介したシグナル伝達

次に，最も一般的な酵素結合型受容体である**受容体型チロシンキナーゼ**(receptor tyrosine kinase)を介したシグナル伝達を見てみよう(図 9.6)．

上皮細胞増殖因子(EGF)が EGF 受容体に結合すると，受容体は結合して二量体になる．前述のように，この受容体はチロシンキナーゼ活性をもっているので，お互いにリン酸化し合う．リン酸化されると，さらに受容体のリン酸化活性は強くなる．また，このリン酸化された部位に Grb2[*4] が結合し，さらに Sos[*5] が Grb2 に結合する．Sos は Ras という低分子量 G タンパク質の GDP/GTP 交換を促進するタンパク質なので，Ras が活性化される．Ras は

[*4] Grb2 は growth factor receptor-bound protein 2 の略．一つの SH2 ドメインを介して増殖因子受容体に結合するとともに，SH3 ドメインを介して Sos などのプロリンに富む領域と結合する．

[*5] Sos はショウジョウバエの son of sevenless gene のホモログ．

9章 細胞のシグナル伝達

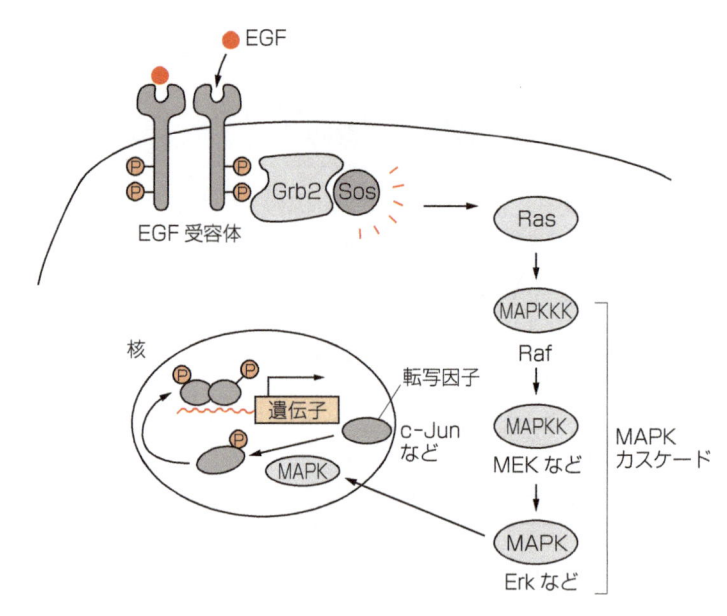

図9.6 EGFによるシグナル伝達

Rafキナーゼという酵素を活性化し，MAPキナーゼカスケードを介して遺伝子の転写活性が調節され，細胞の増殖へとつながる．この転写調節にはMAPキナーゼ（MAPK）自体の核移行のほか，MAPKによる転写因子のリン酸化によるものも知られている．

9.7.3 Gタンパク質型受容体を介したシグナル伝達

運動には，たくさんのエネルギーを必要とする．そのため運動すると，普段は体内に蓄積されているグリコーゲンがグルコースに代謝される．この指令を出しているのが**アドレナリン**（adrenaline）というホルモンである．このホルモンが受容体に結合すると三量体Gタンパク質が活性化されて，アデニル酸シクラーゼが活性化される．産生されたcAMPはPKAを活性化する．PKAはホスホリラーゼキナーゼを活性化し，この酵素がさらにグリコーゲンホスホリラーゼという酵素を活性化して，グリコーゲンがグルコースに代謝される（図9.7）．セカンドメッセンジャーであるcAMPは同時にグリコーゲンをつくる酵素の活性も抑えるので，よりグルコース量が増える方向に働く．

9.7.4 核内受容体を介したシグナル伝達

思春期になると女の子は女性らしく，男の子は男性らしくなっていくが，この変化（二次性徴）を引き起こしているのが性ホルモンである．たとえば，女性ホルモンである**エストロゲン**（estrogen）は血液中を運ばれ，標的器官の

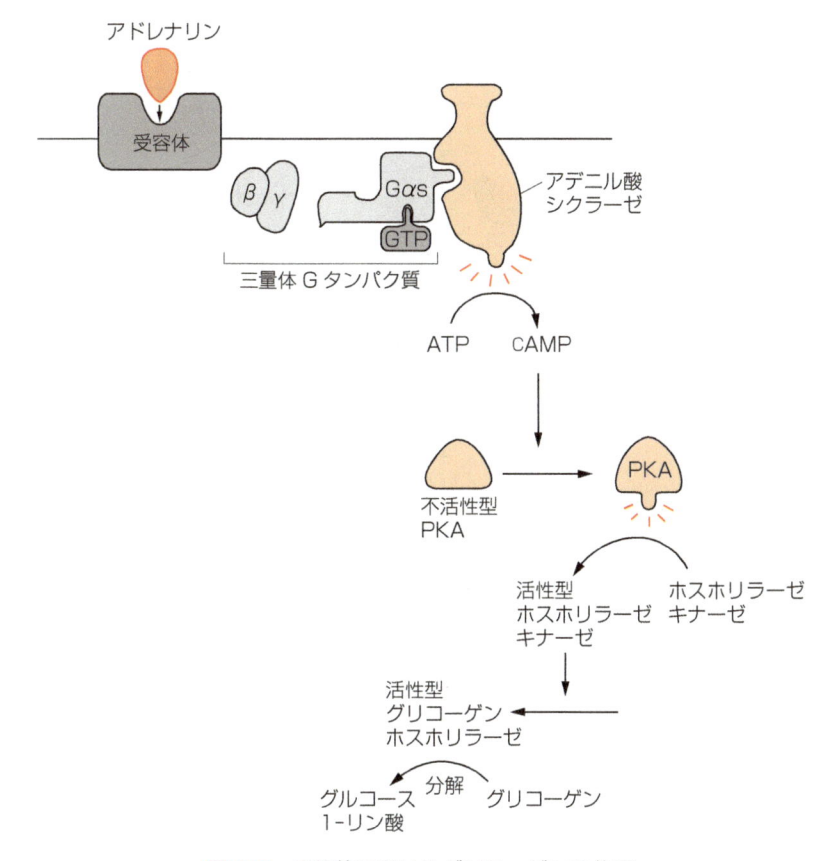

図 9.7　骨格筋におけるグリコーゲンの分解

核内に取り込まれる．核内でエストロゲンはエストロゲン受容体のリガンド結合ドメインに結合し，二量体を形成する（図 9.8）．ついで，エストロゲン受容体 DNA 結合ドメインを介してエストロゲン応答エレメントに結合し，標的遺伝子の転写を調節する．標的遺伝子としては卵形成に必要なビテロゲニンやオブアルブミン，乳腺の発達に必要な EFP などが知られており，これらのタンパク質発現を介してホルモン作用を発揮する．

9.7.5　光の受容

　ここで，本章の冒頭で述べた光の受容について簡単に触れておこう．**光子**（photon）もまた，一次メッセンジャーとなりうる．しかし，光子は上述のような受容体に結合するのではなく，視細胞のディスクという細胞内構造物に存在する**ロドプシン**（rhodopsin, R）という色素タンパク質がその情報を受け取る（図 9.9）．おもしろいことにロドプシンは細胞膜受容体とよく似て 7 回膜貫通型であり，三量体 G タンパク質と共役している．光子のエネルギーによってロドプシンが励起すると，網膜特有の三量体 G タンパク質（Gt）が

9章 細胞のシグナル伝達

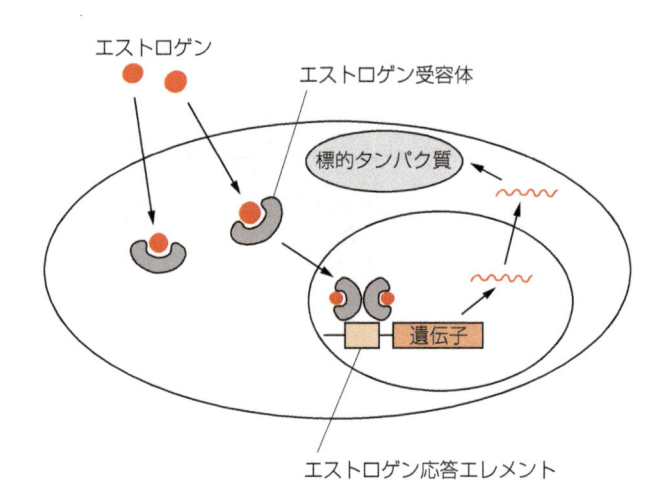

図9.8 核受容体を介したシグナル伝達の例

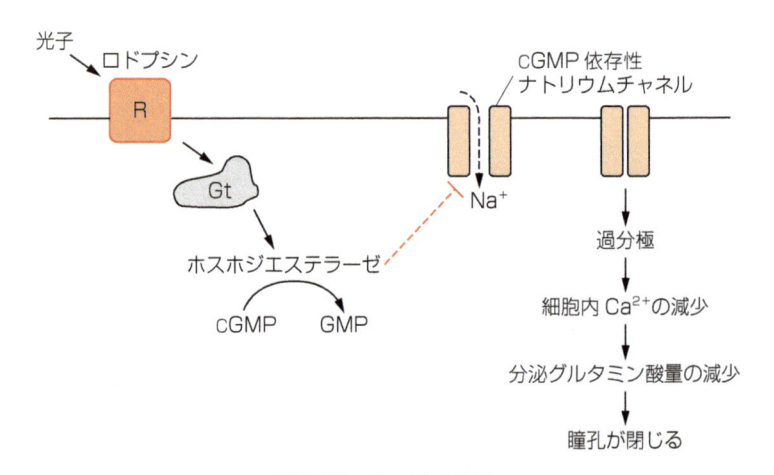

図9.9 光の受容機構

活性化される．活性型 Gt は cGMP を分解するホスホジエステラーゼという酵素を活性化し，これにより細胞内の cGMP が減少する．この cGMP は通常と異なり，一見逆向きに作用する．つまり，視細胞には cGMP で開くナトリウムチャネル（cGMP 依存性ナトリウムチャネル）があるので，cGMP が減ることにより，このチャネルが閉じる．そうすると細胞は過分極という状態になり，細胞内カルシウムも減少する．これによって視細胞から出されている情報伝達物質のグルタミン酸が減り，瞳孔が閉じるなどの現象が起こる．

このシステムが，これまで習った情報伝達と違う点に気づいただろうか．これまでのシグナル伝達では一次メッセンジャーが受容体に結合すると細胞内ではセカンドメッセンジャーなどがつくり出されていくが，光の受容では逆に減少していく．これは，暗いところで視細胞が興奮していることに起因

する(13章参照).つまり,暗所ではホスホジエステラーゼが抑制されているので,細胞内にはたくさんのcGMPがあり,これによりナトリウムチャネルが開き,細胞内カルシウムが増え,神経伝達物質(グルタミン酸)を出し続けている.これによって瞳孔は開いた状態になっている.光が入ってくると,この一連の流れを止めるようにシグナルが伝わることになる.

9.7.6 細胞接着による情報伝達

これまで一次メッセンジャーから始まるシグナル伝達を見てきたが,それ以外にもさまざまな情報伝達機構が存在する.たとえば,細胞が接着することがシグナルとなる情報伝達機構である.これらは,接着分子である**インテグリン**と裏打ちタンパク質の集合体によって調節されている(図9.10).インテグリンはα鎖とβ鎖のヘテロ二量体として存在する接着分子で,これまでに少なくとも17種類のα鎖と8種類のβ鎖が同定されており,これらの発現様式は細胞によって異なっている.また,裏打ちタンパク質群にはSrcファミリーやFakキナーゼなどの非受容体型チロシンキナーゼが含まれており,リン酸化を介して下流にシグナルを伝え,最終的にアクチンやミオシンなどの細胞骨格系タンパク質[*6]を介して細胞の形や動きを制御したり,細胞増殖や生存にも関与している.

[*6] αアクチニン,ビンキュリン,ジキシン,VASP,テーリン,パキシリンなどはアクチン細胞骨格の再編にかかわるタンパク質である.

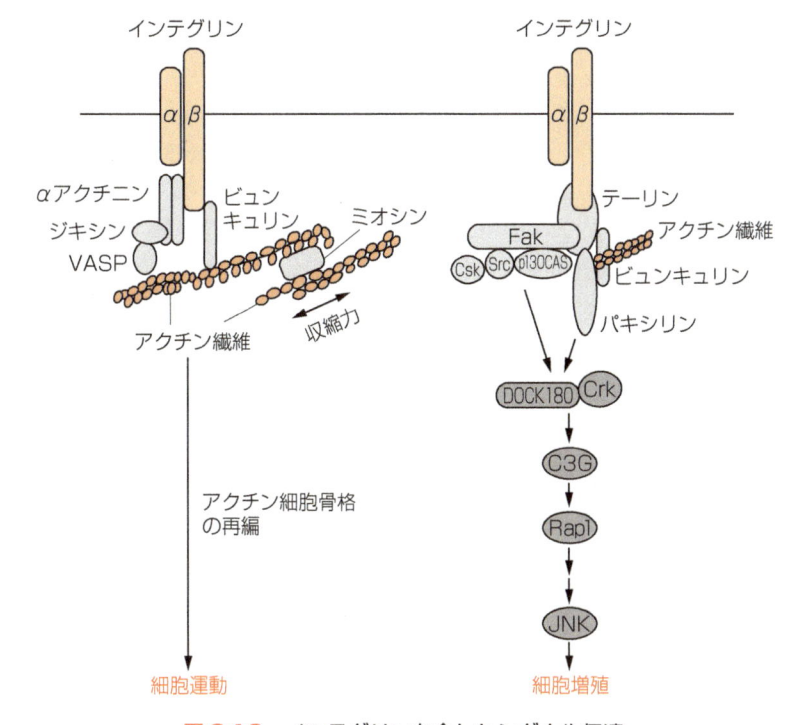

図9.10 インテグリンを介したシグナル伝達

9.8 植物のシグナル伝達

植物にもホルモンが存在し，さまざまな情報伝達が行われている．植物の情報伝達については本シリーズの『植物生理学』[7]で詳しく述べられているので，ここでは簡単に触れる．植物のホルモンは大きく7種類に大別できる（図9.11）．オーキシン，サイトカイニン，ジベレリン，アブシジン酸，エチレン，ブラシノステロイド，ジャスモン酸である．これらは動物の一次メッセンジャー同様，細胞膜あるいは細胞小器官上の受容体と結合して情報を伝達していく．また，いまだ受容体が不明なものも存在する．比較的研究の進んでいるオーキシンとサイトカイニンについて見てみることにする．

[7] 三村徹郎, 鶴見誠二編著, 『植物生理学』, 化学同人 (2009).

Column

シグナル伝達と分子標的薬

「分子標的薬」を知っているだろうか．昔の薬は，どこに作用しているのかわからないものがほとんどであった．その後，科学の進歩もあり，その作用点が明らかになってきている薬も多い．これに対し最近では，さまざまな病気に関するシグナル伝達機構が明らかになり，ある特定の分子を標的とする薬が開発されてきている．これが分子標的薬である．すなわち，薬をつくる段階から標的分子を定め，その機能を阻害（もしくは増強）しようとするものである．

乳がんの薬を例にとって説明しよう．長年の研究により，悪性の乳がん細胞には，HER2[a]という細胞表面に存在する糖タンパク質が過剰発現していることが明らかになってきた．そこで，このHER2のモノクローナル抗体[b]が作製され，現在トラスツズマブ（商品名ハーセプチン）として乳がんの分子標的薬に用いられている．つまり，HER2の抗体により乳がん細胞を認識し，その後の免疫反応を利用して乳がん細胞をやっつけようというものである．また，HER2は受容体型チロシンキナーゼであることから，その活性を特異的に抑えるチロシンキナーゼ阻害薬（ラパチニブ）も臨床利用されている．なお，このラパチニブは，肺がんなどで増加が確認されている上皮成長因子受容体（EGFR: epidermal growth factor receptor）にも作用する．

一方，リュウマチにはTNFαが関与していることが明らかになったため，TNFαのモノクローナル抗体や水溶性TNFα受容体が分子標的薬として開発されている．後者は，過剰なTNFα受容体を注入することにより，本来膜にあるTNFα受容体に結合し，下流にシグナルを伝える有効なTNFαを減らしてしまおうというコンセプトである．

これらの分子標的薬は作用点が限られているため，一般的に副作用が少ないと期待され[c]，現在では乳がんやリュウマチ以外にも多くの分子標的薬が発売・使用されているので，興味のある方は一度調べてみるのもおもしろいだろう．とくに，上述のモノクローナル抗体を利用した分子標的薬には「〇〇〇マブ」という名前がついているので，わかりやすい．

---

[a] ヒトEGFRに類似していたことから，human-EGFR-related 2の略より名づけられた．がん細胞だけでなく，正常な細胞にも発現しており，細胞の機能調節に関与していると考えられている．しかし，乳がんをはじめとする多くのがん細胞では，この遺伝子に何らかの変異が起こり，異常増幅している．

[b] 13章で説明するように，抗体はB細胞からつくられる．一つのB細胞は1種類の抗体しか産生せず，その性質は分裂・増殖した後も受け継がれる．この一連のB細胞クローンが産生したまったく同じ性質をもつ抗体をモノクローナル抗体という．

[c] 適応するがんによっては，その副作用が問題になっている分子標的薬もある．

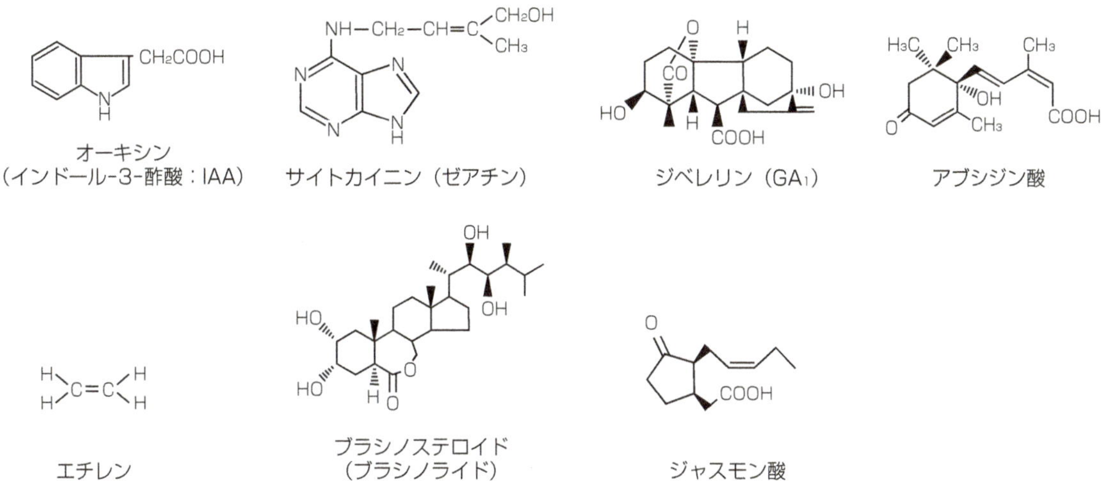

9.8 植物のシグナル伝達

図9.11 植物のホルモン

オーキシン（インドール-3-酢酸：IAA）
サイトカイニン（ゼアチン）
ジベレリン（GA_1）
アブシジン酸
エチレン
ブラシノステロイド（ブラシノライド）
ジャスモン酸

9.8.1 オーキシンのシグナル伝達

オーキシン（auxin）は最初に植物ホルモンとして認識された物質であり，トリプトファンを前駆体として合成されるインドール-3-酢酸である．その作用は多様であるが，わかりやすい例を挙げるならば，根や茎の光や重力に対する屈曲反応にかかわっている．細胞レベルで見ると分裂・伸長・分化にかかわっている．そのため，細胞レベルでのオーキシン応答の一部は遺伝子発現を伴う．

これらのオーキシンの作用は，オーキシン応答エレメントに結合する転写因子（auxin response factor 1）を介したAux/IAA（オーキシン早期誘導タンパク質）などの発現や，ユビキチン連結酵素複合体のF-boxタンパク質（TIR1）に結合することによるAux/IAAのユビキチン化などによると考えられている．また，ABP1（auxin binding protein 1）は最もよく研究されているオーキシン結合タンパク質であり，小胞体膜や一部細胞膜にも存在する．

9.8.2 サイトカイニンのシグナル伝達

サイトカイニン（cytokinin）は，器官形成や環境応答などさまざまな状況において細胞の増殖や機能分化を制御する．構造的にはアデニンの誘導体である．サイトカイニンの受容体はCRE1/AHKなどの細胞膜局在型ヒスチジンキナーゼ（センサーHisキナーゼ）であると考えられている（図9.12）．サイトカイニンがセンサーHisキナーゼに結合すると，Hisキナーゼドメイン内のヒスチジンが自己リン酸化される．そのリン酸基をレスポンスレギュレーター[*8]内の特定のアスパラギンに転移させる（His-Aspリレー）．さらに，Hptタンパク質[*9] AHPを介したHis-AspリレーによりARRなどの転写因

[*8] この場合には，細胞膜局在型ヒスチジンキナーゼ分子内に存在する応答ドメインを指す．

[*9] Hptとはhistidine-containing phosphotransferの略で，リン酸基の転移を担う領域．このドメインを含むタンパク質をHptタンパク質という．

子型レスポンスレギュレーターが活性化され，遺伝子が転写される．

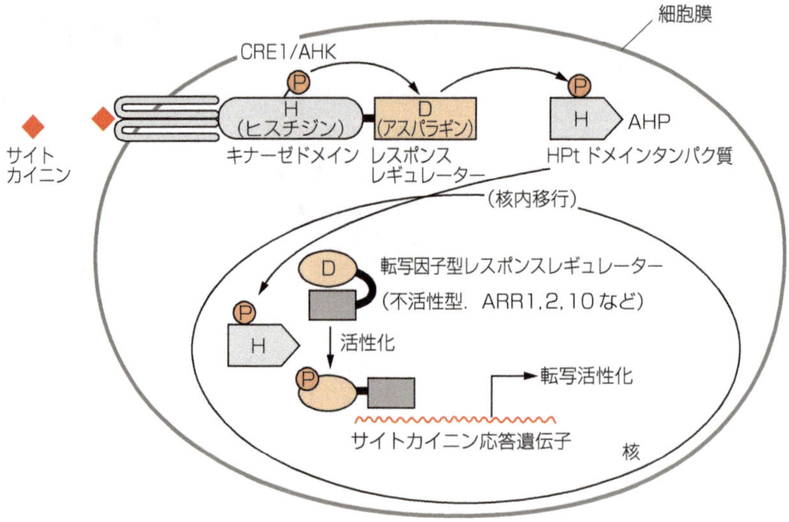

図9.12 サイトカイニンのシグナル伝達経路

練習問題

1. シナプス間隙中に分泌された神経伝達物質と血液中に分泌されたホルモンによるシグナル伝達の共通点と相違点を挙げなさい．
2. 受容体は大きく三つに分けることができる．それぞれについて例を用いて説明しなさい．
3. 三量体Gタンパク質と低分子量Gタンパク質の共通点と相違点を挙げなさい．
4. 次の文章の正誤を判断し，間違っている場合には訂正しなさい．
    ① ホスホリパーゼCは，イノシトール二リン酸からジアシルグリセロールとカルシウムを産生する．
    ② Rhoファミリーの低分子量Gタンパク質にはRas, Rac, Rhoがあり，細胞骨格の制御にかかわっている．
    ③ ナトリウムチャネルは，ナトリウムを細胞の外から中へ通す．
    ④ アセチルコリンは，細胞の種類によって異なる受容体に結合する．
    ⑤ 光子がロドプシンに結合すると，三量体Gタンパク質の活性化を介してグアニル酸シクラーゼが活性化し，cGMPが産生される．
5. 動物細胞と植物細胞のシグナル伝達において，異なっているところと似ているところを述べなさい．

10章 細胞周期とアポトーシス

時を刻む、止める、延ばす

10章 細胞周期とアポトーシス

われわれの体の細胞は，**細胞分裂**(cell division)によって増殖する「未分化」細胞と，増殖を停止して「分化」した細胞からできている．未分化の細胞は**幹細胞**(stem cell)と呼ばれ，細胞分裂を繰り返し，その一部の細胞は同じ性質を維持し，一部の細胞がしだいに性質を変えていき分化する．筋肉や骨，あるいは皮膚や腸の細胞はすべて分化した細胞である．

増殖中の細胞を顕微鏡で観察すると，決まった時間ごとに細胞分裂を繰り返して増殖していく．細胞が分裂する直前に細胞核が見えなくなり，逆に凝縮した染色体が見えるようになる．この特徴的な時期を**分裂期**(mitoic phase，**M期**)と呼び，M期とM期の間を**間期**(interphase)という．間期はさらに G_1(ギャップ1)**期**，染色体DNAが倍加(複製)する**S期**(synthesis phase)，G_2(ギャップ2)**期**に分かれており，分裂期から分裂期までを**1細胞周期**(one cell cycle)[*1]という(図10.1)．細胞周期のどの時期にどの反応を行うかが決まっていて，その反応が完了してから次の時期に進行するように調節されている．このような調節が破綻すると染色体の異常や喪失が引き起こされ，その結果，細胞死による疾患やがん化を引き起こす要因になる．

[*1] 正確には細胞分裂周期と呼ぶのが正しいが，通常は細胞周期と呼ぶ．

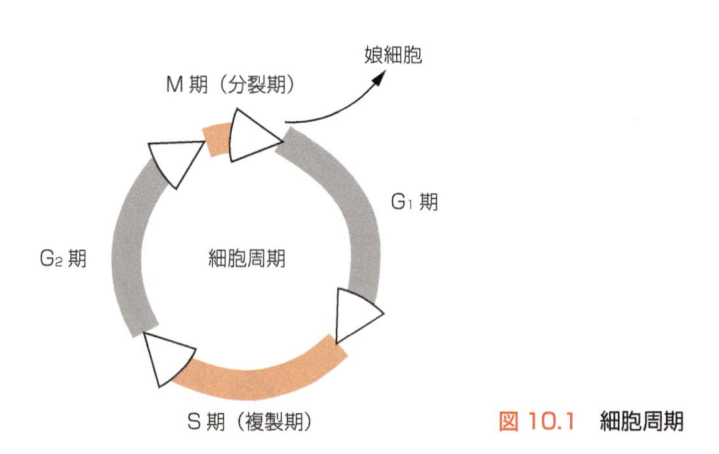

図10.1 細胞周期

10.1 細胞周期とその制御
10.1.1 細胞周期の進行を制御する因子の発見

細胞周期の進行を制御するしくみの発見は，現代生物学における最も特筆すべき発見の一つである．細胞周期ではそれぞれの時期に起きる反応が厳密に決まっており，その反応が完了しないと次の時期に移行できないように制御されている．たとえば G_1 期の細胞はS期と G_2 期を経てから分裂期に移行する．また，G_2 期の細胞は細胞分裂を経てからDNA複製をする．いったいどのようなしくみによって，このような制御が可能になっているのであろうか．細胞周期を制御する分子の発見には，以下に紹介する異なるアプローチが重要な役割を果たした．

1960 年代に行われた細胞融合実験[*2]から，それぞれの時期を決定する物質の存在が仮定された．たとえば G_1 期，S 期，G_2 期のいずれの時期にある細胞も，M 期の細胞と融合させると速やかに分裂した．このことから M 期の細胞には細胞分裂を促す物質があると仮定された．一方，G_1 期の細胞は S 期の細胞と融合することにより速やかに複製を始めたことから，S 期を促す物質の存在も示唆された（図 10.2）．

[*2] 自然界では受精時以外で細胞同士が融合することはほとんどない．人工的に細胞同士を融合させる方法としてセンダイウイルス（HVJ）やポリエチレングリコールや電気パルス法が用いられる．

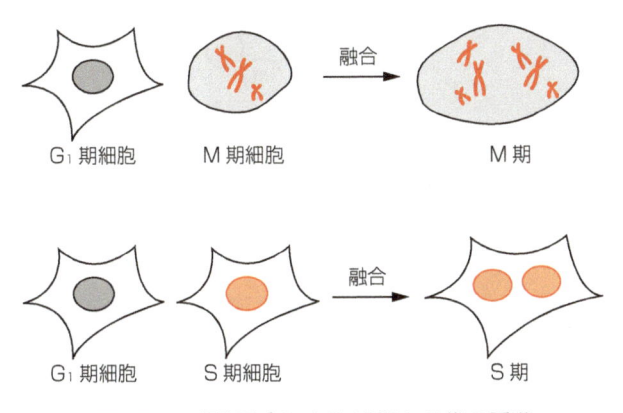

図 10.2 細胞融合による M 期と S 期の誘導

さらに 1970 年代になり，増井禎夫らによって，カエル卵母細胞の成熟を促す因子の研究が行われた．カエル卵母細胞は G_2 期の終わりに相当する時期で停止しており，ホルモンの刺激によって減数分裂への移行（成熟という）が誘発される．このような卵母細胞に，すでに M 期へ移行した卵母細胞から抽出した細胞質を微量注入すると成熟が誘発されることを見いだした．この仮定的物質は，成熟を促進する因子として **MPF**（maturation promoting factor）と命名された．その後の研究から，MPF は体細胞にも存在し細胞周期を G_2 期から M 期へと移行させる制御因子であることが示されたため，**M 期促進因子**（M phase promoting factor）の意味でも用いられる．

細胞周期の概念を進展させた二つめの研究は，1970 年代に行われた酵母の遺伝学的研究である．酵母は単細胞で，分裂を繰り返して増殖し，通常 1 セットのゲノムをもつ一倍体の真核生物である．出芽酵母は球形細胞の一部が小さい芽のように出芽し，しだいに芽が大きくなって分裂する．ハートウェル（L. Hartwell）らは，特定の細胞周期で増殖を停止する突然変異株を多数分離し，細胞周期の進行に異常を示す変異という意味で ***cdc* 変異**（cell division cycle mutation）と名づけた．この研究により，細胞周期のそれぞれの時期での反応が完結しないうちは次の時期に移行できないという細胞周期の概念が確立した（図 10.3）．

10章　細胞周期とアポトーシス

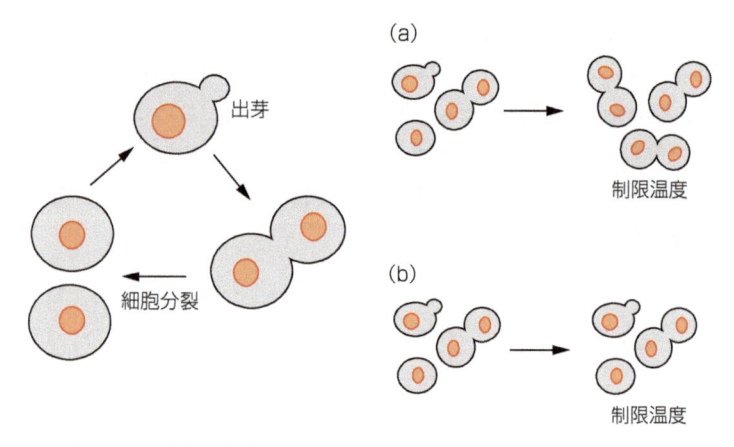

図 10.3　cdc 変異の分離
(a)細胞周期(cdc)変異株は，細胞周期の特定の段階で停止するので，同じ形態の細胞が蓄積する．(b)その他の変異株は多様な形態のまま増殖を停止する．

*3　出芽酵母 Saccharomyces cerevisiae と分裂酵母 Shizosaccharomyces pombe は，どちらも単細胞真核生物のモデル系として広く用いられる．分子系統学的には10億年以上昔に分岐しており，異なる点も多い．娘細胞がジャガイモの芽のように出芽する出芽酵母に対し，分裂酵母は円筒状の細胞の中央で二つに分裂する．

*4　タンパク質のアミノ酸置換のために，低温(20〜25℃)では生育できるが，高温(30〜37℃)では生育に異常がある変異株．

一方，ナース(P. Nurse)らは分裂酵母[*3]という別の酵母を使って，細胞周期が M 期へ移行するのに主要な働きをする cdc2 遺伝子を発見した．cdc2 遺伝子の高温感受性変異株[*4]を高温にすると細胞分裂が起きなくなり，G_2 期で停止した(図10.4)．さらに cdc2 遺伝子がタンパク質をリン酸化する酵素(プロテインキナーゼ)をコードすることを発見し，タンパク質のリン酸化が細胞周期の制御において重要であることが示された(図10.4)．また，分裂酵母の cdc2 変異株の増殖を回復させるヒトの遺伝子を分離し，Cdc2 が酵母からヒトまで保存されており，細胞周期の制御のしくみは普遍的であること

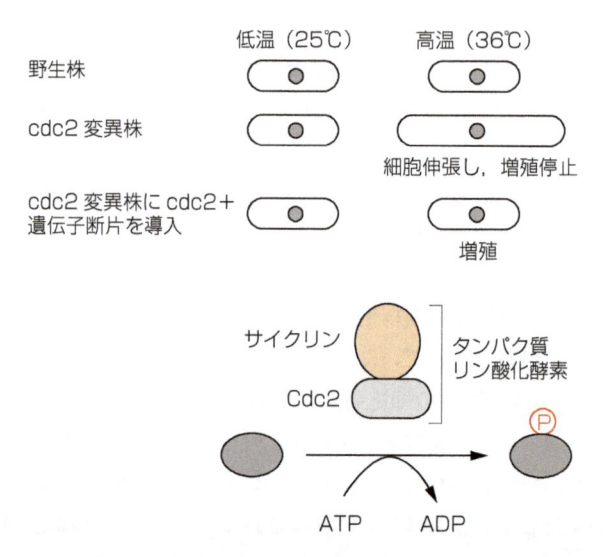

図 10.4　cdc2 温度感受性変異株の表現型と Cdc2 の酵素活性

が示された.

三つめの研究は，1980年代になりハント（T. Hunt）らが，ウニ胚の細胞周期で間期に蓄積しM期の終わりに急激に減少するタンパク質として**サイクリン**（cyclin）を発見したことである（図10.5）．その後，精製したMPFの解析から，MPFはサイクリンの一つであるサイクリンBとCdc2タンパク質から構成されることが証明された（図10.4参照）．このように，さまざまな生物を用いたまったく異なる研究が統合されて，細胞周期の進行を制御する物質がタンパク質リン酸化酵素であることが明らかになった．現在，このキナーゼは**サイクリン依存性キナーゼ**（cyclin-dependent protein kinase: CDK）[*5]と呼ばれる.

[*5] CDKはタンパク質中の特定の配列中のセリンやスレオニンをリン酸化する.

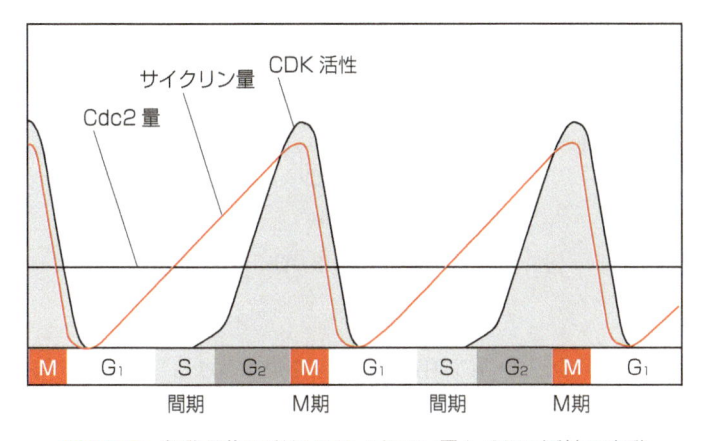

図10.5 細胞周期におけるサイクリン量とCDK活性の変動

10.1.2 M期CDK活性の制御

M期への進行に必要な**CDK活性**は次のように制御されている．Cdc2タンパク質は細胞周期を通じて一定量存在し，単独では活性がない．Cdc2は制御サブユニットであるサイクリンと複合体をつくり，サイクリンはその名前の通り，タンパク質量が細胞周期で激しく変動する．G_2期からM期への進行に必要なサイクリンBは，G_1期細胞にはほとんど存在せず，S期開始以降に徐々に増加し，G_2-M期境界で急激に増加する（図10.5参照）．このようなサイクリン量の変動は，まず細胞周期特異的な転写開始によって制御されており，さらに特異的タンパク質分解によって急激な減少（消失）がもたらされる．Cdc2がサイクリンと複合体をつくることがリン酸化酵素（CDK）の活性には必要であるが，さらにCdc2のリン酸化と脱リン酸化によって制御されている．Cdc2の15番目のチロシンがリン酸化されているとCDKは不活性であり，リン酸基がCdc25脱リン酸化酵素によって除去されると活性化する（図10.6）．CDKはさまざまなタンパク質をリン酸化する．たとえば，

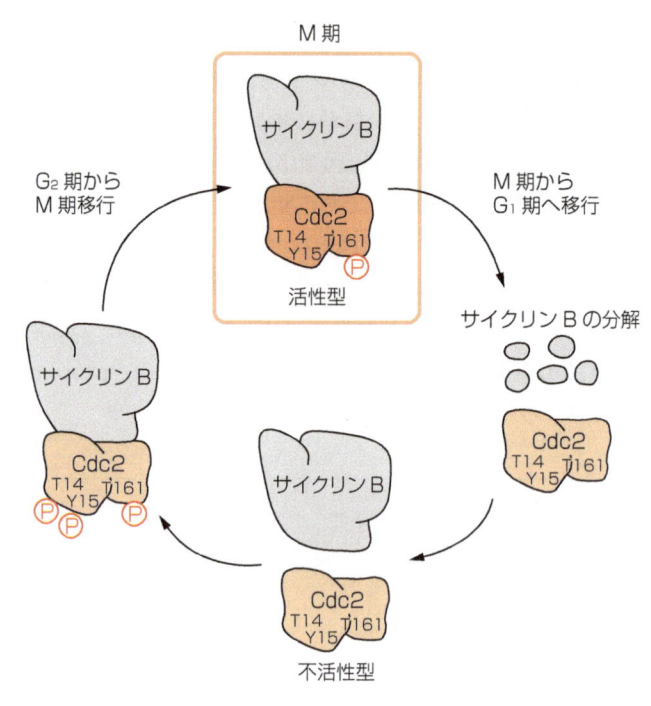

図 10.6 リン酸化による CDK の活性制御

＊6　ヌクレオソームのリンカー部分に結合するため，リンカーヒストンともいう．

染色体凝縮に必要なヒストン H1＊6 や核膜を崩壊させるラミンや紡錘糸の成分であるチューブリンなどをリン酸化し，M 期に入る．M 期が進行し染色体が両極に分離し終えると，サイクリンが特異的に分解され CDK は不活化される．

10.1.3　細胞分裂期（M 期）

　細胞周期のなかで最もダイナミックなイベントは**細胞分裂**である．顕微鏡で動物細胞を観察すると **M 期**は次のように進行する．まず核膜が崩壊すると同時に，間期では見ることができなかった染色体が凝縮して糸状に見えるようになる（分裂前期：プロフェーズ）．凝縮した染色体が細胞の中央に一列に並ぶ（分裂中期：メタフェーズ）．染色体が細胞の両極に分かれる（分裂後期：アナフェーズ）．細胞がくびれて二つの娘細胞に分かれ，核膜が再び現れる（分裂終期：テロフェーズ）（図 10.7）．

　G_2 期から M 期に移行するには CDK 活性の上昇が必要である．CDK はいくつかの標的タンパク質をリン酸化する（図 10.8）．たとえば，ヌクレオソーム同士を高次に結びつけているヒストン H1 というタンパク質のリン酸化が染色体凝縮を引き起こし，核膜の成分であるラミンのリン酸化が核膜の崩壊を引き起こし，染色体を引っ張る紡錘糸の成分であるチューブリンのリン酸

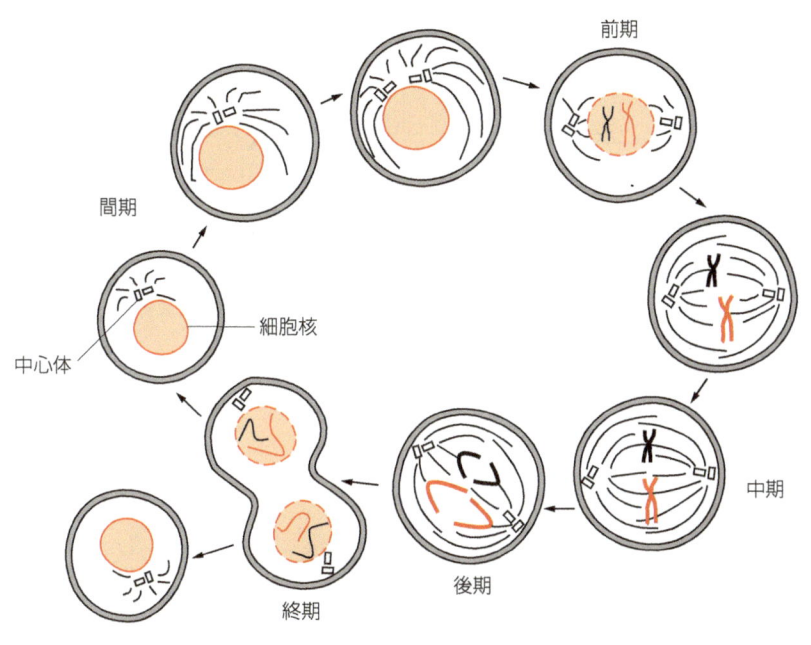

図 10.7 細胞分裂の進行

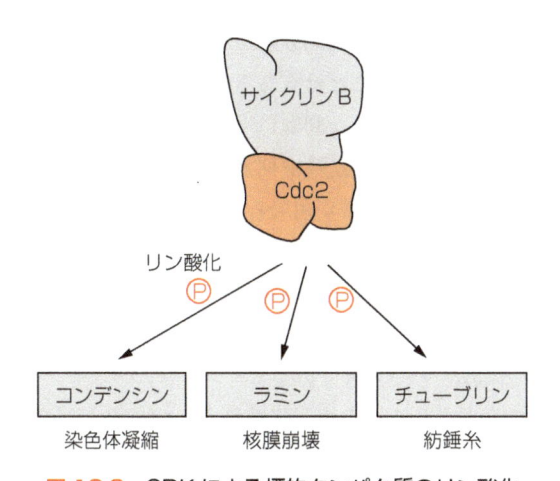

図 10.8 CDK による標的タンパク質のリン酸化

化が紡錘糸の伸長を促すというように，M 期の開始は CDK によるタンパク質のリン酸化によって制御されている．M 期の間中，CDK は高いレベルに維持されている．終期ではサイクリンが分解されて CDK 活性は急激に低下し，M 期を終了して G_1 期へと移行する．

10.1.4　タンパク質の分解による細胞周期の制御

細胞周期を制御するしくみのなかで，タンパク質リン酸化とともにきわめ

10章　細胞周期とアポトーシス

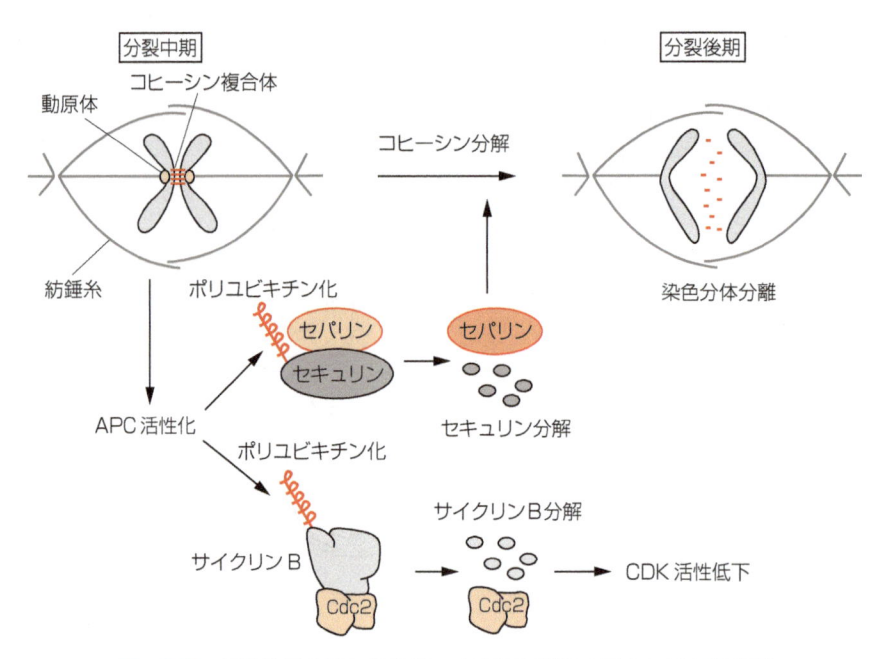

図10.9　細胞分裂中期から後期への移行を制御するタンパク質分解

て重要なものに**タンパク質の特異的分解**がある．必要なタンパク質をつくる段階の転写制御が重要であることはもちろんだが，逆に特定のタンパク質を急激に分解することがさまざまな制御に用いられていることが明らかになってきた．代表的な例として，分裂中期から終期への移行にはセキュリン（securin）とサイクリンBの分解が用いられている（図10.9）．この分解には，分解されるタンパク質に**ユビキチン**[*7]という小さなタンパク質を鎖状に多数付加するポリユビキチン化反応が関与する．分裂中期ですべての姉妹染色分体の動原体に紡錘糸が結合すると，APC（anaphase promoting complex）が活性化され，標的タンパク質であるセキュリンとサイクリンBにユビキチンが付加される．ポリユビキチン化された二つのタンパク質はプロテアソーム複合体によって特異的に分解される．セキュリンはセパリン（separin）というタンパク質切断酵素に結合し活性を抑制するタンパク質であり，セキュリンが分解されるとセパリンが活性化され，姉妹染色分体を接着させているコヒーシンを分解し，姉妹染色分体が両極に分離される．一方，ポリユビキチン化されたサイクリンBが分解されるとCDK活性が低下し，核膜再構成，染色体脱凝縮など分裂期からG_1期への移行に必要な反応が開始される．

[*7] 76アミノ酸からなる保存度の高いタンパク質．非常に多くのタンパク質の分解に関与することがわかってきた．

10.2　チェックポイント機構
10.2.1　チェックポイント

細胞周期の本質は，正常な細胞を眺めているだけではなかなか理解できな

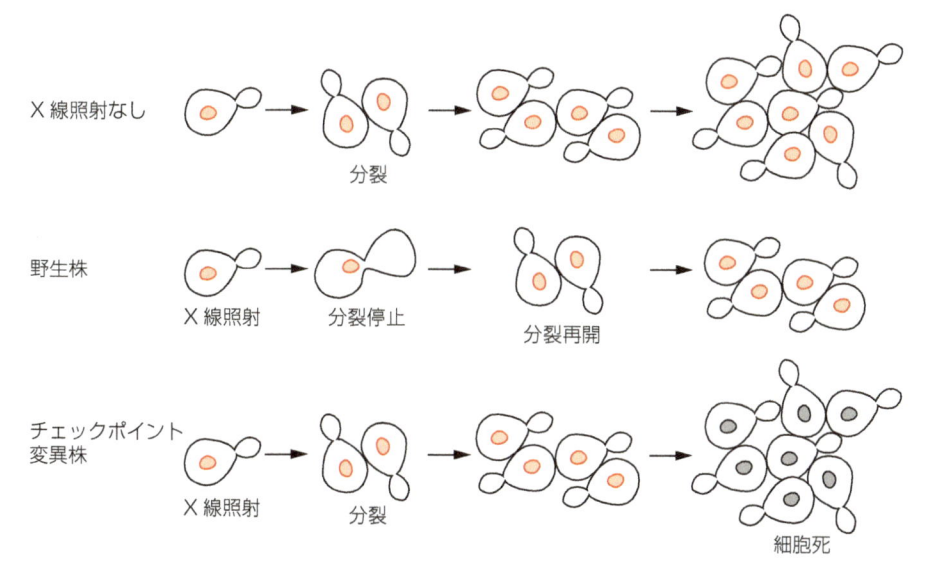

図 10.10 X線照射時の細胞分裂停止とチェックポイント変異株の表現型

い．しかし，いったん細胞に異常が生じたときにその本質が見えてくる．たとえば細胞が紫外線などの照射を受けてDNAに傷害が生じると，細胞は通常であれば分裂する時間になっても分裂しないで，傷害の修復を完了してからようやく分裂する．ところがrad9という変異株では，DNAに傷害があるのに通常の時間に分裂してしまい，細胞は死んでしまう．この実験から，細胞はDNAの傷害が修復されたか否かをモニターして，修復が終わるまで分裂しないというしくみをもつこと，またそのしくみに特定のタンパク質が働いていることが明らかとなった（図10.10）．このように異常をモニターして先の段階に進ませないようにする監視機構を**チェックポイント**（checkpoint，関所の意味）機構という．DNAの異常を感知し細胞周期を止めるしくみは，「異常」の種類によって二つの経路がある．DNAが切断されたりしてDNAの末端が露出した場合には，DNA末端と一本鎖DNAの出現によってATM（ataxia telangiectasia mutated，多発性消化器がんの原因遺伝子の産物）というタンパク質リン酸化酵素が活性化され，そのATMによってリン酸化され活性化されたChk2リン酸化酵素により，Cdc25（10.1.2項参照）が不活化される．この経路を**損傷チェックポイント**（damage checkpoint）と呼ぶ（図10.11）．このため細胞周期をG_2期からM期に進めるために必要なCdc2が活性化されず，細胞周期は停止する．もう一つのしくみは，複製フォークが停止したときに[*8]，複製フォーク周辺で露出する一本鎖DNAに依存してATR（ATM-related，ATMとよく似たタンパク質）が活性化され，さらにChk1リン酸化酵素の活性化を経てやはりCdc25が不活化される．この経路を**複製チェックポイント**（replication checkpoint）と呼ぶ（図10.11）．いずれ

*8 ヒドロキシ尿素（HU）の添加により，細胞内のデオキシリボヌクレオチド三リン酸（dNTP）を涸渇させた場合や，DNA傷害があると複製フォークが停止する．

10章　細胞周期とアポトーシス

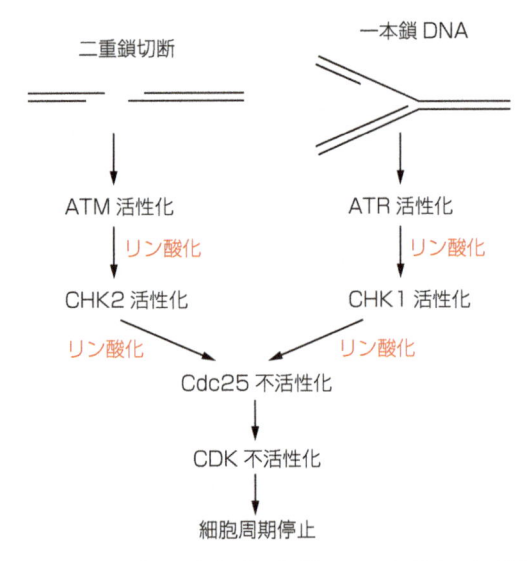

```
          二重鎖切断              一本鎖 DNA
           ═══ ═══                   ═╱═
                                      ╲
             ↓                        ↓
         ATM 活性化                ATR 活性化
             ↓ リン酸化              ↓ リン酸化
         CHK2 活性化               CHK1 活性化
             ↘ リン酸化       リン酸化 ↙
                  Cdc25 不活性化
                        ↓
                  CDK 不活性化
                        ↓
                   細胞周期停止
```

図 10.11　損傷チェックポイント(左)と複製チェックポイント(右)の活性化経路

も DNA の異常を感知したシグナルがタンパク質のリン酸化を介して伝達され，細胞分裂期への移行を阻止する．

このほか，M 期中期ですべての染色体が紡錘糸に結合していることをモニターする**スピンドルチェックポイント**(spindle checkpoint)などがある．これらのチェックポイント機構の役割は，異常を検出して細胞周期を停止させ，細胞の生存を保証することである．チェックポイント機構の破綻は染色体の喪失を引き起こし，細胞は死に至る．さらに仮に細胞が生存できた場合にもゲノムの部分喪失・異常を引き起こし，細胞のがん化など重大な疾患を引き起こすため，生命の維持にとってチェックポイントの役割は重要である．

10.2.2　チェックポイントの破綻とがん化

チェックポイント機構は細胞の生存を保証し，ゲノムの安定化に寄与している．たとえば DNA の傷害や DNA 合成基質の不足のために複製が完了できないとき，チェックポイント機構が働かないと分裂期に進行してしまい，染色体 DNA の一部を失った細胞が生じる危険性がある．生存に必須な遺伝子を失った細胞は死んでしまうが，多細胞生物の場合，細胞が致死にならなかった場合にはさらに大きな問題を引き起こす可能性がある．もし細胞増殖を抑制する**がん抑制遺伝子**(tumor suppressor gene)が失われると増殖を停止することができなくなり，がん化が誘発されると考えられている．

がん抑制遺伝子のレチノブラストーマ(retinoblastoma: RB)は，致死率の高い小児性視神経がんの原因遺伝子である．正常な細胞は父方由来と母方由来の二つの RB 遺伝子をもつが，先天的に片方の RB 遺伝子を欠失している

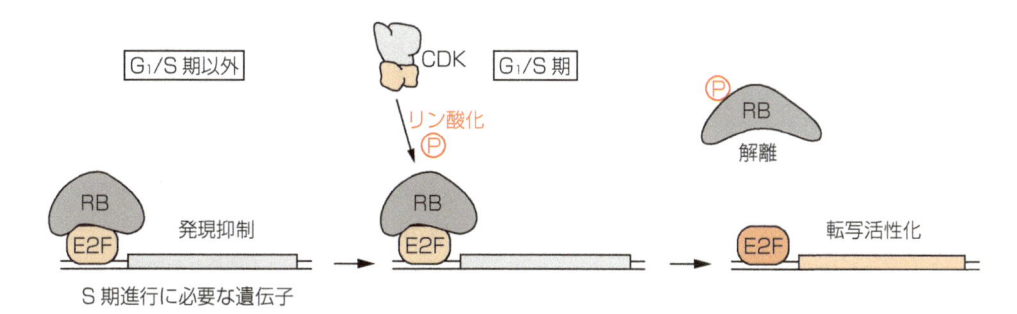

図 10.12　がん抑制遺伝子レチノブラストーマの働き

子供では，残りのRB遺伝子が変異などにより機能を失うと発症する．正常細胞では，RBタンパク質はE2Fという転写因子に結合してE2Fの機能を阻害している（図10.12）．増殖細胞ではG_1期からS期への移行時にRBはリン酸化され，E2Fから解離する．フリーとなったE2FはS期移行に必要な多数の遺伝子の発現を誘導する．増殖しない細胞ではRBタンパク質はリン酸化されず，細胞がS期に入ることはない．ところがRBの欠失した細胞では，細胞はG_1期に増殖を停止することができず不死化する．この状態はがん細胞ではないが，停止することなく増殖を繰り返す間にさらにいくつかの遺伝子が変異して，がん細胞に変化すると考えられている．

10.2.3　個体を守るために死を選ぶ細胞

DNAの傷害が少数のうちは，細胞は傷害を修復した後に細胞分裂するようにチェックポイント機構が働く．ところが修復許容範囲を超えた傷害が発生すると，危機に瀕した細胞では，非相同末端結合（non-homologous end-joining）[*9]や傷害乗り越え修復（5.2.5項参照）などを総動員して傷害を一過的に回避して生存しようとするしくみが働く．しかし，これらのしくみは正確さに欠けるためゲノムが変化する可能性が高くなり，この過程をクリアして生き延びたとしても逆にがん化などに至る危険性が増大するため，多細胞生物にとっては好ましいものではない．そこで多細胞生物ではDNAが重篤な傷害を受けたときに，細胞が自ら死を選択するしくみ（アポトーシス，プログラム死）をもっている．

＊9　DNAの二重鎖末端同士を，塩基配列相同性に依存せずに結合させる反応．

10.2.4　アポトーシス（プログラム細胞死）のしくみ

多細胞生物では，個体の生存のために個々の細胞の運命が制御されているように見える．細胞分裂によって生まれた細胞の大半は計画的に死を迎える．細胞のそのような死を**プログラム細胞死**（programmed cell death）あるいは**アポトーシス**（apoptosis）と呼ぶ．アポトーシスは発生段階で見られるほかに，成熟した個体でも見られる．発生段階では，たとえばオタマジャクシが

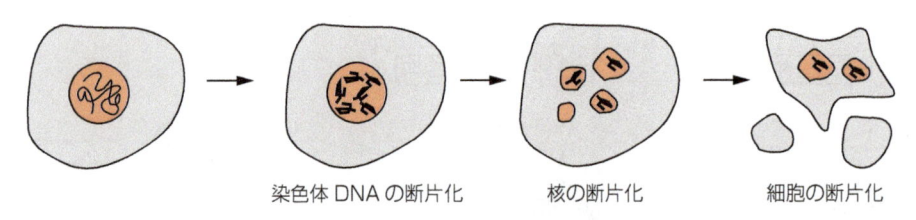

染色体DNAの断片化　　核の断片化　　細胞の断片化

図10.13　アポトーシスの過程

カエルになるときの尻尾の消失はアポトーシスを介して行われる．またヒトの手や足では，指と指の間の細胞がアポトーシスで死ぬことによって指が形成される．一方，われわれの腸では毎日数十億の細胞がアポトーシスによって死んでいき，新たに生じる細胞との定常状態を保っている．さらにウイルスに感染した細胞や紫外線などで傷ついた細胞はアポトーシスによって取り除かれる．アポトーシスの特徴は，細胞膜が保たれたままで核内のDNAが切断され，細胞内の構造体が分解され，さらに貪食細胞という不要物を食べてしまう細胞に取り込まれて消化される（図10.13）．それに対し細胞が突然に傷つけられた場合は，細胞の内容物が放出されて周りに炎症を引き起こしたりする．このように意図しない死に方を**ネクローシス**（necrosis）という．

　細胞が許容範囲を超えるDNA損傷やストレスを受けたとき，アポトーシスを選択するプログラムが作動する．細胞が損傷の修復を行うか，アポトーシスに至るかの選択に重要な役割を果たす因子がp53である．p53はDNA損傷の量が少ないときには細胞周期を停止させて生存を助けるのに対し，大量の損傷が発生したときには逆にアポトーシスの引き金を引く．このような正反対の運命をたどるしくみは，損傷により活性化されたチェックポイントによりp53がリン酸化され，DNA損傷が過度になるとリン酸化部位が変化してp53の性質を変化させるためである．

　アポトーシスを引き起こす要因によってさまざまな活性化のされ方があるが，共通して働いている三つのしくみがある（図10.14）．一つはアポトーシスの抑制と誘発に働く因子群である．**Bcl-2**はアポトーシスを抑制し（抗アポトーシス因子），**Bak, Bax**は誘発する（アポトーシス促進因子）．Bcl-2はBak, Baxと複合体をつくることによって抑制的に働く．これらの因子のバランスによって細胞の生死が決定される．第二に，アポトーシスで重要な役割を担うのが**ミトコンドリア**である．Bak, Baxはミトコンドリア外膜に結合してミトコンドリアからシトクロムcを放出させ，細胞質に出たシトクロムcがタンパク質分解反応の引き金を引く役割を果たす．第三に重要なしくみは，**カスパーゼ**（caspase）と呼ばれるタンパク質分解酵素の連鎖的活性化反応である．カスパーゼは不活性型として常時細胞質に存在し，シトクロムcと結合したタンパク質が最初のカスパーゼ（開始カスパーゼ）を活性化する．活性化されたカスパーゼは不活性型カスパーゼを切断することによって次々

10.2 チェックポイント機構

と活性型に変えていく．細胞内にはさまざまなカスパーゼがあり，次々と連鎖反応のように活性化される．カスパーゼには，DNA分解酵素阻害タンパク質を分解してDNA分解を引き起こすものや，核膜を支えているラミンを

Column

DNA複製と細胞周期の密接な関係

　細胞周期制御は，きわめて多様な生命現象と深くかかわっている．その一例として，染色体DNAの複製と細胞周期の関係を紹介する．

　真核生物では，S期にすべての染色体領域がただ一度だけ複製される．たとえば同じ領域が二度複製（再複製）される場合や，ある領域が複製されない場合には，ゲノム情報が変化してしまう．このような問題が発生しないように，細胞は巧妙なしくみを用いている（図10A）．

　複製開始には，DNA二重鎖を開裂する機能をもつMCMヘリカーゼ複合体が染色体の複製開始点に結合する必要がある．しかし，MCM複合体が染色体に結合できるのは，CDK活性の低いG_1期に限られる．なぜなら，MCMの染色体結合に必要な二つのタンパク質（Cdc6とCdt1）は，G_1期以外の時期にはCDKによるリン酸化を受けて分解されるからである．一方，CDK活性の低いG_1期では，MCM複合体が結合していても複製開始は起きない．S期になりCDK活性が上昇し，CDKによって二つのタンパク質（Sld2とSld3）がリン酸化されることを介して，複製開始に必要な数種類のタンパク質が複製開始点のMCM複合体に結合し，DNAヘリカーゼとしてDNAポリメラーゼとともに複製フォークとなって染色体を移動する．複製された領域にはMCM複合体がいなくなり，また高いCDK活性のために新たにMCM複合体が結合することができないため，再複製は抑制される．動物細胞や分裂酵母でCdt1を異常発現させると再複製を引き起こすことが報告されている．

　一方，複製が途中で妨げられると，複製フォークで蓄積する一本鎖DNAに依存してチェックポイント機構が活性化され，CDKの活性化に必要なCdc25が不活性化されて，G_2/M期で停止する．これにより，不完全なゲノムが次世代に伝えられることを防ぐことができる．このように，細胞周期制御と複製の緊密なリンクが遺伝情報の安定性を守るために働いている．

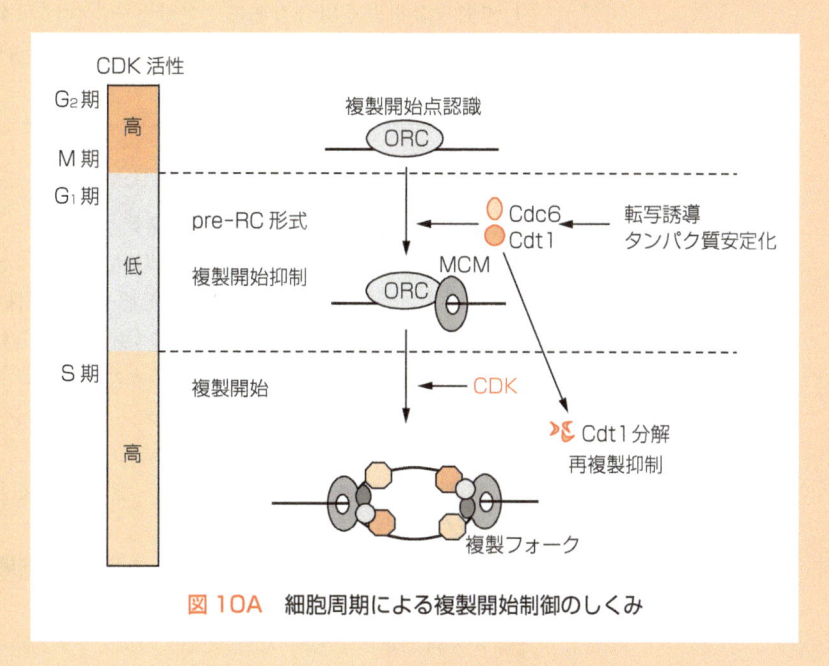

図10A　細胞周期による複製開始制御のしくみ

10章 細胞周期とアポトーシス

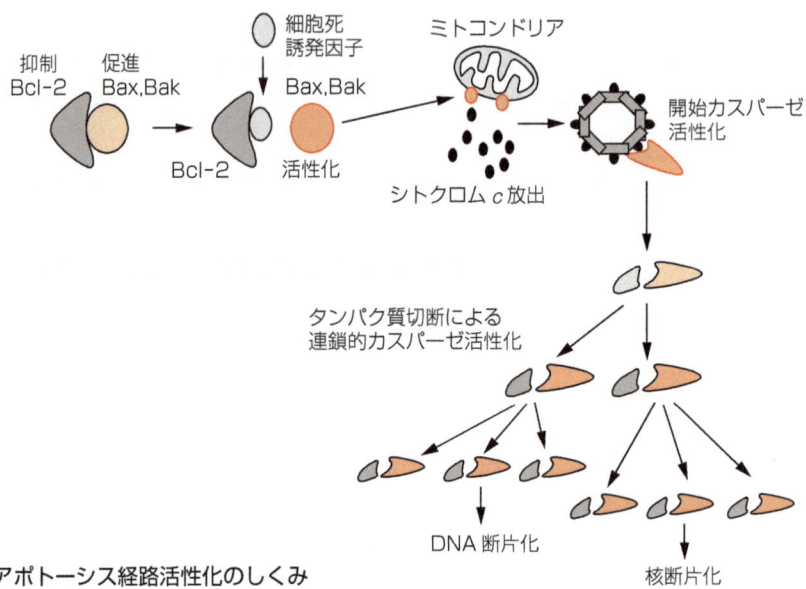

図 10.14 アポトーシス経路活性化のしくみ

分解して核の分断化を導くもの，あるいは細胞骨格タンパク質を分解するものなどがあり，次々と活性化される．

　アポトーシスはいったん開始すると止めることができない反応である．アポトーシス開始のシグナルは，細胞外からのホルモンが細胞の受容体に結合したシグナルから発せられることもあるし，DNAに生じた損傷がp53を介して引き金を引く場合もある．アポトーシスは個々の細胞を安全に死なせるしくみであり，個体を維持するためにはきわめて重要な役割を果たしている．

練習問題

1. 細胞周期の概念を説明しなさい．
2. MPFはどのような実験によって発見されたか．
3. MPFの実体の構成と酵素活性について説明しなさい．
4. ナースらは，分裂酵母のcdc2高温感受性変異株にヒトのCdc2をコードする遺伝子を導入すると高温感受性が解消される（相補される）ことを見いだした．この結果からどのようなことが結論できるか．
5. CDK活性制御のしくみの一つにタンパク質リン酸化が用いられる．タンパク質リン酸化制御の利点を述べなさい．
6. M期を終了してG_1期になるとき，CDK活性を急激に低下させるしくみを述べなさい．
7. 複製途中で異常が生じるとチェックポイント機構が働き，細胞はM期に入らない．このしくみを説明しなさい．
8. がん抑制遺伝子RBの正常細胞での働きを説明しなさい．
9. アポトーシスのしくみと存在意義について説明しなさい．

11章 受精と胚発生の分子メカニズム

生まれる

11章 受精と胚発生の分子メカニズム

11.1　生殖細胞と配偶子の形成

　生殖(reproduction)とは，生物が子孫を残し，次世代へ自らの遺伝情報を受け渡すことをいう．現存する生物種は，それぞれに適した生殖の方法・戦略をとることによって，より多くの子孫を残し繁栄してきたと考えられる．たとえば，われわれ哺乳類をはじめとする多くの高等真核生物では，雌雄二つの性を必要とする**有性生殖**(sexual reproduction)によって子孫を残す．一方，細菌や酵母のように細胞の二分裂によって増殖する単細胞生物種では，通常，生殖に性を必要としない**無性生殖**(asexual reproduction)を行う(図11.1)．また，動物や植物のなかにも出芽や地下茎によって個体を増やす戦略をとる生物種が多い．これら無性生殖によって増える生物種の子孫は基本的にその親と同じ遺伝情報を受け継ぐため，**クローン集団**[*1]といえる．無性生殖の最大の特徴はこの遺伝的均一性にある．それに対して，有性生殖がもたらす最大の特徴は，雌雄の遺伝情報を混ぜることからくる遺伝的多様性にある．大多数の高等真核生物が有性生殖によって繁栄していることから，有性生殖のメカニズムには無性生殖にはない利点があると考えられている．以下に，この有性生殖の基本となる配偶子の形成過程から，その複雑なしくみと生物学的な意義を学んでいきたい[*2]．

[*1] 起源が同じで均一な遺伝情報をもつ細胞または個体の集団．

[*2] ここでは哺乳類など，おもに動物について述べる．植物の受精と胚発生については本シリーズの『発生生物学』(村井耕二編著，2008年，化学同人刊)を参照．

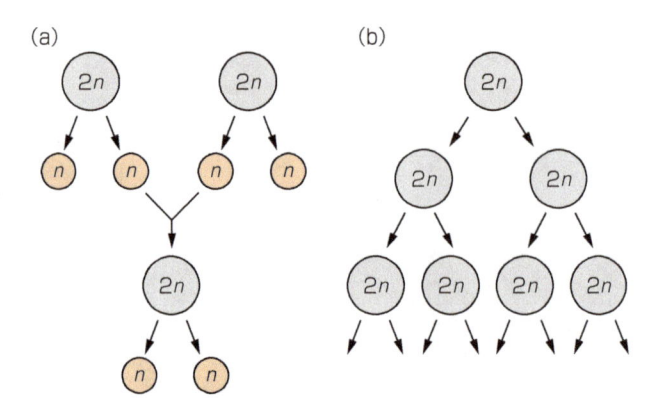

図11.1　有性生殖(a)と無性生殖(b)
有性生殖では，通常，ゲノム情報を2組もつ二倍体の個体($2n$)から一倍体の配偶子(n)が形成され，これらが融合して二倍体の個体を生みだす．一倍体の配偶子には性(雄と雌)があり，同じ性同士の配偶子は融合できない．一方，無性生殖では，二倍体(または一倍体)の個体から同じゲノム情報をもつ個体が再生産される．多くの生物種はどちらか一方の生殖戦略をとるが，出芽酵母のように両方の生殖方法をもつものもある．すなわち，通常は二倍体の個体が無性生殖で増殖しているが，栄養飢餓など環境が悪化すると一倍体の胞子が形成され，その後，環境が改善されて胞子が発芽すると，一倍体のまま増殖を続けるか，異なるタイプの一倍体同士が融合して新しい二倍体の個体を形成し，元の無性生殖にもどる．

11.1.1　減数分裂

　われわれヒトの体は大きく分けると**体細胞**(somatic cell)と**生殖細胞**

(germ cell)の2種類の細胞からなっており，生殖の観点だけから見ると，体細胞は生殖細胞を次世代に受け継ぐための入れ物の役割を果たしているともいえる．ヒトの体細胞には，父方から受け継いだ23本の染色体と母方から受け継いだ23本の染色体の一対があり，計 $2n = 46$ 本の染色体がある．一方，生殖細胞からつくられる**配偶子**(gamete)では染色体の数は $n = 23$ 本であり，半分に減っている．**減数分裂**(meiosis)とはこのように染色体の数を半分にするための特殊な細胞分裂であり，**体細胞分裂**(mitosis)と異なる

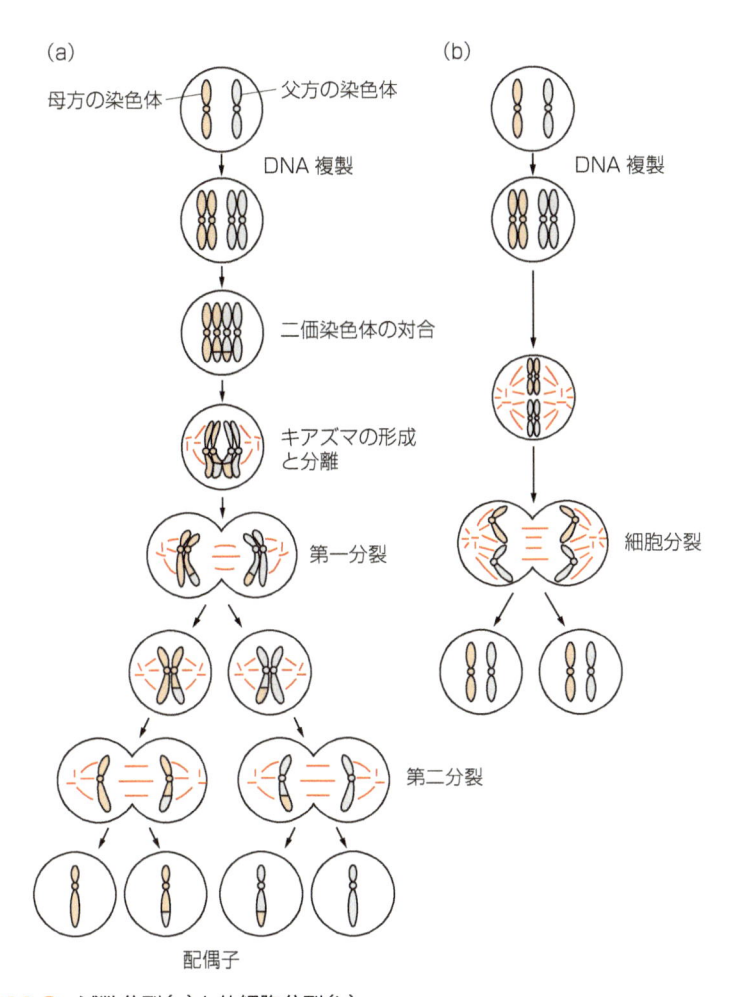

図 11.2　減数分裂(a)と体細胞分裂(b)
減数分裂は生殖細胞でのみ起こるが，最初の段階は体細胞分裂と同じく染色体の倍加(DNAの複製)である．図では，一対の相同染色体(母方の染色体と父方の染色体)のみについて示している．減数分裂では，倍加した相同染色体の対合による二価染色体の形成と相同部分の交換(キアズマの形成と分離)が起こる．一方，体細胞分裂では，母方の染色体と父方の染色体のそれぞれは，複製後そのまま二つの娘細胞へと受け継がれる．減数分裂では，相同部分の交換を終えた母方の染色体と父方の染色体は，その後のDNA複製を伴わない第二分裂によって配偶子に配分される．

メカニズムで進行する(図11.2).減数分裂では体細胞分裂時と同様,まず染色体の倍加(DNA複製)が起こり,次に倍加した染色体(二価染色体)において,父方と母方の相同染色体が対合して一部分を交換する**染色体の交叉**(chromosomal crossing-over)が起こる.2本の相同染色体は**キアズマ**(chiasma,複数形はchiasmata)と呼ばれる結合点でつながっており,キアズマのところで相同染色体が交換される.このようにして交叉後の相同染色体の遺伝的多様性が増すとともに,この段階で初めて父方と母方の遺伝情報が1本の染色体上で混合されることになる.交叉を終えた相同染色体は,その後2回の細胞分裂を経て娘細胞へと分配される.このとき,倍加した$4n$の遺伝情報が$4n × 1/2 × 1/2 = n$にまで減数されるので,この2回の分裂をそれぞれ,減数分裂の第一分裂および第二分裂という.第一分裂において父方と母方の相同染色体(23本)のそれぞれはランダムに娘細胞に分配されるので,配偶子となる娘細胞に受け継がれる遺伝情報の多様性は$2^{23} = 8.4 × 10^6$通りと飛躍的に高くなる.このことが先の染色体交叉と並んで有性生殖を特徴づける遺伝的多様性をもたらしている.ヒトを含む多くの動物では娘細胞のすべてが配偶子になるわけではなく,配偶子の種類,すなわち**卵**(egg)と**精子**(sperm)とでその形成過程は異なる.

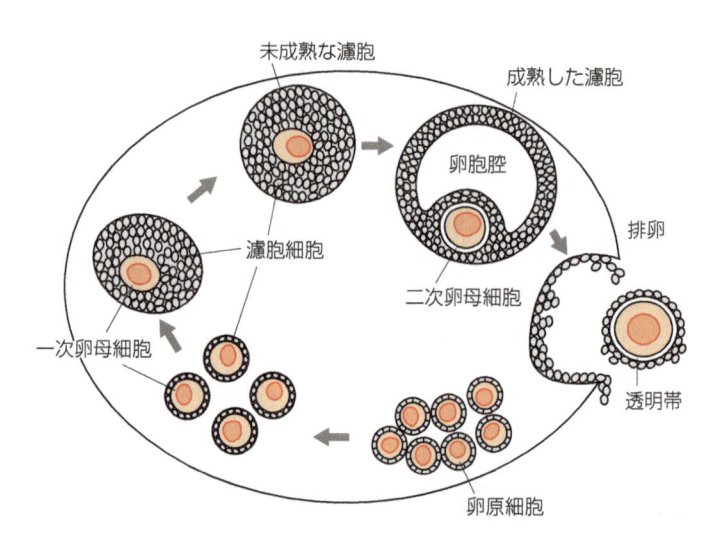

図11.3 哺乳類卵巣における卵形成
始原生殖細胞から生じた卵原細胞は,周りに濾胞細胞を形成しつつ成長し,減数分裂の第一分裂に入って一次卵母細胞となる.濾胞細胞はやがて多層化し,卵母細胞を取り巻いて大きな濾胞を形成する.個体が成熟すると,性周期に応じて一部の一次卵母細胞が成熟し,第一分裂を完了して二次卵母細胞となる.成熟した濾胞は,内部に第二分裂の中期まで進んで減数分裂が止まった卵母細胞と,中空の卵胞腔をもっている.成熟した卵母細胞は透明帯と一部の濾胞細胞に包まれて排卵され,後は受精を待つことになる.受精後,卵は止まっていた第二分裂を再開し,第二極体を放出して精子核を受け入れることになる.

11.1.2 卵形成

図11.3と図11.4は，哺乳動物の**生殖腺**(gonad)における**卵形成**(oogenesis)を模式的に示したものである．生殖腺は生殖細胞とは異なり，腎臓などと同じく中間中胚葉から発生分化して形成される．哺乳類では生殖細胞は**始原生殖細胞**(primordial germ cell)として発生の初期から維持されており，生殖腺の発生とともに移入してきて定着し未分化生殖腺を形成する．生殖腺はそのままでは**卵巣**(ovary)に発達するが，哺乳類の雄ではSry遺伝子(ヒトではY染色体上にあるSRY遺伝子)の働きによって**精巣**(testis)へと分化する．

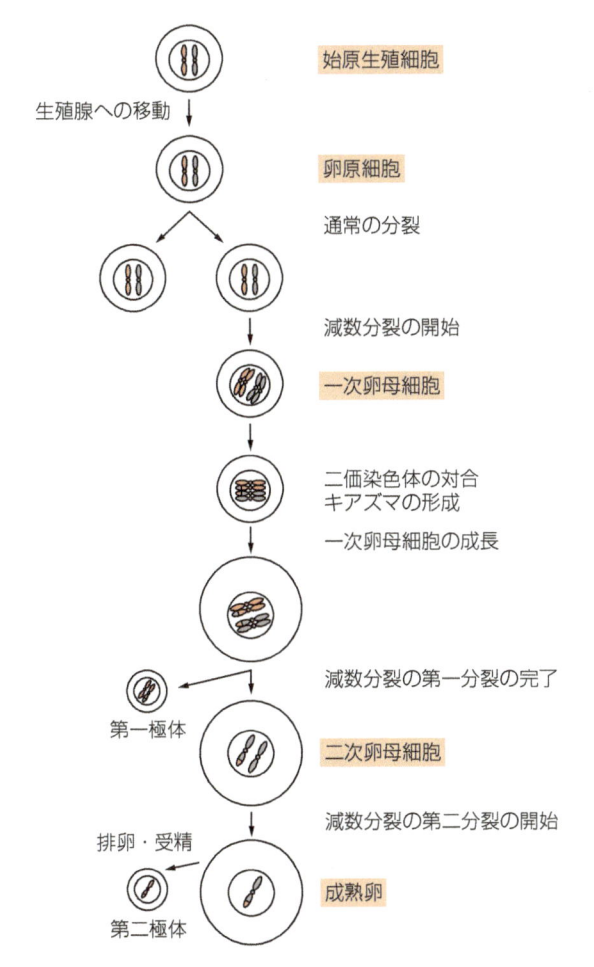

図11.4 卵形成における減数分裂

卵巣において卵原細胞は通常の体細胞分裂を繰り返して数を増やした後，減数分裂の第一分裂に入り一次卵母細胞を形成する．一次卵母細胞内では染色体の倍加とともに二価染色体の対合とキアズマの形成が起こる．図では，一対の相同染色体(母方の染色体と父方の染色体)のみについて示している．一次卵母細胞の成熟に伴って第一分裂は完了し，第一極体を放出した二次卵母細胞は引き続き第二分裂を開始するが，分裂中期で一時停止する．その後，排卵と受精を経て減数分裂は再開され，第二極体を放出して減数分裂は完了する．

卵形成の初期，未分化の卵巣内で始原生殖細胞は**卵原細胞**(oogonium，複数形は oogonia)となり，しばらく通常の細胞分裂を繰り返して増殖した後，第一分裂に入り**一次卵母細胞**(primary oocyte)となる．ヒトなどでは一次卵母細胞はすでに出生前に形成され，個体が性的に成熟するまで第一分裂の前期で分裂を長期間停止している．個体が成熟すると一部の一次卵母細胞は周期的に成熟して第一分裂を完了し，**二次卵母細胞**(secondary oocyte)となる．このとき分裂した細胞の大きさは極端に異なり，小さいほうの細胞は**極体**(polar body)と呼ばれる．大きいほうの二次卵母細胞はさらに第二分裂を始め，最終的に配偶子である**成熟卵**(eggまたはovum，複数形はova)になるが，多くの動物種では第二分裂の途中でいったん分裂を停止し，受精後に第二分裂を再開し二つめの極体を放出して減数分裂を完了する．最初の極体(第一極体)も次の極体(第二極体)も生殖における積極的な機能はないと考えられており，やがて退化していく．したがって，1個の一次卵母細胞からは1個の卵しか形成されないことになる．また，形成される成熟卵の数は，ヒトでは基本的に1回の性周期につき1個である．

11.1.3 精子形成

図 11.5 と図 11.6 には，もう一方の配偶子である精子の形成過程の様子，

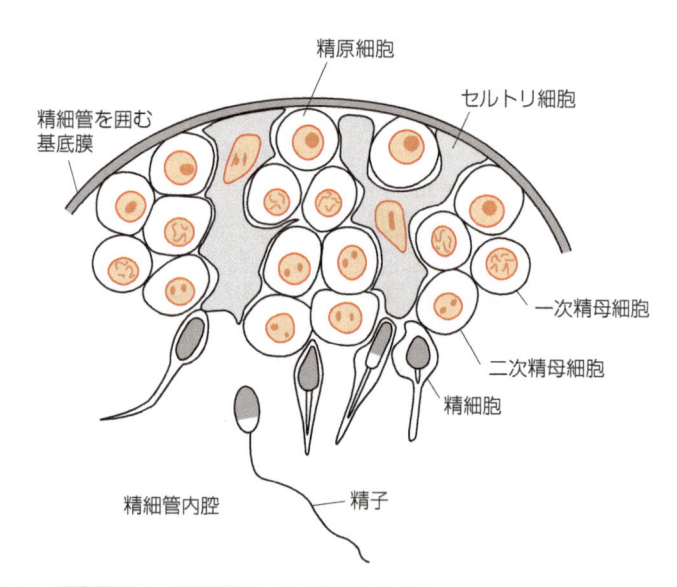

図 11.5 哺乳類精巣の精細管における精子形成
始原生殖細胞から生じた精原細胞は，減数分裂を開始するまでにいくつかのタイプの精原細胞 (A1～A3 型精原細胞，中間精原細胞，および B 型精原細胞)を経て，減数分裂を開始できる細胞である一次精母細胞へと分化する．減数分裂を開始した一次精母細胞は，第一分裂を終えて二次精母細胞となり，二次精母細胞はさらに第二分裂を終えて，一倍体の精細胞へと分化する．精細胞は最終的に精子へと分化して精細管内腔へ放出される．この間，これらの細胞はセルトリ細胞と呼ばれる支持細胞がつくるくぼみの中で分化・形成される．

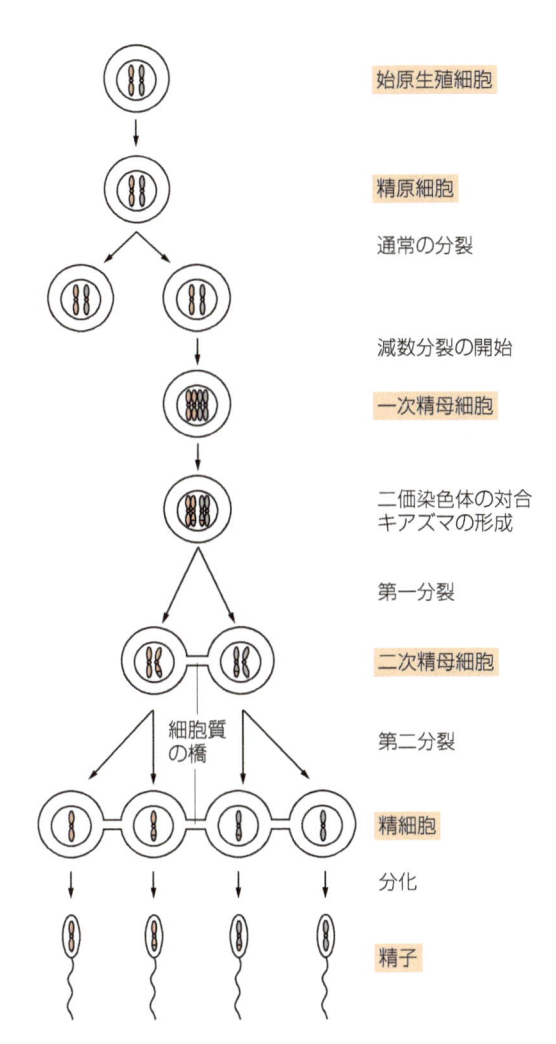

図 11.6 精子形成における減数分裂
精原細胞は通常の分裂を繰り返した後，卵形成のときと同様に，減数分裂を開始した一次精母細胞，さらに二価染色体の対合とキアズマの形成を経て二次精母細胞へと分化する．しかし，1個の卵が1個の一次卵母細胞に由来する卵形成と異なり，1個の一次精母細胞は最終的に4個の精子へと分化する．また，この減数分裂の間，各細胞は完全に細胞質が分離せず細胞質の橋でつながったまま分化する．これにより，各細胞は同調して精子の分化・形成を行うことができ，精細管の内腔に一斉に精子が放出されると考えられる．

精子形成（spermatogenesis）が示されている．精子は，胚発生の初期に生殖腺へ移動してきた始原生殖細胞から精巣の発達とともに形成される**精原細胞**（spermatogonium，複数形は spermatogonia）からつくられる．個体が成熟すると精原細胞は通常の細胞分裂を繰り返して増殖した後，**一次精母細胞**（primary spermatocyte）となり減数分裂の第一分裂を開始する．第一分裂を終えた精母細胞は**二次精母細胞**（secondary spermatocyte）と呼ばれ，さらに第二分裂を完了して**精細胞**（spermatid）となる．精細胞はそれぞれ精子

へと分化するので，結局1個の一次精母細胞からは4個の精子が形成されることになる．精子は遺伝情報を運ぶことに特化した細胞であり，その重量と体積の大部分を核が占めるとともに，尾部に移動のための長い鞭毛をもっている．また，精子の核DNAは体細胞に見られるヒストンをもたず，かわりにプロタミンという特殊なタンパク質と結合して非常に固くたたみ込まれている．さらに，鞭毛を動かす動力源となる大量のミトコンドリアが鞭毛の基部に搭載されている．このような形態への分化は減数分裂が完了した後に起こる．一部の例外を除いて，精子はその個体のなかで最も小さい細胞である．逆に，卵は個体中で通常最も大きい細胞であり，後の胚発生に備えるためタンパク質や脂質，mRNAなど多くの資源を保持している．さらに，生涯に形成される配偶子の数において精子は卵の数十億倍にも達する．このように形態のみならず，形成される数や形成時期など多くの点で精子形成は，卵形成と大きく異なっている．

11.2 受 精

受精(fertilization)とは，有性生殖において二つの異なる性をもつ配偶子，すなわち卵と精子が互いを認識，結合，融合し，**接合子**(zygote)となって胚発生を開始するまでをいう(図11.7)．卵と精子がもつ核の遺伝情報は，それぞれ**前核**(pronucleus，複数形はpronuclei)という構造体を形成した後，接合子内で合体し，新しいゲノムを構成する．精子前核を形成するため固く折りたたまれていた精子核のDNAは，結合していたプロタミンが卵内でヒストンに置き換えられる．また，多くの動物では受精が引き金となって，停止

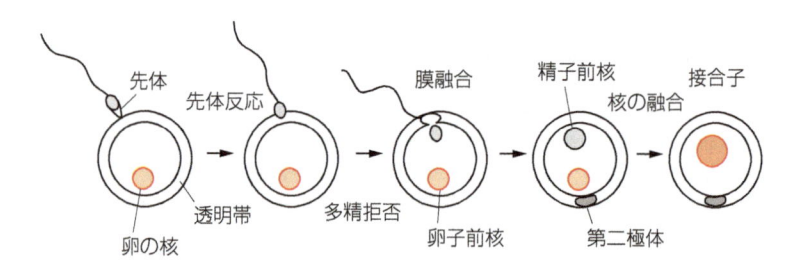

図11.7 受精による接合子の形成
精子と卵が融合して接合子となるまでには多くの段階がある．図には卵の周りを取り巻く透明帯にすでに1個の精子が到達した段階から示しているが，放出された数億の精子が卵に到達するまでには長くて厳しい道のりがあり，この段階までにほとんどの精子が淘汰されている．ようやく透明帯に到達した精子は先体反応によって透明帯を溶かして卵の細胞膜に達することができるが，実際には，この段階は多くの精子による共同作業でなされる．そのうち，膜融合の段階にまで至るのは最も早く卵細胞膜に到達した1個の精子だけで，その他の精子は卵細胞膜の脱分極と表層反応によって排除される(多精拒否)．受精が成立すると卵の核は第二分裂を終了し，第二極体を放出して卵子前核を形成する．受精の最後の段階で，雌雄の前核は融合して接合子内で新しいゲノムが形成される．

していた卵の減数分裂が再開され，第二極体を放出して半数体(n)の雌性前核が形成される．融合した雌雄の前核は$2n$の接合子となり，接合子は個体を形成するための胚発生を開始する．受精で特徴的なことは，接合子が形成されて新しいゲノムからの転写が開始されるまでの間，精子や卵がもつ核DNAからはmRNAの転写を行うことができないので，受精の過程で必要なタンパク質は，精子や卵にあらかじめ用意されているタンパク質およびmRNAからの翻訳でまかなわれることである．この節では，受精とその結果としての卵の活性化について概説する．

11.2.1　精子の成熟と先体反応

精子形成を終えた精子はそのままでは受精能をもたず，**受精能獲得**(capacitation)という過程を経て成熟する．哺乳類では受精能獲得は，雌の生殖管内部の環境要因，とくに炭酸水素イオンによって引き起こされると考えられており，精子細胞質内のアデニル酸シクラーゼの活性化を伴う．活性化されたアデニル酸シクラーゼによって生成されたcAMPは，まだよく解明されていない精子内のシグナル伝達機構を経て，精子の細胞膜の脂質や糖タンパク質の組成を変化させ，代謝や運動性を高めるとされている．受精能を獲得した精子が卵を取り巻く**透明帯**(zona pellucida)に達すると，**先体反応**(acrosome reaction)が誘導され，精子の先体からさまざまな酵素が放出される．これらの酵素の働きによって，精子は透明帯に穴を開け卵の細胞膜に到達することができる．通常，透明帯の通過は同種の配偶子間でのみ可能で，透明帯は異種間受精の障壁として働いている．

11.2.2　受精のシグナル伝達

透明帯を通過して卵の細胞膜に到達した精子は，細胞膜融合を通じて精子の内容物を卵内に注入するとともに，他の精子が卵内に侵入するのを防ぐための一連の反応(多精拒否反応)を卵に誘導する(図11.7参照)．そのうちの一つは卵細胞膜の脱分極であり，これにより他の精子の卵への結合が阻害される．次に見られるのが**表層反応**(cortical reaction)である．表層反応は，精子によってもち込まれたタンパク質の働きによって卵内のカルシウムイオンが一過的に上昇し，これを引き金として表層顆粒が卵細胞膜と融合することによって内容物を放出する反応である．放出された表層顆粒内の酵素によって，透明帯の構造が固く変化し，以降の精子侵入が阻止される．おもしろいことに，すべての動物で多精拒否が見られるわけではなく，たとえばイモリでは多数の精子が同時に卵内に侵入し，その後1個の精子のみが雄性核として選択されるという生理的多精が見られる．いずれにしても精子と卵の相互作用の結果もたらされる卵内カルシウムイオンの上昇は，その後の卵の

活性化と発生開始に必須であり，これまで調べられたすべての動物の受精で見られる普遍的な現象である．しかしながら，卵内のカルシウムイオン上昇に至る受精のシグナル伝達メカニズムは動物種によって少し異なっている．図 11.8 に示すように，ウニやカエルなどでは精子が卵の表層に結合することによって卵内でタンパク質のチロシンリン酸化を行うサークファミリーキナーゼ(SFK)が活性化され，卵内カルシウムイオンの上昇が起こることが明らかにされているのに対して，哺乳動物では精子と卵の融合がなければカルシウムイオンの上昇が見られないとされている．いずれの場合でもホスホリパーゼ C(PLC)という脂質分解酵素が重要な働きをしており，この酵素が細胞膜リン脂質であるホスファチジルイノシトール二リン酸(PIP_2)を分解し，その結果生じるイノシトール三リン酸(IP_3)が，卵内のカルシウムイオン貯蔵庫である小胞体(ER)上にある IP_3 依存性カルシウムチャネルに作用して，小胞体からのカルシウムイオンの放出を促すと考えられている．ウニやカエルでは活性化された SFK が γ（ガンマ）タイプの PLC をチロシンリン酸化によって活性化するのに対して，マウスなどでは卵と精子の膜融合によって精子由来

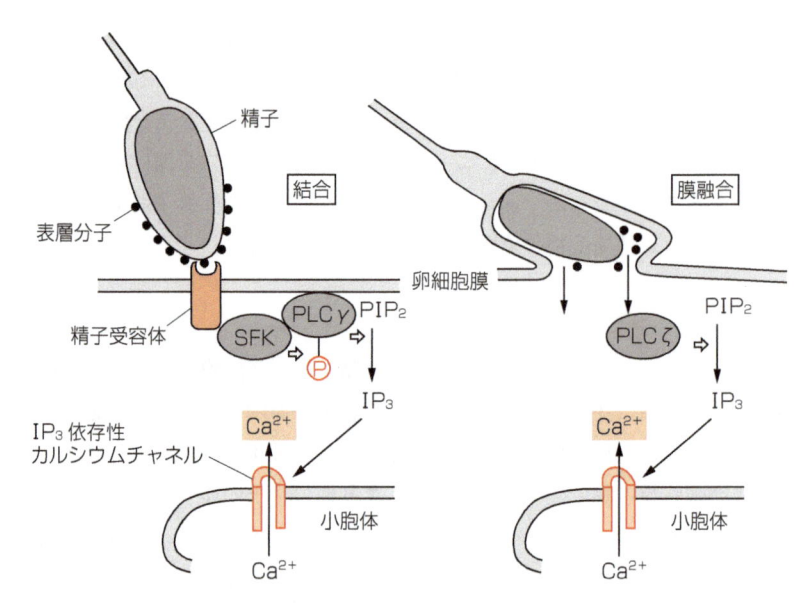

図 11.8 受精に伴う卵内カルシウムイオンの上昇につながる二つの機構
図左側には，ウニやカエルで見られる受精時のシグナル伝達機構を模式的に示し，右側にはマウスなど哺乳動物で考えられている機構を示した．ウニやカエルでは，精子の表層にあるタンパク質分子が卵細胞膜上の精子受容体に結合することによって卵内のサークファミリーキナーゼ(SFK)の活性化が引き起こされる．活性化された SFK はホスホリパーゼ Cγ (PLCγ) をリン酸化(P 化)によって活性化し，膜にあるホスファチジルイノシトール二リン酸(PIP_2)の加水分解を亢進させる．その結果，生じたイノシトール三リン酸(IP_3)が小胞体(ER)からのカルシウムイオンの放出を促す．一方，マウスなどでは卵と精子の膜融合によって精子から放出された因子のなかに PLCζ が含まれ，この酵素によって IP_3 が生じることが卵内カルシウムイオンの上昇につながると考えられている．

のζ(ゼータ)タイプのPLCが卵内にもち込まれ，その結果，IP_3が産生されカルシウムイオンの上昇につながると考えられている．

カルシウムイオンの上昇により引き起こされる卵の活性化には，多精拒否反応のほか，停止していた減数分裂の再開，前核の形成と融合など，胚発生の開始に先立って見られる諸現象が含まれる．しかしながら，カルシウムイオンの上昇とそれぞれの現象との具体的な関係については，まだ明らかになっていない部分が多い．このようにして受精によってカルシウムイオンの上昇とともに活性化された卵は精子核を取り込んで接合子となり，最初の体細胞分裂(第一卵割)を開始する．これ以降，接合子は胚と呼ばれるようになる．

11.3 胚発生

胚発生(embryogenesis)は，受精卵の最初の体細胞分裂である卵割(cleavage)から始まる．卵割によって分かれた卵細胞のそれぞれは割球と呼ばれる．割球の大きさや形は種によってまちまちであり，ウニや哺乳類のようにほぼ等分割されるものや，カエルのように動物半球(色の濃い側)と植物半球(色の薄い側)に分かれ，植物半球に栄養物質があって等分割が阻害されるため，動物半球の割球は小さく植物半球の割球が大きくなる場合がある．さらにはキイロショウジョウバエのように，卵割に先立って核の分裂だけが起こって多核細胞ができ，核が受精卵の周辺に移動した後，細胞膜が卵割様に形成されて初期胚となる例もある．いずれにしても卵割は通常の体細胞分裂よりきわめて速い速度で起こる．たとえばアフリカツメガエルの場合，受精から第一卵割までは90分ほどかかるが，それ以降は約30分に1回の割合で卵割が続き，12回の卵割が終わる頃に細胞数は約1万個に達し，**胞胚**(blastula)と呼ばれる中空球形の胚となる．最適条件下で増殖する大腸菌の分裂は約30分に1回であり，卵割とほぼ同じ頻度であるが，アフリカツメガエル(偽四倍体[*3])のゲノムサイズが大腸菌(460万塩基対)の670倍あることを考えると，卵割におけるDNA合成と細胞分裂のスピードがいかに猛烈なものであるかが想像できるであろう．このようにして受精卵は分裂を繰り返して数を増やして初期胚を形成し，その後，胚ではさまざまな細胞種が分化し，やがて組織や器官がつくられ，個体となっていく．しかし，同じ受精卵由来でまったく同じゲノムをもつはずの各細胞が，どのようにしてさまざまな細胞種に分化し組織化されていくのであろうか．そこには多くの動物の発生に共通して働く巧妙なしくみがある．

11.3.1 胚発生を制御する遺伝子群

胚発生で多くの動物に共通して見られる遺伝子発現のしくみが最初に明ら

*3 進化の過程で全染色体の重複が起こって同じ働きをもつ遺伝子が二つ生じたものの，やがてそれぞれの遺伝子が少し異なる機能や発現を示すようになった倍数体．

かにされたのは，かつて古典的な遺伝学の基礎を築くのに役立ったモデル動物，キイロショウジョウバエ(*Drosophila melanogaster*)においてである．1世紀も前から数多くの突然変異体の解析が行われてきたこのモデル動物は，遺伝子の本体であるDNAの塩基配列が明らかにされ，その機能が追求されようとしている今日の分子生物学においても十分にモデルとしての役割を果たしている．その代表例が**ホメオティック遺伝子**(homeotic gene)の発見とその解析である．ホメオティック遺伝子の名前の由来は，**ホメオーシス**(homeosis)と呼ばれる体の一部が他の部位に転換する現象，たとえばキイロショウジョウバエで触覚のところに脚が生えるような変異(ホメオティック変異)現象からきている．われわれ哺乳類では体節は明瞭ではないが，昆虫では前後軸に沿ったパターンとしての体節が明快に見られる．この体節の形成に重要な働きをしているのがホメオティック遺伝子で，**ホメオドメイン**(homeodomain)と呼ばれる特徴的なアミノ酸配列をもつDNA結合タンパク質をつくる．キイロショウジョウバエでは**アンテナペディア複合体**(antenapedia complex)と**バイソラックス複合体**(bithorax complex)という二つのホメオティック遺伝子群が第3染色体上に並んでクラスターを形成しており，アンテナペディア複合体に含まれる5個の遺伝子は頭部と胸部，バイソラックス複合体に含まれる3個の遺伝子は胸部と腹部にある体節の形成にかかわっている(図11.9)．

ホメオティック遺伝子は，互いによく保存された180塩基からなる**ホメオボックス**(homeobox)と呼ばれるDNA配列をもっている．ホメオボックス

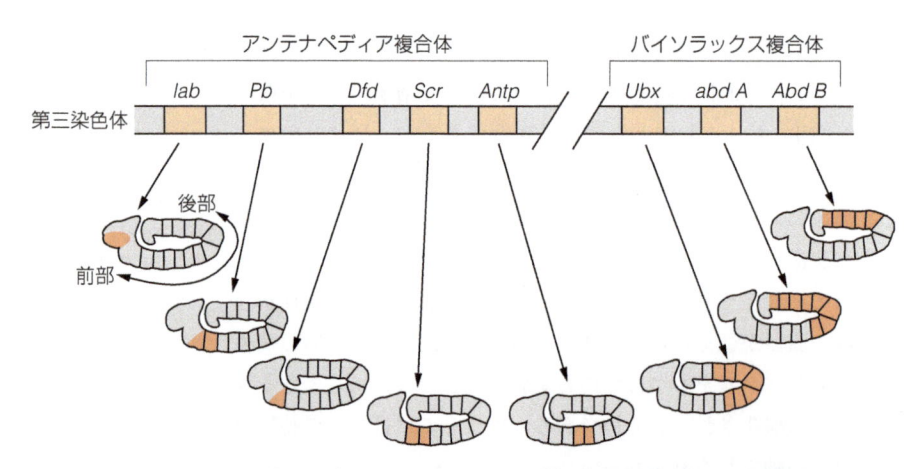

図11.9 キイロショウジョウバエのホメオティック遺伝子群と胚における発現部位
キイロショウジョウバエの第3染色体にはアンテナペディア複合体とバイソラックス複合体という二つのホメオティック遺伝子群が並んでおり，アンテナペディア複合体に含まれる5個の遺伝子(*lab, Pb, Dfd, Scr, Antp*)はほぼこの順序で胚の頭部と胸部に，またバイソラックス複合体に含まれる3個の遺伝子(*Ubx, abd A, Abd B*)もほぼこの順序で胚の胸部と腹部の体節に発現している．

がコードする60アミノ酸残基がホメオドメインであり，ヘリックス・ターン・ヘリックス（HTH）という基本的なDNA結合タンパク質モチーフを含んでいる．したがって，ホメオティック遺伝子の産物はDNA結合タンパク質として他の遺伝子発現調節タンパク質と共同し，体節形成遺伝子の発現パターンを調節していると考えられている．そのなかにはホメオティック遺伝子自身も含まれる．キイロショウジョウバエのホメオティック遺伝子とよく似たホメオボックスをもつ遺伝子複合体は，われわれ哺乳類に至るまで広く見られ，**Hox 複合体**（Hox complex）と呼ばれる共通のホメオティック遺伝子群を形成している（図 11.10）．また，その発現部位はキイロショウジョウバエのホメオティック遺伝子と同様に染色体上での並び順と対応しており，これらのHox遺伝子群もわれわれ哺乳類の体の中でキイロショウジョウバエと同様な働きをしていると考えられる．このように，昆虫と哺乳類のように体のつくりがまったく異なるように見える動物間であっても，胚発生の過程では進化上よく保存された遺伝子群が働いているのである．

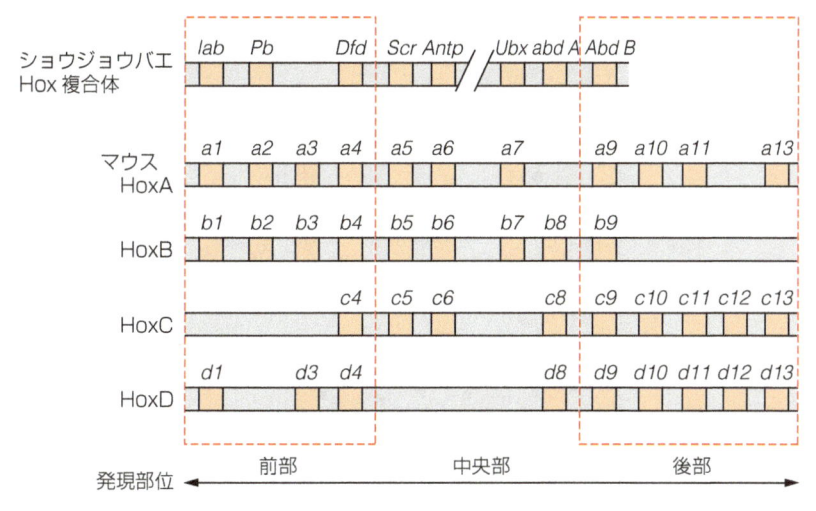

図 11.10　キイロショウジョウバエとマウスの Hox 複合体の比較
キイロショウジョウバエの Hox 複合体と相同なマウスの Hox 複合体は四つあり，いずれも構成するホメオティック遺伝子の並びや発現部位がよく似ている．すなわち，遺伝子領域で前側にあるホメオティック遺伝子は胚の前部で発現し，中央にある遺伝子は胚の中央部で，後部にある遺伝子は後部で発現している．このことから，それぞれ現在あるような Hox 複合体は，キイロショウジョウバエとマウスに共通する祖先がもっていた Hox 複合体から遺伝子重複や欠失により生じたと考えられる．

さて，胚発生で多くの動物に共通して見られる遺伝子発現があるとしても，そもそもそれらの遺伝子の発現が胚の中の部位によって決められるのはどういうメカニズムによっているのであろうか．これについても，その典型的な例をキイロショウジョウバエに見ることができる．前に述べたように，キイ

ロショウジョウバエの受精卵では卵割に先立って核の分裂だけが起こり多核細胞ができるが，このとき同時に卵内に蓄えられていた mRNA から**バイコイド**（bicoid）と**ナノス**（nanos）と呼ばれる二つのタンパク質がつくられる．バイコイドの mRNA は将来胚の前部となる卵の前端部に，一方，ナノスの mRNA は将来胚の後部となる卵の後端部に局在して蓄えられているので，それぞれが翻訳される結果，バイコイドタンパク質は前部から後部へ，逆にナノスタンパク質は後部から前部へと傾斜分布し濃度勾配を形成する（図11.11）．いったん多核となった胚は次に表面から卵割を受けて多細胞となるが，その際に各細胞は，形成されたバイコイドとナノスの濃度勾配（卵極性濃度勾配）に応じて両タンパク質を取り込むことになる．その結果，胚の前部の細胞ではバイコイドが，胚の後部の細胞ではナノスが強く発現することになる．その中間では両者の量的バランスが異なっており，これらのタンパク質の影響の下に前部と後部，各体節の運命が決定されていく．とくにナノス遺伝子の産物は，将来胚の後部で生殖細胞となる極細胞（始原生殖細胞）（図11.11）の運命を決定づけるため，体細胞と生殖細胞を決定している重要な因

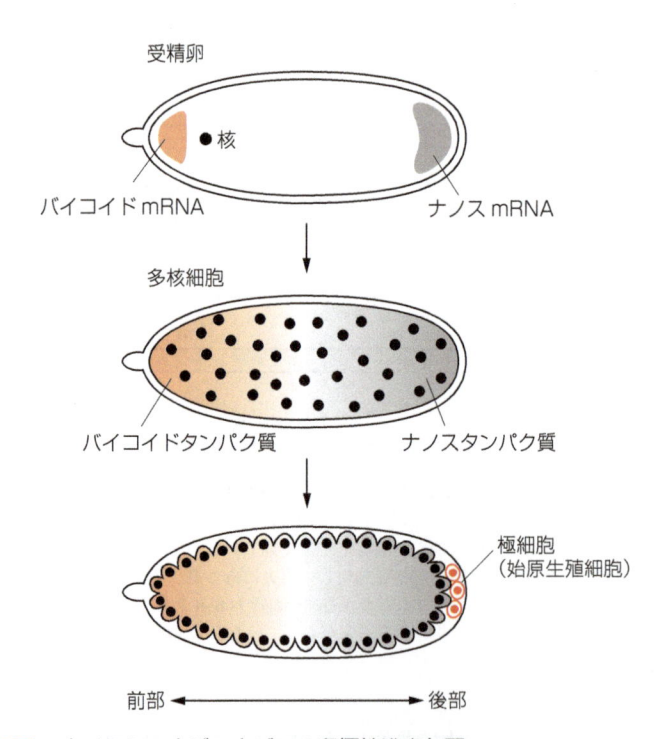

図 11.11　キイロショウジョウバエの卵極性濃度勾配
キイロショウジョウバエの卵では，将来胚の前部となる卵の前端部にバイコイドの mRNA が，将来胚の後部となる卵の後端部にはナノスの mRNA が局在しており，受精後の卵割に先立ってそれぞれの mRNA からの翻訳により両タンパク質の濃度勾配が生じる．その後の卵割によって両タンパク質は異なった比率で各細胞に配分され，その将来の運命に影響を及ぼす．

子である.このような発生過程を支配する因子の胚における濃度勾配を**モルフォゲン勾配**(morphogen gradient)という.また,バイコイドとナノスのように,そのmRNAがすでに卵内に蓄積しているものでは母親の遺伝子型が発生初期段階を支配するので,これらの遺伝子は**母性効果遺伝子**(maternal effect gene)と呼ばれる.モルフォゲン勾配によって発生が進行する例は,ほかにもニワトリの肢の形成における**ヘッジホッグ**(Hedgehog)シグナル系などが知られている.

11.3.2 胚発生とエピジェネティクス

エピジェネティクス(epigenetics)とは,遺伝性でありながら可逆性があり,DNA塩基配列の変化を伴わないゲノム機能に関する研究分野のことを指す.もう少しせまい言い方をすると,DNAの修飾反応の結果もたらされる遺伝子発現の変化に関する研究といえる.そして,このDNA塩基配列の変化を伴わない遺伝子発現の変化をエピジェネティックな変化という.「エ

Column

体細胞クローン技術と再生医療

1996年7月5日にスコットランドのロスリン研究所で生まれた羊のドリーは,世界で初めて作成された体細胞クローン哺乳動物として有名である.体細胞クローンとは,除核した受精卵に分化した体細胞の核を移植することによって,ドナー細胞の遺伝情報をもつ完全な個体をつくることであり,哺乳動物ではきわめて困難であるとされていた.一方,カエルなどではすでに1960年代から体細胞クローン個体がつくられ,移植される核の全能性についての研究がなされてきた.そこでは,現在も問題となっているクローン個体の産出効率の悪さや胚の生育が正常に進まないなどの問題点が,すでに報告されている.このことは,正常に受精し発生した胚と違って核移植胚では何らかのエピジェネティックな異常があること,また,それでもいくつかの核移植胚は個体の産出にまで至ることから,卵には移植核のエピジェネティックな遺伝情報をある程度初期化するリセット機構が存在することを示している.現在もこの**エピジェネティックな初期化**(epigenetic reprogramming)のメカニズムの詳細は不明であり,エピジェネティクスの一研究分野として解析が続けられている.

体細胞クローン胚からは,さまざまな細胞に分化できる**胚性幹細胞**(ES細胞,embryonic stem cell)が得られ,ES細胞を分化誘導する技術開発が進めば,拒絶反応が起こらない臓器や細胞の移植が可能になるなど再生医療が大きく進展すると期待されている.しかし,この技術は基本的に受精卵を必要とすることから,ヒトでは倫理上の問題が指摘されていた.最近,京都大学の山中伸弥教授らがヒトの皮膚の細胞に特定の遺伝子を導入することによって,ES細胞と遜色のない分化能をもった**人工多能性幹細胞**(iPS細胞,induced pluripotent stem cell)の作成に成功し,一部を心筋細胞様に分化させることにも成功したことから,ES細胞を用いる倫理上の問題が解決された.また,移植を受ける患者の細胞からつくられるiPS細胞は,その患者自身の体細胞クローンであるので拒絶反応を避けられる.この技術により,一気に再生医療への応用を目指した研究が加速されようとしている.

ピ」とは「付加された」とか「後の」といった意味をもち，エピジェネティックな変化はDNA塩基配列で決まるジェネティックな変化を補完する働きをもっている．これは何も特殊な状況を指すものではなく，たとえば，われわれの体をつくっている体細胞はそれぞれ基本的には同じゲノムDNAの配列をもっているが，器官や組織ごとに発現している遺伝子が異なるのはどういう機構によっているのかといった問題もエピジェネティクスに含まれる．通常，個体から個体へ受け継がれる形質を遺伝形質と呼ぶが，この場合は，細胞から細胞へと受け渡される性質を広義に遺伝形質と解釈している．胚発生の過程においてもエピジェネティックな効果は大変重要である．なぜなら，胚発生では1個の受精卵から多くの細胞がつくられ，やがてさまざまな細胞種に分化していくが，その過程で細胞から細胞へと受け継がれる遺伝情報はDNA塩基配列の上では基本的に変化していない[*4]にもかかわらず，遺伝子発現の面からは大きく変化しているからである．

エピジェネティックな効果をもたらすおもな機構の一つは，**DNAのメチル化**（DNA methylation）である．真核生物の遺伝子のプロモーター領域にはよく5′-CG-3′の配列（CpGアイランドと呼ばれる）が見られ，DNAのメチル化はこのCpG配列のC（シトシン）にメチル基を添加して5-メチルシトシンにするDNAメチルトランスフェラーゼによって行われる（図11.12）．通常，

[*4] 免疫細胞などではDNA塩基配列に変化があることが知られている．

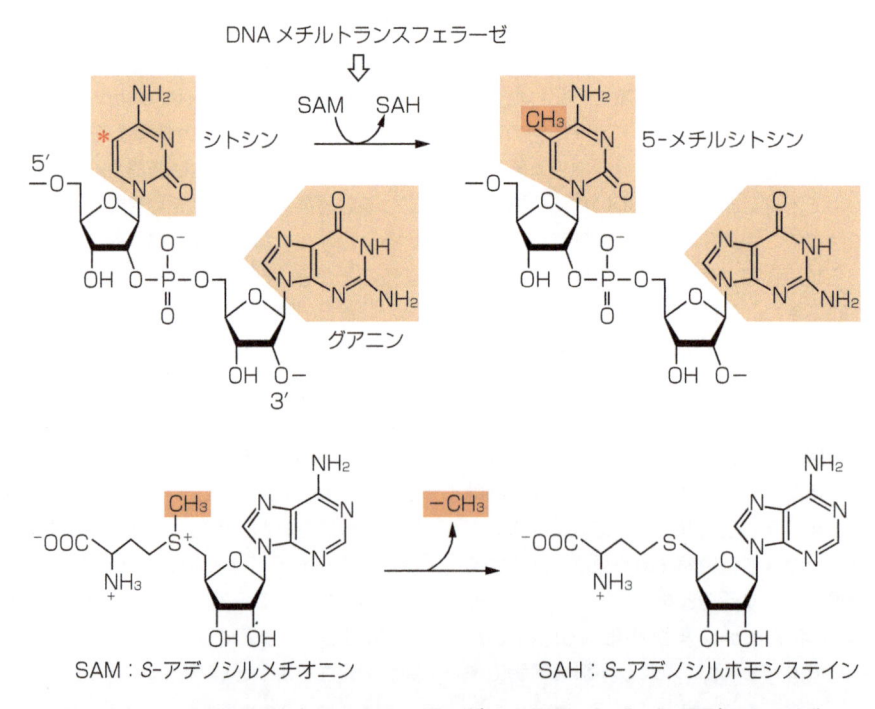

図11.12 DNAメチルトランスフェラーゼによる5′-CpG-3′配列のメチル化

メチル化されたDNA領域は複製されるものの転写はされず，遺伝子発現が抑えられる．このようにして細胞ごとに不必要となった遺伝子の領域がメチル化によって封印され，細胞や組織の分化が進行していくと考えられる．このようなDNA修飾反応が生体にとって非常に重要であることは，三つあるマウスのDNAメチルトランスフェラーゼ遺伝子のいずれか一つをノックアウトしただけで致死となることからもわかる．

　DNAのメチル化と呼応してエピジェネティックな効果をもたらすもう一つの機構は，DNAに結合している**ヒストンタンパク質の修飾**（histone modification）である．核のDNAにはヒストンタンパク質が結合して規則正しいヌクレオソーム構造（図2.6参照），およびそれらが集合したクロマチン構造をとっているが，ヒストンが強く結合していると転写が阻害される．ヒストンのN末端には塩基性アミノ酸残基のリジンがあり，DNAのリン酸基と強く結合している．これらのリジン残基をアセチル化する酵素があり，アセチル化されるとリジンの塩基性が失われ，ヒストンはDNAから外れやすくなり，その結果，転写が促進される．また，アセチル化されたヒストンを目印にさまざまな転写因子が集合し，転写が促進されると考えられている．逆にDNAがメチル化されると，メチル化されたCpG配列を認識するタンパク質が結合し，ヒストン脱アセチル化酵素を呼び寄せてヒストンのN末端のリジンからアセチル基を取り除き，ヒストンはDNAと再び強く結合するようになる．このように，DNAのメチル化やヒストンの修飾によってエピジェネティックな情報が各細胞に書き込まれ，転写調節が行われている．ちなみに，クロマチン構造がゆるく転写が盛んな領域を**ユークロマチン**といい，クロマチン構造が密に凝集し，転写が起きていない領域を**ヘテロクロマチン**という（2.4.2項参照）．

　通常，受精卵では母方と父方の両方のゲノムDNAに書き込まれていたDNAのメチル化などのエピジェネティックな情報はいったんリセットされ，その後細胞の分裂・分化が進むにつれて新たにエピジェネティックな情報がDNAに書き込まれていくと考えられている．しかし，リセットされずに残っているエピジェネティックな情報も多くあり，これらは母方または父方の一方のゲノム情報からのみ遺伝子発現が見られる原因となることから**ゲノムインプリンティング**（genomic imprinting）と呼ばれている．また，前項で取り上げたモルフォゲン勾配も，細胞自体のDNA配列を変化させることなく，それを取り込む細胞の遺伝子発現を変化させることから，エピジェネティックな効果といえる．もっと広義に考えると，核酸をもたないプリオン[*5]もエピジェネティックな存在であるし，われわれを取り巻く環境も，個体や細胞に細胞の世代を超えたかなりの長い期間，遺伝子発現を伴う影響を与えることから，エピジェネティックな因子といえる．最近では，いわゆる内分泌

＊5　ウシ海綿状脳症（BSE，狂牛病）やヒトのクロイツフェルト・ヤコブ病などのプリオン病の原因となるタンパク質だけからなる病原体．正常な個体にあるプリオンタンパク質とアミノ酸配列は同じであるが，高次構造が異なるため神経変性を引き起こすとされている．

> ### Column
>
> ### クロマチン免疫沈降
>
> いわゆるゲノムプロジェクトによって，各種モデル生物のゲノムDNA情報が明らかになってくると，さまざまな生物の細胞内でどのようなゲノム領域にどのようなタンパク質が結合しているのかが比較的容易に解析できるようになってきた．たとえば，従来，転写の盛んなユークロマチンに結合したヒストンのアセチル化を解析するために用いられていたクロマチン免疫沈降という方法は，現在では，さまざまな転写因子が結合するDNA領域の解析に用いられている．
>
> この方法では，さまざまな条件下で生育させた生細胞をホルマリンなどの架橋・固定剤によって固定した後，超音波処理によって可溶性のクロマチンを調製し，これに特定のタンパク質（たとえば転写因子）に対する抗体を加える．抗体が結合した転写因子などのタンパク質とクロマチン断片の複合体は，プロテインA-セファロースなどの抗体を結合する性質をもった不溶性のビーズを加えて遠心分離することによって簡単に回収できる．このようにして免疫沈降された特定のクロマチンに含まれるDNA配列は，適当なプライマーを用いて増幅され，その塩基配列が解析・同定される．クロマチン免疫沈降は，細胞から単離されたmRNAの量を定量するリアルタイムRT-PCR法と並んで，生きた細胞の中で実際にどのような遺伝子が転写されているのかを解析するための重要な方法となっている．

撹乱物質など一部の化学物質が，遺伝子に変異を起こす変異原性はもたないが，いわばエピジェネティック変異原性をもっていることが知られている．また発がんにおいても，基本的には遺伝子に支配されているものの，エピジェネティックな効果が大きな影響をもつことがわかってきている．

練習問題

1. クローン集団からなる動植物の生存に有利な点と不利な点について，それぞれ考察しなさい．
2. 哺乳動物の卵形成と精子形成の共通点と相違点についてまとめなさい．
3. 受精のシグナル伝達で重要な働きをしているホスホリパーゼCによるホスファチジルイノシトール二リン酸の加水分解反応について分子式を使って説明しなさい．
4. アフリカツメガエルの受精卵が30分に1回の割合で卵割するときのDNA合成の平均速度（塩基対/秒）を求めなさい．
5. DNAのメチル化状態の変化が遺伝子発現に与える影響について説明しなさい．

12章 「がん」と「老化」の分子生物学

あれか これか

12.1 細胞の不死化とがん化

通常,正常な体細胞が増殖するために細胞分裂できる回数には限界がある.たとえばヒト繊維芽細胞を人工栄養培地中で継代培養すると,50回程度分裂・増殖した後に分裂が止まる.この現象は発見者の名をとってヘイフリックの限界と呼ばれ,複製に伴う**細胞の老化**(replicative cell senescence)ととらえられてきた.しかし以下に述べるように,この現象は老化そのものとは別の現象であり,通常の体細胞では染色体 DNA の複製回数が制限されていることによる.一方で,体細胞のなかでも幹細胞と呼ばれる種類の細胞は基本的に何度でも分裂することができる.たとえば,小腸上皮の絨毛細胞を供給している幹細胞は最も頻繁に分裂を繰り返す体細胞の一つであり,分裂のたびに幹細胞である自分自身と絨毛細胞へと分化していく娘細胞をつくり出している.また,生殖細胞も幹細胞としての性質をもっており,卵原細胞は数多くの一次卵母細胞をつくるために分裂することができるし,精原細胞もほとんど生涯にわたって精子をつくり出すための分裂を続ける.さらに,際限なく分裂・増殖を続けることによって個体の生存を脅かすがん細胞もまた分裂回数に限界がない細胞である.いずれにしても,細胞が分裂を続けるためには染色体 DNA が複製され続けなければならない.ここでは,染色体 DNA の複製回数を規定している分子メカニズムについて学ぶとともに,それに縛られずに分裂を続けることができる細胞としてのがん細胞,および発がんの分子機構について概説する.

12.1.1 テロメアの伸張と不死化

テロメアは染色体 DNA の末端にあるグアニンヌクレオチドに富む繰返し配列で,真核生物に広く保存されている.テロメア配列の長さは細胞や種によってさまざまであるが,細胞分裂を続けるためには一定の長さに維持されることが必要で,そのため**テロメラーゼ**(telomerase)という DNA 合成酵素が重要な働きをしている(図12.1).テロメラーゼの最大の特徴は,テロメア DNA の鋳型になる RNA を結合していることであり,この鋳型 RNA をもとにテロメラーゼはテロメア配列を伸ばすことができる.染色体 DNA の複製を担う DNA ポリメラーゼは,$5' \rightarrow 3'$ の一方向にしか DNA を合成できないため,通常,二本鎖 DNA の $3'$ 末端配列を端まで完全には複製できない.しかし,鋳型鎖のテロメア配列が $3'$ 末端方向に伸ばされることによって,伸びた部分を鋳型にして DNA ポリメラーゼは新たなラギング鎖(5章参照)を合成でき,複製のたびごとに染色体 DNA の末端が短くなっていく事態を避けることができる.細胞にテロメラーゼがないと複製のたびごとにテロメア配列は短くなっていき,やがて細胞は分裂を続けることができなくなる.実際,繊維芽細胞を含むヒトの体細胞の大半はテロメラーゼ活性がなく,継

12.1 細胞の不死化とがん化

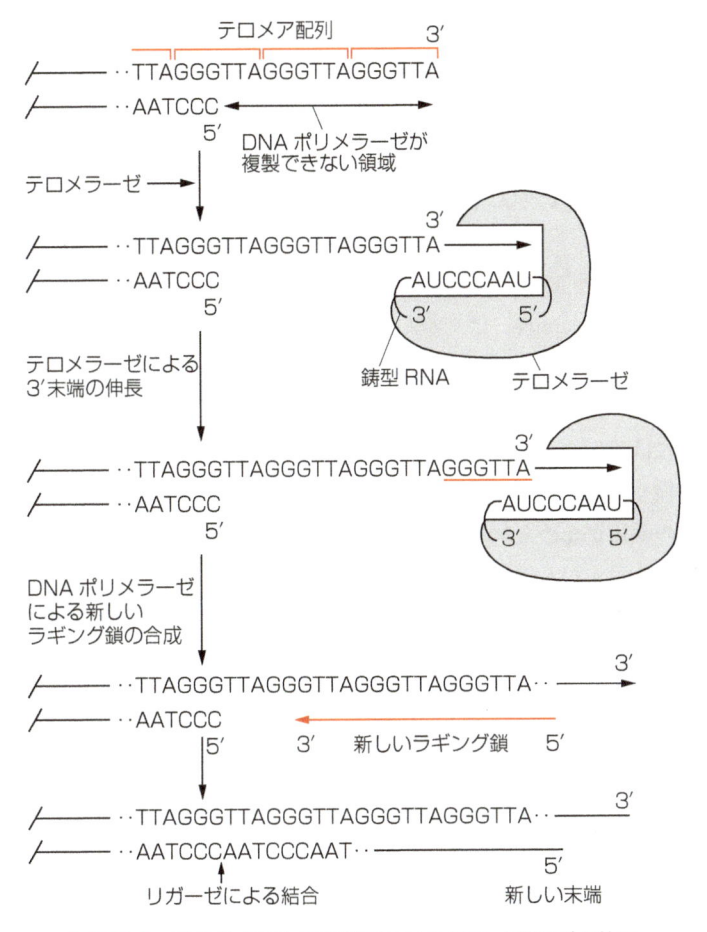

図12.1 染色体DNAの末端におけるテロメア配列の伸長

代培養を続けるとやがて分裂を停止するが，そのような細胞にテロメラーゼを発現させるとテロメア構造が回復し，細胞は分裂を続けられるようになる．このような状態の細胞は，複製に伴う細胞の老化から逃れているように見えるので，**不死化した**（immortalized）と呼ばれる．

ヒトと異なり，齧歯類の体細胞にはテロメラーゼが常に発現しており，継代培養を続けてもテロメアは短くならず，容易に不死化する．しかし実際には，細胞が不死化するにはテロメラーゼが発現するだけでは十分ではなく，細胞周期を止めるチェックポイント機構（10章参照）が不活性化されなければならない．したがって，不死化した細胞はテロメラーゼ活性をもつ以外にチェックポイント機構を不活性化するような遺伝的変異を起こしていると考えられる．齧歯類の体細胞が継代培養によって容易に不死化するのも，このような遺伝的変異をもった細胞が集団中に生じて，その子孫の細胞のみがチェックポイント機構をすり抜けて増殖してくるためであると考えられる．

それでは，このような不死化した細胞のすべてががん細胞になるかというと必ずしもそうではなく，不死化は細胞ががん化する必要条件ではあるが，十分条件ではない．不死化した細胞ががん化するには，テロメラーゼの発現やチェックポイント機構の不活性化以外の変異がさらに積み重なる必要がある．以下では細胞のがん化について概説する．

12.1.2 細胞のがん化

臨床的な**がん**(cancer)は，がん化した細胞が増殖して個体の諸臓器の正常な働きを阻害する段階にまで達したものである．したがって，がんを形成している細胞の集団は，最初1個であったがん細胞に由来するクローンであり，基本的には遺伝的に均一な集団である．しかしながら，がん細胞はそれが生じた組織や臓器の正常な周辺細胞と比べると，多くの場合，いくつかの遺伝的変異の蓄積が認められる．また，がんの進行に伴い，さまざまな中間段階の悪性度を示すがん細胞が認められる場合がある．これらのことから，増殖能や浸潤・転移能などの悪性度(下記①〜⑧を参照)が高い1個のがん細胞が最初から存在し，それが増殖してがんが形成されるわけではなく，がん細胞はかなりの時間をかけて遺伝子の変異やエピジェネティックな変異を重ね，選択淘汰されながら徐々に悪性度を増していくものと考えられている(図12.2)．さらに最近，がん細胞もまたがん幹細胞[*1]から生じる細胞の集団であることが明らかになってきており，一部の実験がんを除いて，がんを均一な細胞集団と考えることは適当ではないといえる．

がん細胞を明確に定義することは困難であるが，悪性度の高いがん細胞の性質としては以下のようなものが挙げられる．

① 細胞分裂・増殖に制限がかからず不死化している．
② 細胞外からの分裂・増殖制御シグナルに従わない．
③ 遺伝的に不安定であり，しばしば染色体異常などが見られる．
④ 細胞を自殺に導くアポトーシスの機構を回避することができる．
⑤ それが生じた最初の組織から逸脱する能力をもっている(浸潤能)．
⑥ 個体内の別の組織に移り，そこで分裂・増殖を続ける(転移能)．
⑦ 血清飢餓など不利な生育条件下でも生き残ることができる．
⑧ 自らの周辺に血管新生を促し栄養と酸素の供給を受ける．

このほか，細胞ががん化すると元の細胞とは異なる生化学的特徴(腫瘍マーカーの発現など)や形態学的特徴(細胞が丸くなる，核の形態が異常になるなど)をもつようになることも多く，がん細胞判定の材料の一つとなる．一般に，ある細胞ががん細胞かどうかを実験的に判定するために，以下のような基準が設けられている．

[*1] 臨床的ながんでは，がん細胞が未分化のがん幹細胞に由来している場合がある．がん幹細胞は，がん細胞と比べると細胞分裂が盛んでないため，細胞分裂を阻害する一般的な抗がん剤に対する感受性が低く，がん治療上の大きな問題となっている．

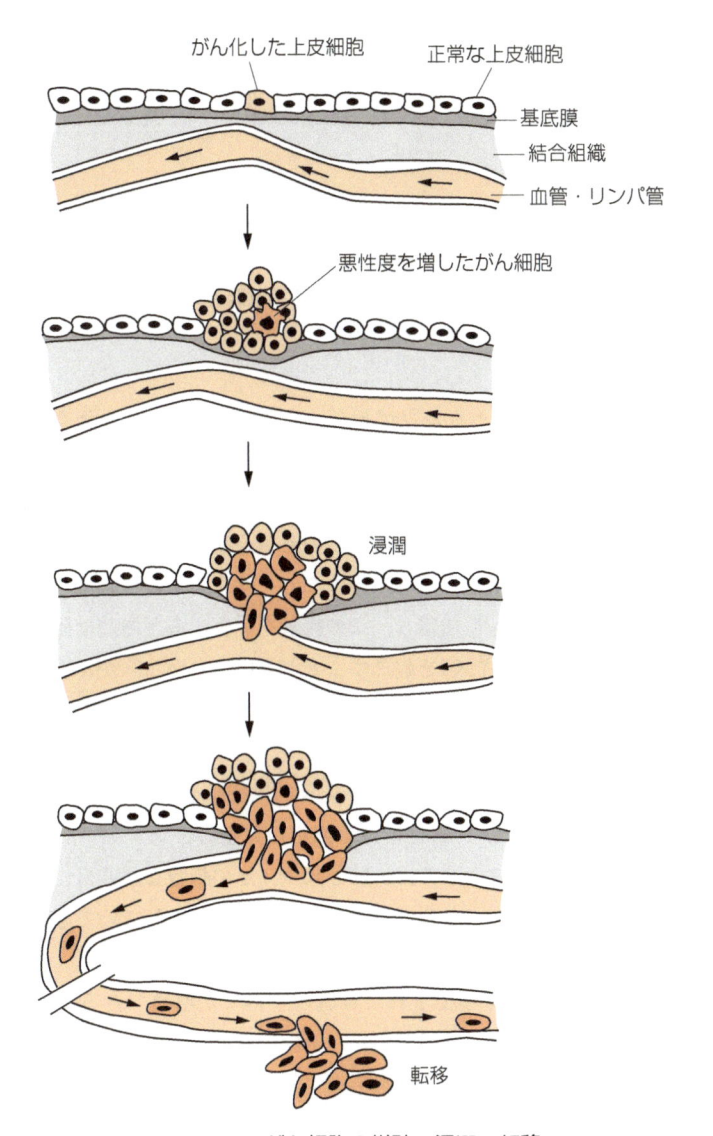

図12.2 がん細胞の増殖・浸潤・転移

① **接触阻害の喪失** 正常細胞を培養すると，細胞同士が互いにコミュニケーションを取り合い，重なり合うことなく培養皿一面に増殖した後，細胞外からの分裂停止シグナルを受けて増殖を停止する．これを接触阻害という．しかし，がん細胞では細胞間のコミュニケーションが弱く，細胞外からの分裂・増殖制御シグナルに従わないため，一面に増殖した後にさらに重なり合って増殖を続ける（図12.3）．

② **血清要求性の低下** 正常細胞を培養する際には，通常，培地に血清

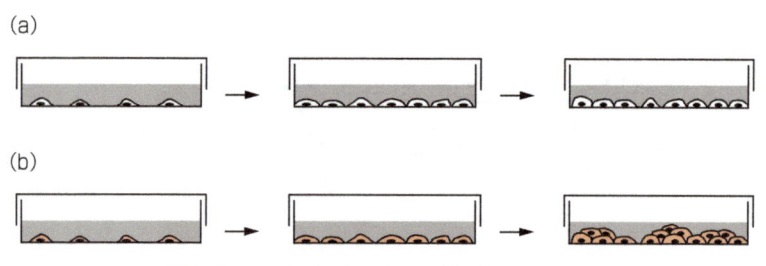

図12.3　がん細胞における接触阻害の喪失
(a)正常細胞，(b)がん細胞．

を5〜10％加える必要があり，細胞は血清中に含まれる増殖因子の刺激を受けて初めて増殖を続けることができる．しかし，がん細胞は自ら増殖因子を分泌するなどしてこの血清要求性を低く抑えることができるため，より低濃度の血清存在下で培養が可能になる．

③ **足場非依存性増殖**　血球系細胞などを除く通常の正常細胞は，培養皿の底に接着して増殖し，この接着を阻害すると増殖は阻害されて細胞死「アノイキス」を起こすことが多い．しかし，がん細胞は足場を失った状態でもアノイキスの機構を回避することができ増殖を続ける．

④ **ヌードマウスでの腫瘍形成**　先天的に胸腺を欠如したマウス（ヌードマウス）では，T細胞による細胞性免疫応答システムが働かないため，通常のマウスでは排除されるヒトの細胞など非自己の細胞も移植することができる．ただし，T細胞は欠失していてもナチュラルキラー細胞など他の免疫応答システムは維持されているため，ヌードマウスに移植された細胞のすべてが増殖できるわけではない．しかし，悪性度の高いがん細胞をヌードマウスの皮下に移植すると，そこで増殖し腫瘍を形成する．このことは，移植した細胞が生体内で腫瘍を形成する細胞，すなわち，がん細胞であるという最終的な判定基準とされている．

現在，実験研究で用いられているがん細胞株[*2]の多くは，このような性質をもつことを確認されたうえで選択・純化された細胞株である．

それでは，細胞ががん化する要因にはどのようなものがあるだろうか．よく知られているのは放射線被曝による発がん（白血病など）であり，また化学物質（ニトロソアミンなど）による発がんである．これらはいずれも遺伝子DNAを傷つけることによって突然変異を誘発し，細胞がん化の原因となる．もう一つの要因としてウイルスによる発がんがある．ヒトの場合，がんを起こすウイルスは多くはないが，成人T細胞白血病ウイルスやヒトパピロー

[*2] がん細胞としての性質が確立した細胞で，実験研究用のモデル細胞として用いられる．元々の由来は，がん患者や担がん動物から分離されたものが主であるが，正常細胞をがんウイルスやがん遺伝子によってがん化させた細胞株も含まれる．

マウイルスなどが知られている．一方，家畜・家禽・実験動物などでは，ウシ白血病ウイルス，ニワトリ肉腫ウイルス，マウス乳がんウイルスなど，さまざまな発がんウイルスが見いだされている．これらのウイルスの多くは，後で述べるように細胞をがん化する遺伝子をもっている．放射線，化学物質，ウイルス，いずれの要因にしても核内の遺伝子DNAの働きの変化が発がんの最初の段階にかかわっていることに変わりはない（図12.4）．つまり重要なのは，どのような遺伝子の働きが発がんと関連しているのかを明らかにすることである．以下では，発がんのメカニズムについて現在知られていることを整理する．

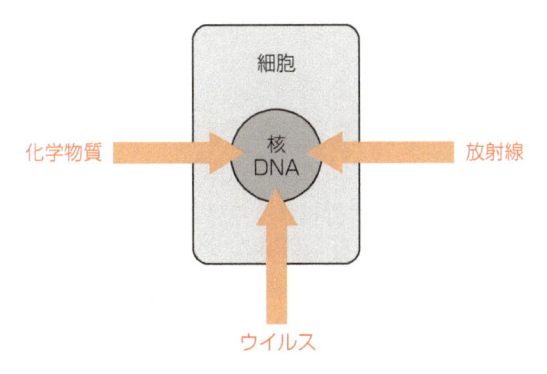

図12.4　細胞がん化の要因

12.2　発がんと遺伝子

すでに述べたように，がんは通常，一つの遺伝子の変異のみによって生じるのではなく，いくつかの体細胞変異が積み重なって起こる遺伝子の病気である．したがって，発がんのメカニズムを明らかにするには，まず，がん細胞がもっている遺伝的変異を特定する必要がある．この作業は，最近のマイクロアレイ法[*3]の進歩などにより，たとえば周辺の正常組織との遺伝子発現の比較解析から，以前よりは容易に解明が進められるようになってきた．次のステップとしては，それらの変異とがん化との因果関係を明らかにしなければならない．しかし，ここで問題となるのは，変異のなかにはがん化の原因となったものだけでなく，がん化の結果として現れただけの変異，つまり，がん化とは直接関係のない変異も含まれていることである．とくに，がん細胞は遺伝的に不安定で，染色体異常を伴うことが多いため，がん化に伴う二次的な変異が多く，そのなかにはがん細胞のさらなる悪性化に重要なものもあれば，まったくがんの性質に無関係な変異もありうる．これらの遺伝的変異のうち，がん化やがん細胞の性質維持に重要であると想定される遺伝子を**がん関連遺伝子**（cancer-critical gene）と呼ぶ．ヒトのがん関連遺伝子

[*3] 3章コラム「マイクロアレイ」を参照．

は100以上あると推定されるが，一概にそれらを規定するのは困難である．なぜなら，たいていの場合，一つのがん関連遺伝子に変異を導入しただけでは細胞をがん化することは困難だからである．しかしながら，一部の実験がんの研究から明確にがん関連遺伝子であると判断された例も多い．それらのがん関連遺伝子は大きく二つのグループに分けられる．その一つは，遺伝子の機能が活性化されることによってがんの原因となりうる**がん遺伝子**（oncogene）であり，もう一つは遺伝子の機能が不活性化されることによってがんの原因となりうる**がん抑制遺伝子**である．それぞれに起こる遺伝子の変異を**機能獲得変異**（gain-of-function mutation）および**機能欠損変異**（loss-of-function mutation）という．以下では，これらのがん関連遺伝子の例を見ていく．

12.2.1 がん遺伝子

　がん遺伝子は細胞にがんを引き起こす遺伝子として，**ラウス肉腫ウイルス**（Rous sarcoma virus: RSV）と呼ばれるニワトリの肉腫ウイルスで最初に見つかった．その遺伝子の名前は *src*（サーク）といい，感染したニワトリにsarcoma（肉腫）を生じることからつけられた．このウイルスはRNAをゲノムとし，感染した宿主細胞中で逆転写酵素によってRNAからDNAを合成し，宿主細胞のDNAに入り込む性質をもったレトロウイルスと呼ばれるウイルスの仲間である．その後，RSVに続いて次々と肉腫や白血病を起こす動物ウイルスからがん遺伝子が発見され，ウイルス発がんの原因としてのがん遺伝子の存在が知られるようになった．*src* 遺伝子のタンパク質産物 Src[*4]は，タンパク質のチロシン残基をリン酸化するタンパク質リン酸化酵素であり，細胞内のさまざまなタンパク質をリン酸化によって活性化し，細胞増殖シグナルを増強することによって細胞をがん化させていると考えられている．ほかに *ras* というマウス肉腫で発見されたがん遺伝子の産物（Ras）も，やはり細胞増殖につながる細胞内シグナル伝達経路で働くことが知られている．

　これらウイルスがもっているがん遺伝子に続くさらに重要な発見は，これらのがん遺伝子がもともとは宿主がもっていた遺伝子であり，それをウイルスが取り込んだものであることが明らかになったことである．つまり，ウイルスが感染した宿主の正常な細胞はがん遺伝子のもととなる遺伝子をもっており，それがウイルスの複製・増殖に伴ってウイルスゲノムに取り込まれ，次にウイルスが感染したときに宿主にがんを生じさせていたということである．がん遺伝子のもととなる正常な遺伝子は**原がん遺伝子**（proto-oncogene）と呼ばれており，それらの産物はわれわれの体の中で必須といってよい重要な機能をもったものが多い．たとえば，SrcやRasはその代表例といえる．一方，がん遺伝子は原がん遺伝子とまったく同じではなく，たい

[*4] 遺伝子は小文字の斜体で，その産物は大文字で始まる立体で表される．

ていの場合，遺伝子産物の過剰な活性化や過剰な発現を伴う変異，つまり機能獲得変異を起こしている．たとえば src の場合，RSV がもっているウイルスの src は v-src と呼ばれ，常に活性化されたタンパク質リン酸化酵素 v-Src を発現し，正常な細胞の src は c-src と呼ばれ，必要なときだけに活性化されるように制御された産物（c-Src）を発現している．接頭部の v- および c- は，それぞれウイルス性（<u>v</u>iral）および細胞性（<u>c</u>ellular）の意味である．図 12.5 に RSV の v-Src とニワトリ c-Src の構造上の違いを示した．両者の間には 9 カ所のアミノ酸置換を伴う変異が見られるが，そのほかに最も大きな違いが C 末端にあり，v-Src では c-Src に見られる末端の 527 番のチロシン残基を含む 7 アミノ酸残基が欠失している．正常な c-Src では，この 527 番のチロシン残基がリン酸化されることによって自己抑制的に活性が制御されているが〔7.4.2 項 (2) ①参照〕，v-Src ではこの部分が欠失していることによって常に活性化した状態になると考えられている．

表 12.1 に，ウイルスから発見された代表的ながん遺伝子とその産物の機能をまとめた．

がんウイルスのなかには，明らかながん遺伝子をもたないにもかかわらず個体にがんを引き起こすものがある．たとえば，**マウス白血病ウイルス**（murine leukemia virus: MLV）のゲノム構造を RSV のそれと並べてみると

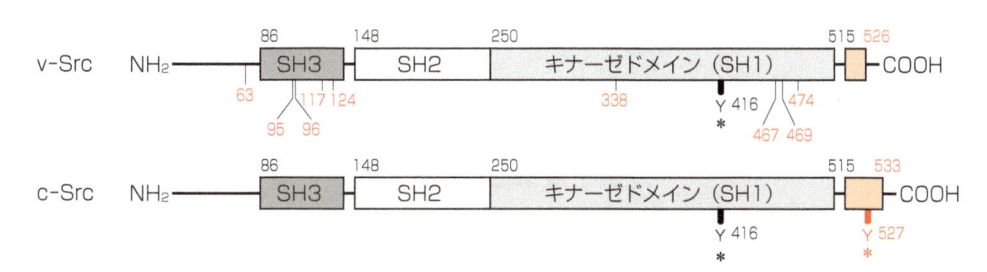

図 12.5 RSV の v-Src とニワトリ c-Src の構造上の違い

表 12.1 ウイルスから発見された代表的ながん遺伝子とその産物の機能

がん遺伝子	由来ウイルス（宿主動物）	産物	機能
sis	サル肉腫ウイルス（サル）	P28^{sis}	血小板由来増殖因子
src	ラウス肉腫ウイルス（ニワトリ）	P60^{src}, Src	非受容体チロシンキナーゼ
yes	Y73 山口肉腫ウイルス（ニワトリ）	P60^{yes}	非受容体チロシンキナーゼ
fps	藤波肉腫ウイルス（ニワトリ）	P130$^{gag-fps}$	非受容体チロシンキナーゼ
abl	エーベルソン白血病ウイルス（マウス）	P120$^{gag-abl}$	非受容体チロシンキナーゼ
erb-B	トリ赤芽血球症ウイルス（ニワトリ）	P67^{erb-B}	受容体チロシンキナーゼ
kit	ネコ肉腫ウイルス（ネコ）	P80$^{gag-kit}$	受容体チロシンキナーゼ
ros	UR-2 肉腫ウイルス（ニワトリ）	P68$^{gag-ros}$	インスリン受容体チロシンキナーゼ
ras	ハーベイ肉腫ウイルス（ラット）	P21^{ras}, Ras	単量体 GTP 結合タンパク質

12章 「がん」と「老化」の分子生物学

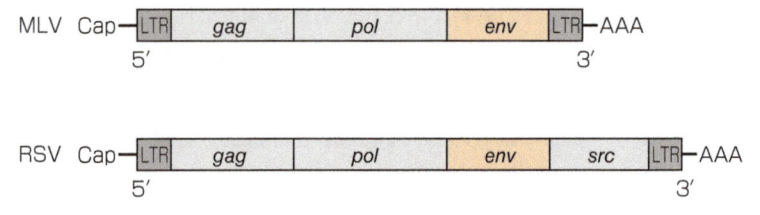

```
MLV  Cap─[LTR|  gag  |  pol  |  env  |LTR]─AAA
         5'                                 3'

RSV  Cap─[LTR|  gag  |  pol  |  env  | src |LTR]─AAA
         5'                                    3'
```

図 12.6 MLV と RSV のゲノム構造の類似

src 遺伝子以外の部分はきわめてよく似ている（図 12.6）．MLV は RSV と同じくレトロウイルスであるが，RSV に比べると宿主にがんを引き起こすのに長い時間を要する．それは，このウイルスが宿主のゲノム DNA に入り込んだり，また出ていったりを繰り返す性質をもっており，宿主 DNA のさまざまな部位に入り込むうち，たまたまがん関連遺伝子の近傍に入り込んでそれを活性化し，宿主にがんを引き起こすものと考えられるからである．このようなレトロウイルスのもつ性質は，さまざまな遺伝子を細胞内に運ぶ**ベクター（vector）**[*5] として利用するには大変便利なので，遺伝子治療などさまざまな用途で使われている．しかし現在の技術では，レトロウイルスの DNA が入り込む宿主ゲノム上の場所を制御することができないため，ヒトに応用する場合には得失を慎重に吟味する必要がある．時として予期せぬ遺伝子の活性化や不活性化により重篤な副作用を生じる可能性があるからである．

*5 導入したい外来の遺伝子を細胞内まで運ぶ働きをする DNA やウイルス．用途に応じて薬剤耐性遺伝子を備えた DNA ベクターや，感染能の高いウイルスを用いたウイルスベクターなど，さまざまな種類が開発されている．

Column

遺伝子疾患と遺伝子治療

遺伝子疾患とは，次世代に受け継がれる生殖細胞の遺伝子に起こった変異により生じる遺伝病を含むが，狭義には体細胞遺伝子に起こった変異により生じた疾患を指し，区別されることも多い．遺伝病を治療するには生殖細胞中の遺伝子を改変する必要があり，倫理上の問題があるが，遺伝子疾患はその個体一代限りの治療であるので，さまざまな遺伝子治療が試みられている．最も成功している例の一つは，ADA（アデノシンデアミナーゼ）欠損症に対する遺伝子治療である．ADA は核酸の代謝にかかわる酵素で，欠損するとリンパ球が減少して重篤な免疫不全を起こし，治療しなければほとんどが乳児期に死亡する．従来は骨髄移植か酵素補充療法しかなかったが，それぞれドナー不足や莫大な治療費がかかるなどの問題があった．遺伝子治療では，欠損した ADA 遺伝子に代わる正常な ADA 遺伝子をレトロウイルスベクターに搭載し，患者の細胞（リンパ球）に感染させることによって遺伝子を導入する．ただし，ベクターとしてレトロウイルスを用いる場合，ウイルス DNA が組み込まれる宿主細胞の DNA 部位を限定することができないため，遺伝子導入した細胞ががん化する危険性などが完全には排除できない．このため遺伝子導入された細胞は，正常な遺伝子を発現していることや細胞自体に異常がないことを確認してから患者にもどされている．また，万が一もどされた細胞に異常が生じた際には，遺伝子導入された細胞だけを殺すしくみも講じられている．

レトロウイルス以外にも，がんを起こすウイルスは知られている．たとえば，ヒトパピローマウイルスは子宮頸がんの原因ウイルスとされており，その遺伝子産物は，以下で述べるがん抑制遺伝子の産物の分解を促進することによりがん化に寄与していると考えられている．ほかにも肝炎ウイルスの一部（B型およびC型など）は慢性肝炎や肝硬変を起こし，最終的に肝臓がんにつながることが明らかであるが，そのメカニズムの詳細はまだ解明されていない．

12.2.2 がん抑制遺伝子

がん抑制遺伝子は，がん遺伝子とは逆に，遺伝子に機能欠損変異が起こったときにがんを引き起こす可能性がある遺伝子である．細胞のがん化を暴走する自動車に例えると，がん遺伝子によるがん化がアクセルのもどらなくなった故障による暴走だとすると，がん抑制遺伝子によるがん化はブレーキがきかなくなった故障による暴走といえる．がん抑制遺伝子の代表例はp53遺伝子である．この遺伝子の産物は基本的には転写因子であるが，さまざまな細胞内シグナル伝達因子と相互作用し，細胞周期チェックポイントや細胞死（アポトーシス）の誘導など，細胞に異常が生じた際にその細胞を個体から取り除く機構に関与している（10章参照）．p53遺伝子の仲間としてはRb遺伝子が知られる．この遺伝子はもともと小児がんの**網膜芽細胞腫**（retinoblastoma）で見いだされた遺伝子で，p53遺伝子と同じく産物は転写因子である．そのほかのがん抑制遺伝子としては，**家族性大腸ポリポーシス**（familial adenomatous polyposis）の原因遺伝子として見つかった**APC**（adenomatous polyposis coli）遺伝子がある．APC遺伝子の産物は分子量30万の巨大なタンパク質で，Wntシグナル伝達経路[*6]の下流因子であるβカテニンと結合する性質をもち，Wntシグナル伝達経路を負に制御していることが知られているが，がん抑制のメカニズムについては明らかになっていない．

12.3 老化と遺伝子

われわれ哺乳類を代表とする高等動物の個体に寿命があることは誰しも認めるところである．マウスやラットの寿命は2～3年であるし，ヒトの寿命は最大120年と見積もられている．このことからすると寿命は遺伝的に決定されているように思われる．ここでは個体の寿命を左右する老化現象に関係する遺伝子について述べてみたい．そのためにはまず，老化のしくみについて考察する必要がある．

老化は，個体の細胞や臓器・器官の生理的機能が加齢とともに衰えて機能不全に陥り，がんや高血圧症などのさまざまな老化関連疾患に罹患しやすく

[*6] 分子量約4万の細胞外分泌糖タンパク質Wnt（ウイント）によって伝えられる細胞間および細胞内シグナル伝達経路．動物種を超えて保存されており，初期発生における体軸の決定や器官形成など数多くの細胞機能を制御している．

なり，やがて寿命を迎えて死に至る過程ととらえられる．そのしくみに関しては次のようにいくつかの説がある．

① テロメア説
② 突然変異蓄積説
③ エネルギー代謝説
④ 酸化ストレス説

①のテロメア説は，老化が決められた時間通りに進行するとする説で，老化を計る時計が細胞分裂ごとに短くなるテロメアである．テロメア説では，寿命が種ごとに遺伝的に決定されていることをよく説明できる．しかし，テロメラーゼをノックアウトしてテロメアが伸張できないようにしたマウスでも寿命や老化形質に大きな影響は現れないことや，長いテロメアをもつ齧歯類のほうがヒトより寿命が短いことなどを考えると，テロメアと寿命との関係はそう単純ではない．②の突然変異蓄積説は，加齢が進むにつれてDNA複製や修復に伴うエラーが蓄積し，さまざまな障害が生じるとするものであり，早期老化症を引き起こす遺伝子変異の存在などがおもな根拠となっている．③のエネルギー代謝説は，実験動物の遺伝的解析から明らかになってきた老化メカニズムであり，比較的新しい説である．④の酸化ストレス説は，②と③の両方に関係する説で，代謝活動に伴って発生するフリーラジカルなどの酸化物が遺伝子の傷害や細胞のアポトーシスを誘導して老化が進行するというものである．以下に②から④に関連する事柄について少し詳しく述べる．

12.3.1 遺伝的早期老化症候群

ヒトの遺伝的疾患のなかには，老化に伴って共通して認められる生理学的あるいは細胞学的特徴が，早期に現れるものがある．これらは遺伝性早老症あるいは遺伝的早期老化症候群と呼ばれる．よく知られているものとしてはハッチソン・ギルフォード・プロジェリア症候群（HGPS），ウェルナー症候群などがある．HGPSは早老症のなかでも最も症状が重篤で，生後6カ月から2年で発症し，加齢とともに多くの老化症状を呈するとともに，通常は動脈硬化症による心疾患や脳卒中により成人前に死亡する．その原因遺伝子はすでに同定されており，核膜の構成成分であるラミンAの遺伝子である．この遺伝子の突然変異によって正常よりも短いラミンAが産生され，核膜機能の異常が引き起こされると考えられるが，HGPS発症の詳しい機構は明らかになっていない．一方，ウェルナー症候群はHGPSよりも遅く20～30歳代で発症し，ゆっくりと進行する．その原因遺伝子はDNAヘリカーゼ[*7]の1タイプであることがわかっている．DNAヘリカーゼはDNAの複製や修

*7 ATPの加水分解エネルギーを用いて二本鎖DNAの二重らせん構造をほどく活性をもったタンパク質．

復，組換え，転写などに広く関与している重要な酵素である．同じタイプではあるが別々のヘリカーゼ遺伝子の変異が，他の遺伝性早老症であるブルーム症候群とロスムンド・トムソン症候群の原因遺伝子としてそれぞれ同定されていることから，これらDNAヘリカーゼの機能不全が早老症の発症に深くかかわっていると考えられている．また，コケイン症候群という紫外線過敏症を伴う早老症の原因遺伝子がDNA修復に関係していることなどからも，DNA傷害の修復が正常になされないと老化と同様の症状を呈すると考えられている．これらのことが，加齢に伴ってDNA複製や修復に伴うエラーが蓄積し，さまざまな障害が生じるとする老化の突然変異蓄積説の根拠となっている．

12.3.2　寿命を制御する遺伝子

上で述べてきたように，どうやら「老化関連遺伝子」と呼べるものは存在しているようである．では，もっと直接的に寿命そのものに影響する「寿命制御遺伝子」のようなものは存在するのであろうか．これについては線虫やキイロショウジョウバエ，マウスなどのモデル動物を用いた研究が盛んに行われており，驚くべき成果が報告されている．これらのモデル動物は遺伝的解析が容易で，寿命の延長や短縮という表現形と遺伝子変異を直接関連づけることができるからである．その典型的な例を以下に取り上げる．

線虫（*C. elegans*）は卵を産むまでのライフサイクルが短く（20℃で3日），飼育が容易で人工交配が可能であることから遺伝学的解析に適したモデル動物である．雌雄同体の成虫の体長は約1 mm，細胞数はわずか959個であり，そのすべての細胞系譜（受精卵からの履歴）が明らかになっている．その寿命は3週間程度であるが，10日頃から中年太りのような脂肪組織の蓄積が見られる．この線虫の突然変異で，*daf-2* と名づけられた長寿変異株がある．その寿命は何と野生株の1.5～2倍もある．1997年に *daf-2* 変異がインスリン様受容体遺伝子の機能欠失変異であることが明らかになり，インスリンシグナルと寿命との関係が取りざたされるようになった．その後，キイロショウジョウバエでも同様なインスリン受容体変異と長寿形質の相関が明らかになっている．一方，マウスでも寿命の異なる系統間の交雑実験などにより多くの遺伝子が寿命の決定に関与していることが知られていたが，近年のトランスジェニックマウスとノックアウトマウスの解析によって寿命にかかわる遺伝子が次々と同定されている．そのなかでも，ノックアウトによってマウスの寿命をそれぞれ30％も延ばすとして注目されているのが p66^{shc} 遺伝子とAC5遺伝子である．p66^{shc} 遺伝子の産物はアダプタータンパク質と呼ばれるシグナル伝達を仲介するタンパク質であり，細胞膜の受容体チロシンキナーゼから核へのシグナル伝達に介在する一方，ミトコンドリアにおける活

性酸素(過酸化水素)の生成に関与している．また AC5 は，アドレナリンの刺激を受けて cAMP をつくる酵素アデニル酸シクラーゼの一つであるが(9.7.3項参照)，もともと寿命の研究ではなく心臓の研究から見つかったものである．この酵素の働きが阻害されると，血中アドレナリン濃度が高くなっても心臓へのストレスは軽減されるという．つまり，戦闘状態に即して心臓の鼓動を亢進させるための機能が十分ではない状態である．

　これら寿命の制御にかかわっていると考えられる遺伝子の機能は，今のところすべて細胞のシグナル伝達にかかわっており，しかも酸化ストレス応答に関係している．たとえば先のインスリンシグナルの例では，マウスにおいても改変型インスリン受容体を発現するトランスジェニックマウスが作成されているが，このマウスはエネルギー代謝のためのインスリンシグナル伝達が低下しているだけでなく，生体内で活性酸素を産生することが知られている除草剤のパラコート投与下や高濃度酸素下での飼育で有意な生存率の向上を示すことから，酸化ストレスに対して耐性であることが知られている．おもしろいことに酸化ストレスに対する耐性は雌において顕著で，これはエストロゲンの効果と考えられる．なぜなら，エストロゲンを投与した雄でも同様に酸化ストレスに対する耐性の上昇が認められたからである．

　マウスなどの哺乳類ではインスリンが血糖値を下げるのに必須のリガンドであり，エネルギー代謝の調節に中心的な役割を果たしている．長寿に関していえば，食事の量を少なくするカロリー制限によって霊長類を含むさまざまな動物の寿命が延びることはよく知られており，エネルギー代謝が低い状態である「低体温」，「低インスリン血症」などが長寿に関連する特徴(長寿バイオマーカー)として，アカゲザルの実験などで確認されている．またヒトでも，65歳以上の男性数千人を対象とした長期追跡調査で長寿とこれらの特徴との相関が明らかになっている．このことは，エネルギー代謝に伴って活性酸素などの酸化ストレスの要因が発生し，細胞ひいては個体の老化が進行するものと考えられ，老化の進行を遅らせるにはカロリー制限によってエネルギー代謝を下げ，酸化ストレスを軽減することが重要であるという，エネルギー代謝に伴う酸化ストレス説の根拠となっている．一方，哺乳類とは異なり，線虫やショウジョウバエではインスリン様受容体のリガンドがどのようなものかはわかっておらず，受容体活性化がエネルギー代謝と関連しているかどうかは明らかではない．しかし，その下流のシグナル伝達経路の少なくとも一部は哺乳類と同様であると考えられており，またこの伝達経路に対して p66[shc] 遺伝子や AC5 遺伝子の産物も関与しているとされている(図12.7)．この経路では，FoxO1 という転写調節因子がリン酸化に伴って核へ移行し，アポトーシス，DNA 修復，酸化ストレス，エネルギー代謝などにかかわるさまざまな遺伝子の発現を調節していることから，FoxO1 が「寿命

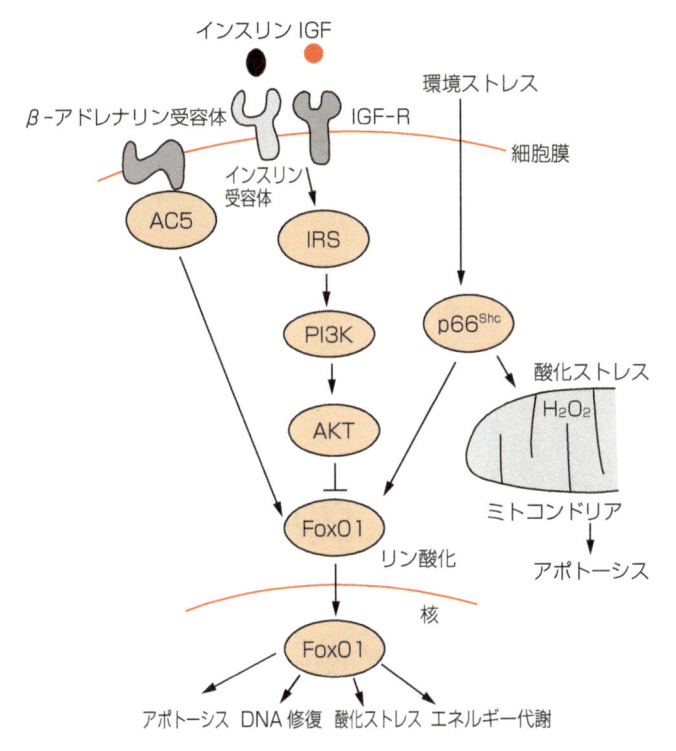

図12.7 寿命の制御にかかわると考えられるシグナル伝達経路

制御遺伝子」の本命かとも思われたが，ノックアウト実験では寿命への影響は現れておらず，寿命の制御機構はもう少し複雑なようである．

練習問題

1. 「ヘイフリックの限界」について説明しなさい．
2. がん研究においてヌードマウスなどの免疫不全マウスが果たす役割について解説しなさい．
3. 「がん遺伝子」と「がん抑制遺伝子」について説明しなさい．
4. 老化の「突然変異蓄積説」を支持する根拠を挙げなさい．
5. インスリンシグナルが寿命に関連する理由ついて説明しなさい．

13章 「免疫」と「神経」の分子生物学

心と体

13.1 免　疫
13.1.1　免疫のしくみ

　われわれの周りにはウイルスや細菌，カビの胞子などが飛び回っており，この目に見えない侵略者との戦いがわれわれの知らないところで繰り広げられている．この防御を担当しているのが**免疫システム**（immune system）である．免疫反応がかかわっているのは目に見えないものだけではない．異なる血液型の血液を輸血すると拒絶反応が起こるのも，花粉症が起こるのも免疫システムの一つである．つまり，免疫とは「自己」と「異物」とを認識するところから始まり，さまざまな「兵士」や「武器」を使って異物を排除しようとする機構である．原始的ではあるけれども，自己と異物を区別するしくみはホヤにも見ることができる．その後，生物は進化の過程で免疫システムを強化してきており，われわれヒトは非常に複雑な免疫システムを獲得している．まずは，ヒトの免疫について勉強してみよう．

13.1.2　免疫担当細胞

　免疫を担当する細胞にはT細胞，B細胞，マクロファージ，樹状細胞，好中球などがある．これらはいわゆる白血球[*1]と呼ばれているものであり，発生学的には骨髄の幹細胞からつくられ，われわれの血液やリンパ液の中を流れている．それはあたかも常時パトロールをしているようでもある．それでは，これらの細胞がどのようにして，われわれの体を守っているのか説明していこう（図13.1）．

　たとえば，傷口から細菌が侵入したとする．真っ先にこれを感知し，やってくるのは**好中球**（neutrophil）などの炎症性細胞である．これらの細胞は毛細血管から染み出して患部に到達し，細菌を直接取り込み分解する．それはまるで食べているようなので，**貪食**（ファゴサイトーシス，phagocytosis）と呼ばれている．次に**マクロファージ**（macrophage）もやってきて，好中球と同様に異物を貪食する．マクロファージには貪食作用のほかに，二つの重要な役目がある．それは，貪食した異物の一部を細胞膜上に提示することである．これを**抗原提示**（antigen presentation）といい，抗原に遭遇していないT細胞（T cell，ナイーブT細胞と呼ばれる）に抗原を提示し，活性化する働きをもつ．この抗原提示を行う細胞にはマクロファージのほかに**樹状細胞**（dendritic cell）と呼ばれる細胞がある．この樹状細胞は貪食と抗原提示を行っており，抗原提示においてマクロファージよりも重要な働きをしていると考えられている．マクロファージのもう一つの重要な任務は，インターロイキン12（IL-12）などのサイトカインを分泌し，ナイーブT細胞を活性化T細胞にすることである．活性化したT細胞はIL-2やIL-4, 5などの**リンホカイン**（lymphokine，リンパ球が分泌するサイトカイン）を分泌し，**B細**

[*1] 顆粒球，リンパ球，単球があり，顆粒球はさらに好中球，好酸球，好塩基球に分類できる．

13章 「免疫」と「神経」の分子生物学

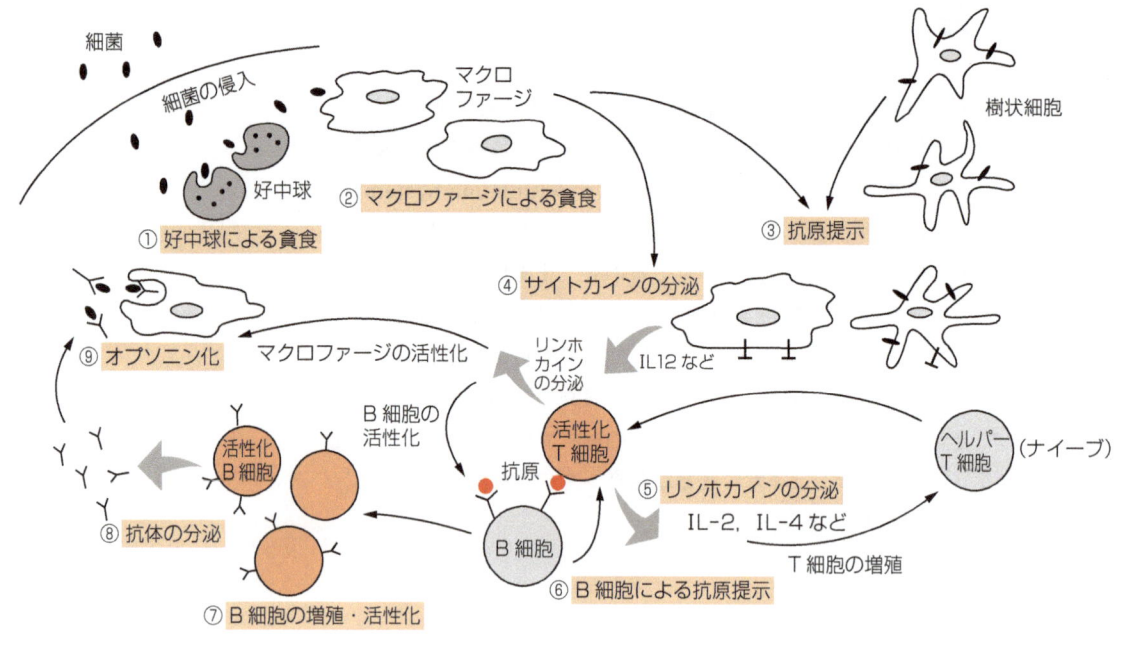

図 13.1 免疫のしくみ
数字は本文中の記述順を示す．

胞（B cell）を活性化する．このとき，B細胞の膜上の受容体には抗原が結合しており，この抗原を橋渡しとしてT細胞と結合する．この結合は同時にB細胞による抗原提示を意味しており，ヘルパーT細胞の活性化に役立っている．また，活性化したT細胞が分泌するリンホカインは，B細胞だけでなくT細胞自身の増殖とマクロファージ活性化にも寄与している．このようなフィードバック作用により，より効率的な免疫系の活性化が可能となる．最終的に活性化されたB細胞は増殖し，多量の抗体をつくる（B細胞の活性化および抗体の産生については次の項を参照）．分泌された抗体は異物を特異的に認識し，抗体に認識された病原体や細菌はより効率的に捕食・分解される（オプソニン化）．また，抗体は異物が組織内に侵入することを防いだり（一般に抗原の働きを弱めることを抗体による中和反応という），血液中の補体と協力して異物排除を行ったりする．以上が，外から異物が侵入した場合に起こる免疫反応の流れである．ここでは免疫反応の流れを簡略化して説明したが，実際には，異物の種類や状態によってもっと複雑な系が存在している．たとえば，T細胞にはキラーT細胞という別のグループも存在し，活性化されるとウイルス感染細胞などの標的細胞を認識し，破壊する．なお，活性化したヘルパーT細胞も同様の細胞障害活性を発揮する．

上述の貪食などによる直接の作用を**細胞性免疫応答**（cellular immune response），B細胞が司る抗体による作用を**液性免疫応答**（humoral immune response)という.また,微生物侵入に対してマクロファージなどが行う迅速な応答を**自然免疫**(natural immunity)といい,T細胞やB細胞がかかわる免疫を**獲得免疫**(acquired immunity)ともいう.細胞性免疫や自然免疫は昆虫から哺乳類まで幅広く利用されている免疫システムであり,液性免疫や獲得免疫は高等動物のみに見られる.

13.1.3　B細胞と抗体
(1) 抗体の構造と種類

抗体の本体は**免疫グロブリン**(immunoglobulin: Ig)と呼ばれるタンパク質である.その構造は図13.2に示す通りYのような形をしている.このY字型の構造では,2本のL(light)鎖と呼ばれるポリペプチドと2本のH(heavy)鎖がS—S結合をしている.1本のL鎖は約220アミノ酸で構成されており,ちょうどYの先にあたる半分が**可変領域**(variable region)と呼ばれ,個々のL鎖間で保存されていない.それ以外のところは比較的よく保存され,**定常領域**(constant region)と呼ばれている.一方H鎖は,L鎖の約2倍の長さのポリペプチドであり,L鎖同様110アミノ酸ほどが可変領域であり,残りが定常領域である.また,可変領域内には三つの**超可変領域**(hypervariable region)が存在し,L鎖とH鎖の超可変領域に囲まれるようにして,抗原が認識される.つまり,抗体1分子は2個の抗原と結合でき,

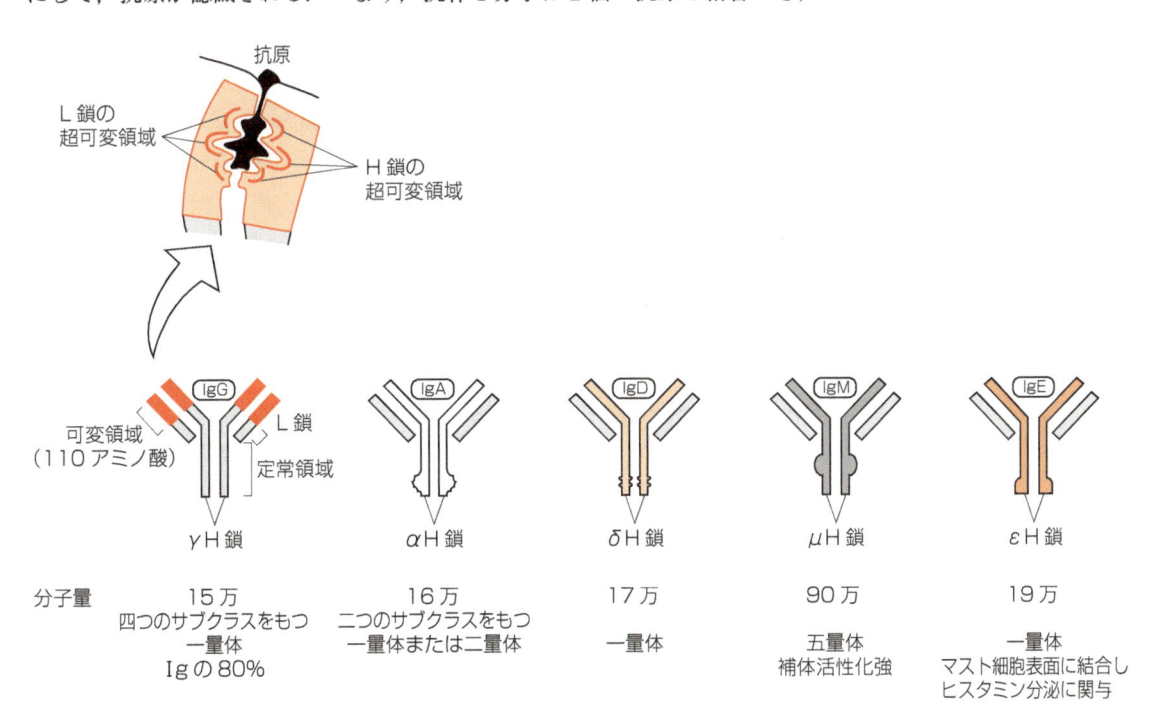

図13.2　抗体の種類

二つの抗原を認識する特異性はまったく同じである．

H鎖には五つのタイプの定常領域（IgA, IgD, IgE, IgG, IgM）が存在し，それぞれ異なった働きをしている（図13.2）．たとえば，IgAは唾液などの分泌液に多く含まれる抗体であり，通常ダイマーかモノマーである．IgEはマスト細胞[*2]の表面の受容体に高い親和性をもっており，花粉症の原因ともいえる．血液中Igの大部分を占めるIgGは，液性免疫の主役であり，高い抗原親和性をもっている．これに対して五量体で働くIgMは，B細胞が成熟する際の初期に産生される抗体であり，抗原への親和性が低い．IgA, IgD, IgE, IgG, IgMのH鎖はそれぞれ，α，δ，ε，γ，μという遺伝子でコードされている．一方，L鎖にも2種類（κ，λ）存在するので，たとえばIgGはγH鎖とκL鎖あるいはγH鎖とλL鎖の組合せからできている．

(2) 抗体の多様性をつくるしくみ

3章で習ったように，一つのポリペプチドは一つの遺伝子からつくられる．遺伝子にはエキソンとイントロンがあり，スプライシングという過程を経て，ポリペプチドを組み立てる設計図（mRNA）がつくられる．γH鎖には四つのサブクラス[*3]があるので，それぞれ一つの遺伝子がコードしているとすると，四つの遺伝子が本来必要である．また，L鎖にはκ，λの2種類があるので二つの遺伝子が必要となる．しかし，計六つの遺伝子からL鎖, H鎖それぞれを選び出して抗体をつくったとすると，抗体の種類は4×2の8種類しかできない．上述のように血液中のおもなIgはIgGであり，免疫反応において最も中心的な役割を果たす．とすると，γH鎖とκL鎖あるいはγH鎖とλL鎖の組合せからできるたった2種類の抗体で，われわれは外敵と戦っていけるのだろうか．一方，上述のようにH鎖とL鎖には保存されていない可変領域や超可変領域があるので，仮に，10種類の異なる可変領域をもつμH鎖があり，10種類の異なる可変領域をもつκL鎖とλL鎖があるとすれば，$10 \times 20 = 200$種類の抗体がつくれるはずである．しかし，外来抗原の種類は無数に存在する．200種類のIgGをつくるためだけでも計30個の遺伝子が必要であるのに，すべての抗原に適応する無数の抗体をつくるには，それぞれ可変領域の異なるH鎖とL鎖をコードする無数の遺伝子が必要になってしまう．実際には，われわれは10^9ほどの抗体の種類をもっており，未知の抗原に対しても抗体をつくることができる．それではどのようにして，抗体の多様性はつくり出されているのだろうか．その秘密は，遺伝子の再編成と点突然変異にある．

実際には，無数のγH鎖をたった一つの遺伝子からつくり出している．同様に，κL鎖とλL鎖も一つの遺伝子からできている．つまり，IgGをつくるための遺伝子は計3種類である．わかりやすいようにL鎖から話を始め

[*2] 肥満細胞ともいう．免疫担当細胞の一つであり，ヒスタミンやロイコトリエンなどのケミカルメディエーターを分泌することにより，即時型アレルギーを引き起こす．

[*3] イソタイプともいう．ヒトIgGには四つのサブクラス（IgG1〜4）があり，それぞれγ1, γ2, γ3, γ4の四つのγH鎖がコードしている．

よう．実は，κL鎖は三つのパートに分けてコードされており，それぞれをコードするエキソンが複数存在する(図13.3)．κL鎖の場合，可変(V)領域をコードするエキソンが約40個，定常(C)領域をコードするエキソンが1個，その間をコードするJ遺伝子断片が5個ある．この中からそれぞれ一つずつとってくると，$40 \times 5 \times 1 = 200$ だけ組合せが可能である．同様にして，λL鎖には30個のVλ遺伝子と，4個のJλ，4個のCλが存在するので $30 \times 4 \times 4 = 480$ の組合せが可能である．H鎖はもう少し複雑で，その可変領域は三つの部分V, D, Jでコードされている．図13.3に示したように，約65個のV_H, 27個のD_H, 6個のJ_H遺伝子，さらに先にも述べたようにC領域をコードする五つの遺伝子(α, δ, ε, μ, γ)からできているので，IgGのH鎖がつくられる場合には $65 \times 27 \times 6 \times C\gamma$，約1万種をつくることができる．これにL鎖の組合せをかけると，そのバリエーションは約10^8になる．実際には，$C\gamma$には四つのIgGサブタイプ(**イソタイプ**, isotype)をコードする遺伝子がそれぞれ存在するので，その数はさらに4倍になる．このようにして，膨大な多様性が生み出せるわけである．

また後に述べるように，B細胞がつくり出す抗体は当初，親和性の低いIgMであるが，より高い特異性をもつIgGへクラスが変わる．これを**クラ**

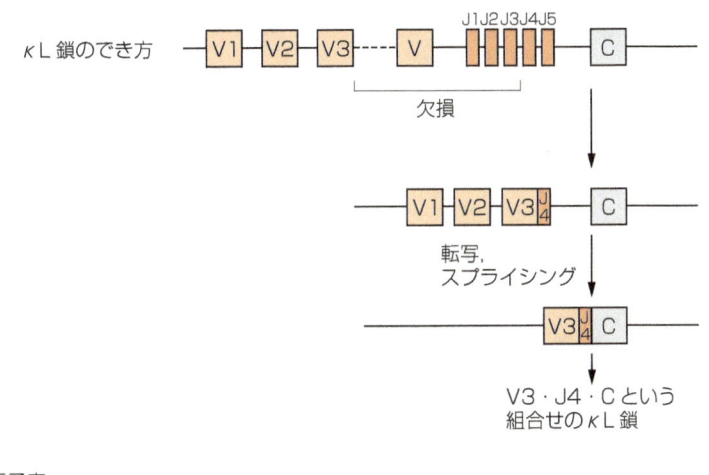

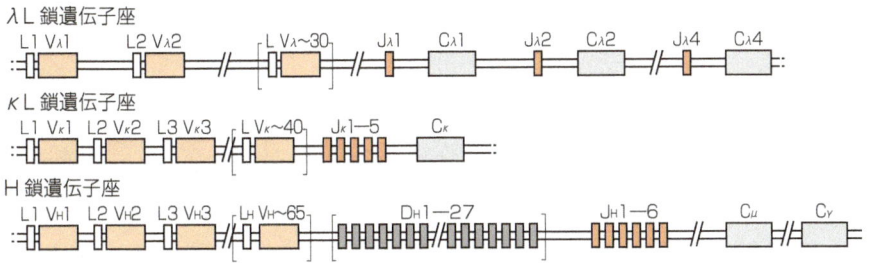

図 13.3 抗体の多様性のでき方

スイッチ(class switch)といい，この現象もH鎖の遺伝子座からどのC領域をコードする遺伝子をもってくるかで決められている．つまりIgMの場合はV×D×J×Cμであり，上述のようにIgGはV×D×J×Cγとなっている．これだけでも十分多様なように思えるが，実際に外部から侵入してくる異物の形は無限に近いので，より特異性の高い抗体をつくり出すために，B細胞はさらに突然変異という「技」を使っている．実際にB細胞の分化に沿って，抗体がどのようにしてクラススイッチと突然変異により多様性と特異性を獲得するのか見てみよう．

(3) B細胞の分化と抗体の多様性と特異性

　上述のように，抗体はB細胞でつくられる．抗体と抗原(異物の一部)の反応は非常に特異的で，少しでも形が違うと抗体は異物として認識しない．抗体およびその抗体が認識できる形は多様である．しかし，意外なことに1個のB細胞は1種類の抗体しかつくらない(一つの細胞から分化してきたB細胞も，たった一つの抗原を認識する抗体しかつくらない)．にもかかわらず，ある抗原が侵入してきたときには，その抗原に対する抗体をたくさんつくることができる．それぞれの抗原に対するB細胞が無数に存在しているのだろうか．その鍵はB細胞の分化にある．

　骨髄未成熟B細胞は，その細胞膜に抗体のような形をした受容体(B cell receptor: BCR)をもっている．このBCRは膜結合型のIgMであり(図13.4)，上述のように遺伝子を再編成することにより，約10^8種類の形をしたBCRが存在する．このとき，一つのB細胞には1種類のBCRしか発現していない．異物が体内に入ると，まずマクロファージなどにより貪食され，断片化されたタンパク質や細胞膜が抗原としてBCRによって認識される．それぞれのB細胞は，異なった抗原を認識する独自のBCRをもっているので，抗原と結合できるB細胞と結合できないB細胞がある．抗原に結合したB細胞は，ヘルパーT細胞の力を借りて増殖・分化(活性化)し，抗原に対応したIgMを分泌する(一次抗体)．しかし，IgM抗体は一般的に親和性が低い．そこで，活性化した一部のB細胞は，上述のようにクラススイッチと呼ばれる遺伝子の再編成を起こし，より親和性の高いIgGを細胞膜に発現させるようになる．このとき超可変領域に頻繁に点突然変異が起こるので，それぞれのB細胞は抗原に対して親和性の異なるIgGを細胞膜にもっていることになる．ついでB細胞は，この細胞膜上のIgGを介して，樹状細胞が提示した抗原に結合する．当然，強く結合できるものもあれば，結合が弱いものもある．強く結合したもののみ，樹状細胞から生存・増殖シグナルを受け取れるので，高親和性抗体を産生できるB細胞だけが増殖し，高親和性IgG抗体を分泌するようになる．このようにして抗体の特異性と多様性がつくら

13.1 免疫

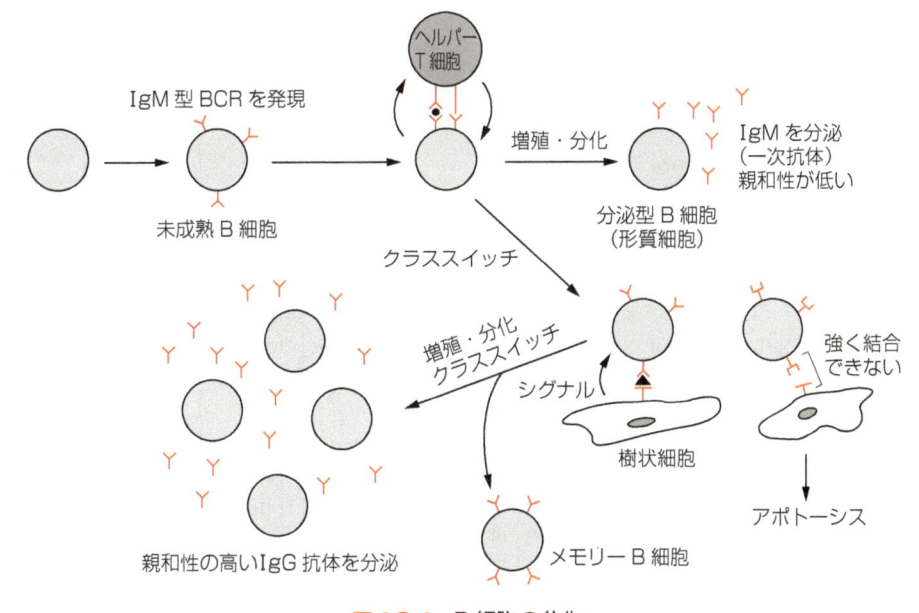

図 13.4 B 細胞の分化

れている.

また，一部の B 細胞は高親和性 IgG 抗体を分泌できる形質細胞まで分化しないで，高親和性抗体を細胞膜に発現させたままの状態で停止する．これがメモリー細胞である．メモリー細胞はすでに抗原に対する高親和性抗体をつくる能力を持ち合わせているので，次にまったく同様の抗原が侵入したときにすばやく高親和性抗体を産生する役割を担っている．この現象が，まるで抗原を記憶しているようであるので**免疫記憶**(immunological memory)といわれている．また，このすばやい反応を二次免疫応答ともいう．

13.1.4 組織適合性

ここでは，われわれがどのように自己と他を区別しているのか考えてみよう．実は，われわれには「目に見えないマーク」がついている．それがヒトでは HLA 遺伝子[*4]，マウスでは H-2 遺伝子と呼ばれるものである（図13.5）．話を簡単にするために，HLA 遺伝子座に四つの遺伝子 A, B, C, DR がコードされているとする．A には 24 種類，B には 52 種類，C には 11 種類，DR には 20 種類の多形が知られている．仮に A21 × B13 × C11 × DR1 という組合せを父親から，A13 × B10 × C9 × DR10 という組合せを母親から引き継いだとすると，子供には A21 × B13 × C11 × DR1, A13 × B10 × C9 × DR10 という目に見えないマークがつけられている．数学的に考えてみると，その子供と他人が同じマークをもつ確率は 75 億分の 1 になる．実

[*4] HLA は human leucocyte antigen の略.

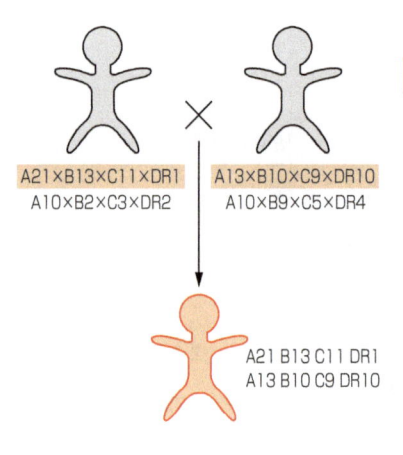

HLA の多様型

A	B	C	D	DR	DQ	DP
A1	B5	Cw1	Dw1	DR1	DQw1	DPw1
A2	B7	Cw2	Dw2	DR2	DQw2	DPw2
A3	B8	Cw3	Dw3	DR3	DQw3	DPw3
A9	B12	Cw4	Dw4	DR4	DQw4	DPw4
A10	B13	Cw5	Dw5	DR5	DQw5(w1)	DPw5
A11	B14	Cw6	Dw6	DRw6	DQw6(w1)	DPw6
Aw19	B15	Cw7	Dw7	DR7	DQw7(w3)	
A23(9)	B16	Cw8	Dw8	DRw8	DQw8(w3)	
A24(9)	B17	Cw9(w3)	Dw9	DR9	DQw9(w3)	
A25(10)	B18	Cw10(w3)	Dw10	DRw10		
A26(10)	B21	Cw11	Dw11(w7)	DRw11(5)		
A28	Bw22		Dw12	DRw12(5)		
A29(w19)	B27		Dw13	DRw13(w6)		
A30(w19)	B35		Dw14	DRw14(w6)		
A31(w19)	B37		Dw15	DRw15(2)		
A32(w19)	B38(16)		Dw16	DRw16(2)		
Aw33(w19)	B39(16)		Dw17(w7)	DRw17(3)		
Aw34(10)	B40		Dw18(w6)	DRw18(3)		
Aw36	Bw41		Dw19(w6)	DRw52		
Aw43	Bw42		Dw20	DRw53		
Aw66(10)	B44(12)		Dw21			
Aw68(28)	B45(12)		Dw22			
Aw69(28)	Bw46		Dw23			
Aw74(w19)	Bw47		Dw24			
	Bw48		Dw25			
	B49(21)		Dw26			
	Bw50(21)					
	B51(5)					
	Bw52(5)					
	Bw53					
	Bw54(w22)					
	Bw55(w22)					
	Bw56(w22)					
	Bw57(17)					
	Bw58(17)					
	Bw59					
	Bw60(40)					
	Bw61(40)					
	Bw62(15)					
	Bw63(15)					
	Bw64(14)					
	Bw65(14)					
	Bw67					
	Bw71(w70)					
	Bw70					
	Bw72(w70)					
	Bw73					
	Bw75(15)					
	Bw76(15)					
	Bw77(15)					
	Bw4					
	Bw6					

WHO 命名委員会, 1987 より.

図 13.5　HLA による自己と他

A21×B13×C11×DR1　A13×B10×C9×DR10
A10×B2×C3×DR2　A10×B9×C5×DR4

↓

A21 B13 C11 DR1
A13 B10 C9 DR10

際には，HLAにコードされる遺伝子座はほかにも見つかっているので，この確率はさらに低くなる．もともとHLAはヒトの骨髄を移植するために明らかにされてきた遺伝子であるが，数学的に見ると兄弟を除いてこの地球上には一致する人はいないように思える（兄弟はA, B, C, DRのマークが四分の一の確率で一致する）．しかし，実際には骨髄バンクが存在し，他人に骨髄を移植することが可能である．その理由は，A, B, C, DRの組合せが数学的にランダムではなく，民族によって偏りがあるためである．

実際には，MHC[*5]クラス分子にはMHCクラスⅠとMHCクラスⅡがあり，それぞれ複数の遺伝子座[*6]でコードされている．われわれのすべての細胞は，このどちらかの分子を細胞膜表面にもっているので，すべての細胞にマークがつけられていると考えることができる．そして，このマークが違う細胞を異物と認識する．また，このMHCクラス分子は上述の抗原提示のときにも重要な働きをしている．マクロファージや樹状細胞によって貪食・分解されたタンパク質などの一部（ペプチド）は，このMHCクラス分子と結合して細胞膜表面に提示される．さらにヘルパーT細胞は，自分のMHCクラス分子と結合したペプチドのみを抗原として認識できる．その詳細なメカニズムはここでは省略するが，近年色々なことがわかってきているので，興味のある方は専門書を見ていただきたい．

[*5] major histocompatibility complex の略．主要組織適合遺伝子複合体．

[*6] クラスⅠは三つの遺伝子座．クラスⅡは少なくとも三つの遺伝子座がある．

13.1.5 自然免疫とToll様受容体

上述のMHCクラスによる自己と他の認識は，おもにT細胞によって行われている．しかし，最初に外来微生物と出合うのはマクロファージや好中球や樹状細胞である．また，T細胞を介した免疫は原始的な生物には存在しないが，マクロファージや好中球や樹状細胞による異物の貪食は，多くの生物に広く認められる生体防御反応である．それでは，これらの細胞はどのように微生物を外来異物として認識しているのだろうか．そのメカニズムが最近明らかになってきた．その鍵となるのは**Toll様受容体**（Toll like receptor: TLR）と呼ばれる異物の受容体であり，これまでに10種類がクローニングされている（図13.6）．

Toll様受容体が認識するのは，宿主（自分）には存在しないが，外来微生物に特異的な分子構造である．そのなかにリポ多糖（lipopolysaccharide: LPS）がある．LPSは，グラム陰性菌の細胞壁に存在する脂質と多糖の複合体である．LPSはマクロファージや樹状細胞のTLR-4によって認識される．一方，グラム陽性菌にはLPSは存在しない．そのかわり，ペプチドグリカン由来の特有のリポタンパク質が存在し，これらはTLR-2によって認識される．また，細菌は独自の二本鎖RNAをもっていたり，そのDNA組成も特徴的であることから（細菌由来のDNAと比較して哺乳類由来のDNAはシ

13章 「免疫」と「神経」の分子生物学

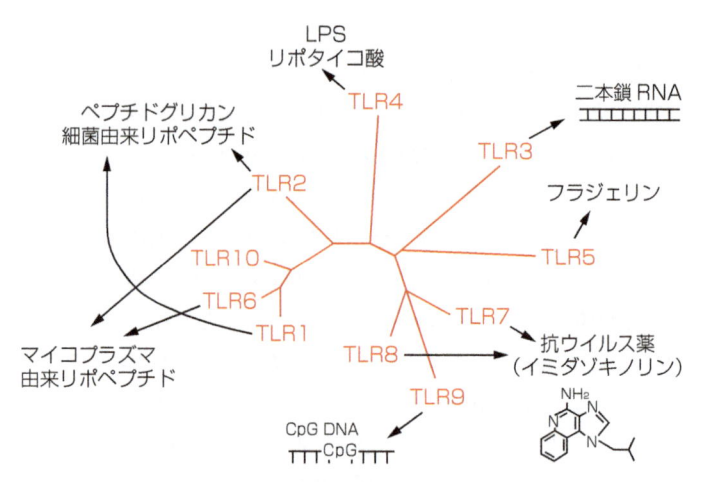

図 13.6 Toll 様受容体とおもなリガンド

トシンとグアニンが隣り合う確率が低く，その大部分がメチル化されている），二本鎖 RNA や DNA も目印となる．これらはそれぞれ TLR-3 および TLR-9 に結合し，異物として認識される．さらに TLR-2 は，TLR-6 と二量体を形成したときにはマイコプラズマ由来のリポペプチドを認識し，TLR-1 と二量体を形成したときには細菌由来のリポペプチドを認識するというように，より多様性をもっている．

Toll 様受容体に会合する一連のアダプター分子が存在する（図 13.7）．微生物由来の抗原が Toll 様受容体に結合すると，MyD88[*7] 分子が Toll 様受容体に結合し，セリン-トレオニンキナーゼである IRAK（IL-1 receptor-

[*7] ミエロイド系分化因子 88（myeloid differentiation factor 88）の略．上述のような TLR やインターロイキン受容体に結合し，伝達するアダプタータンパク質である．

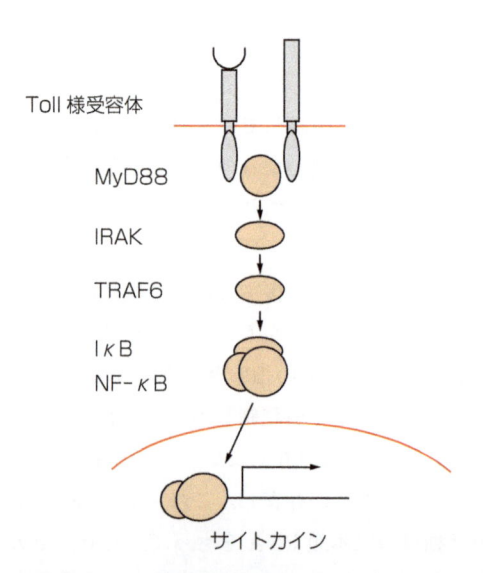

図 13.7 Toll 様受容体を介したシグナル伝達

associated kinase)を活性化し，TRAF(tumor necrosis factor receptor-associated factor)，IκB，NF-κB(9章参照)を介して下流へとシグナルが伝えられ，最終的にサイトカインが合成・分泌される．こうして上述のT細胞の活性化へとつながっていく．

13.2 神経

13.2.1 神経系の細胞

「神経系」といわれて最初に思い浮かぶのは，脳であろう．ここではヒトなど高等動物の神経系について概説する．神経系は，脳と脊髄からなる**中枢神経系**(central nervous system)と感覚器と中枢神経を結ぶ細い神経繊維からなる**末梢神経系**(peripheral nervous system)に分けることができる．さらに脳は，神経細胞である**ニューロン**(neuron)とそれを支える働きをする**グリア細胞**(glia cell)からできている(もちろん血管もある)．典型的な神経細胞は，細胞体と細胞体から伸びた長い軸索および樹状突起と呼ばれる複数の突起をもっている(図 13.8)．感覚器と脊髄を結ぶ運動神経では，軸索が数十cmから1mに及ぶものもある．細胞体には一般の細胞と同様，核やゴルジ体，ミトコンドリアなどの細胞小器官がある．一方，グリア細胞はその形から，

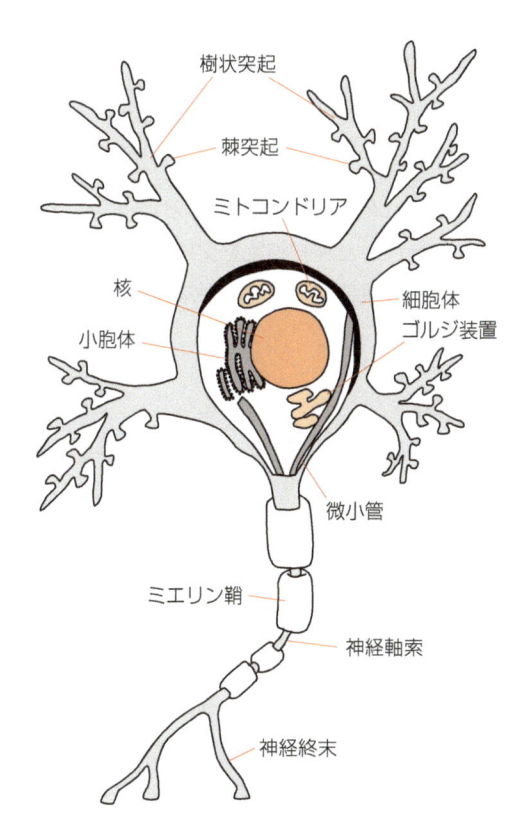

図 13.8 神経細胞

13章 「免疫」と「神経」の分子生物学

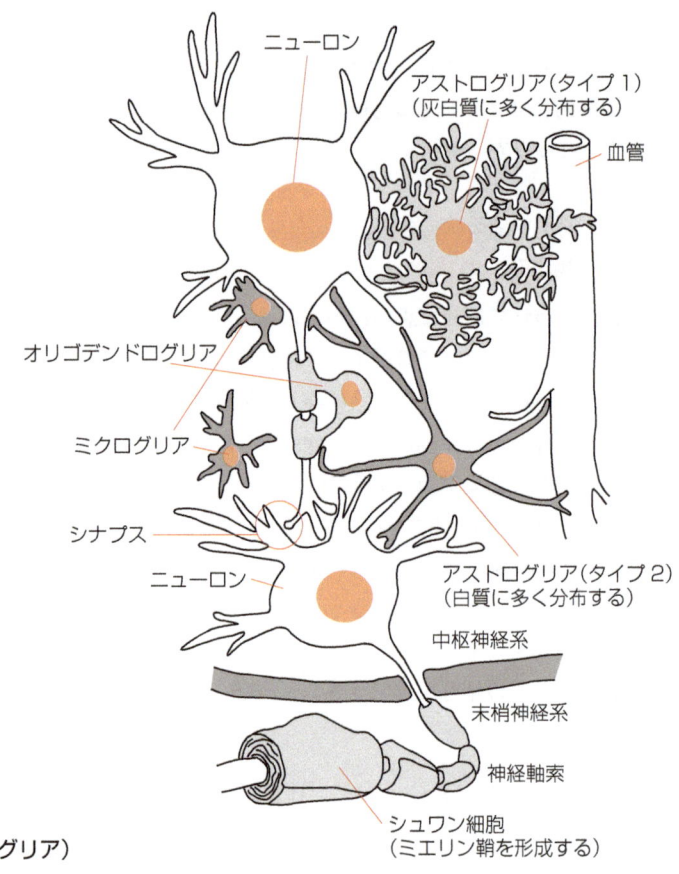

図13.9 脳の細胞（ニューロンとグリア）

マクログリア（アストログリア，オリゴデンドログリアなど）とミクログリアに分けられる（図13.9）．グリア細胞はただ神経細胞を支持する役目をしていると考えられていたが，最近では神経機能において重要な働きをしていることが明らかになってきている．

13.2.2 神経特異的構造（シナプス）

神経細胞が知られるようになったのは19世紀のことである．これには17世紀に発明された顕微鏡によるところが大きい．当時から，痛みが脳に伝わるには神経が「信号」を伝えていくことが示唆されていたが，問題は神経が1本の繊維のように物理的につながっているのか，それともつながっていないのかということであった．この問題に決着をつけたのは電子顕微鏡の発明によるところが大きく，神経細胞と神経細胞の間には**シナプス**（synapse）と呼ばれる隙間があることがわかった（図13.9）．このシナプスは，おもに神経の軸索と次の神経の樹状突起の間に形成されるが，軸索の先端は複数に枝分かれしており，1本の軸索は複数のシナプスをつくっている．

神経細胞は次の神経細胞（あるいは末梢臓器や筋肉）に情報を伝えるために，**神経伝達物質**を分泌する．神経細胞が興奮すると，軸索末端から神経伝達物質がシナプスに放出される（神経分泌）．シナプス間隙は数万分の1mmほどの隙間であるため，放出された神経伝達物質は少量で十分な濃度となる．軸索側の細胞膜を**シナプス前膜**（presynaptic membrane），受け取る神経細胞側の膜を**シナプス後膜**（postsynaptic membrane）といい，このシナプス後膜には神経伝達物質の受容体が多く配置されている．これにより効率的な情報の伝達が行われている．また，シナプス間隙中に分泌された神経伝達物質はすぐに分解されるか，周りのグリア細胞や前神経細胞に取り込まれることにより瞬時に情報伝達が終了する．おもな神経伝達物質とその受容体ならびに機能の一部を表13.1にまとめる．

13.2.3 神経伝達物質と活動電位

神経細胞のもう一つの特徴は「興奮」することである．つまり，電気をつくり出して，それを情報伝達の手段として使っている．たとえば，神経からシナプス中に放出された神経伝達物質のアセチルコリンは，ニコチン性アセチルコリン受容体に結合する．この受容体はイオンチャネルであり，細胞外のナトリウムイオン濃度が高いため，ナトリウムイオンは外から中に流れ込む（図13.10）．通常，神経細胞の静止膜電位（興奮していないときの細胞質と細胞外の電位差）は-70 mVであるが，プラスのナトリウムイオンが流入すると，電位は正の方向に上昇する．このような膜電位の変化を**活動電位**という．神経細胞膜には受容体とは異なる電位依存性ナトリウムチャネルが多数存在し，膜電位が臨界値を超えるとチャネルが開き，さらに多量のナトリウムイオンが流れ込む．これにより膜電位は0からプラスとなる．この状態を**脱分極**（depolarization）という．これがいわゆる神経の興奮である．受容体の近くでこの脱分極が起こると，そのすぐ近くにある電位依存性ナトリウムチャネルが開き，次々と活動電位が軸索末端まで伝えられていく．また軸索には，グリア細胞の一つである**シュワン細胞**（Schwann cell）が巻きついた**ミエリン鞘**（myelin sheath）と呼ばれるところがあり，活動電位はこのミエリン鞘の間隙を跳躍的に伝導する．これにより速い伝達が可能になっている．

脱分極した神経は，やがて静止状態にもどる．これには電位依存性ナトリウムチャネルの自動的不活性化が重要である．さらに神経細胞の細胞膜にはカリウムチャネルも存在しており，これがより迅速に静止状態にもどるのを助けている．カリウムチャネルも電位依存性であり，上述のように膜が興奮すると開く．ナトリウムイオンと異なり，カリウムイオンは細胞内のほうが濃度が高いために，カリウムチャネルが開くとカリウムイオンは細胞内から細胞外へ流れる．つまり，ナトリウムイオンのときとは逆で，電位が負の方

表 13.1　おもな神経伝達物質とその作用

分類	神経伝達物質	おもな受容体	おもな細胞内伝達系	作用の一部
アミノ酸類	グルタミン酸	NMDA 受容体	カチオンチャネル*	神経の興奮, 興奮毒性
		nonNMDA 受容体	カチオンチャネル*	神経の興奮
		代謝型 Glu 受容体 1,5	PI-PLC	感覚情報伝達, 可塑性
		代謝型 Glu 受容体 2,3,6	Gi/cAMP	神経の抑制
	GABA	$GABA_A$ 受容体	Cl^- チャネル*	神経の抑制
		$GABA_B$ 受容体	Gi/cAMP, 一部不明	神経の抑制
	グリシン	グリシン受容体	Cl^- チャネル*	神経の抑制
アミン類 アセチルコリン ヒスタミン	ドーパミン	D_1 受容体	Gs/cAMP	ドーパミン生合成調節
		D_2 受容体	Gi/cAMP	アセチルコリン作動性神経の抑制
	ノルアドレナリン	α_1 受容体	Gq, i/PLC	血管平滑筋収縮, 神経伝達物質放出
		α_2 受容体	Gi/cAMP(Ca^{2+}, K^+ チャネル)*	アセチルコリン, セロトニン遊離抑制
		β 受容体	Gs/cAMP	血管拡張, 心筋能促進
	セロトニン	$5-HT_1$	Gi/cAMP	神経伝達物質遊離抑制, 体温血圧の調節
		$5-HT_2$	G/PLC	平滑筋収縮, 血圧上昇
		$5-HT_3$	カチオンチャネル*	嘔吐, 摂食, 不安
	アセチルコリン	nACh 受容体	Na^+ チャネル	筋収縮, 神経の興奮
		mACh 受容体 (m1,3,5)	$Gq_{,11}$/PLC (K^+ チャネル)*	分泌腺刺激
		mACh 受容体 (m2,4)	Gi/cAMP	腸管・膀胱の収縮
	ヒスタミン	H_1 受容体	Gq/PLC	平滑筋収縮, 血圧低下
		H_2 受容体	Gs/cAMP	胃酸分泌促進
ペプチド類	サブスタンP	NK_1	G/PLC	痛覚伝達, 炎症
	コレストキニン	CCK_A, CCK_B	G/PLC	胃液分泌
	バソプレシン	V_{1A}, V_{1B}	G/PLC	学習, 記憶
		V_2	Gi/cAMP	抗利尿作用, 水分保持
	神経ペプチドY	Y_1	Gi/cAMP	血圧下降, 呼吸抑制
	エンドルフィン	オピオイド受容体 μ	Gi/cAMP	鎮痛, 多幸感, 消化管運動抑制
	エンケファリン	オピオイド受容体 δ	Gi/cAMP	鎮痛, 多幸感, 成長ホルモン促進
	ソマトスタチン	SSTR1~3	Gi/cAMP(Ca^{2+}, K^+ チャネル)*	成長ホルモンやインスリン分泌抑制
その他	ATP	P2X 受容体	カチオンチャネル*	痛覚
		P2Y 受容体 1	Gq/PLC	痛覚, 炎症

*受容体がイオンチャネルである.
( )*受容体はイオンチャネルではないが, イオンチャネルが関与している.
ここに示したのは神経伝達物質およびその受容体の一部であり, すべてではない.
関与するGタンパク質がはっきりしないものについてはGと示した.

向にシフトする. さらに, 電位依存性カリウムイオンチャネルはナトリウムチャネルに比べて遅れて開くことにより, 脱分極後に積極的に静止電位にもどす役割を果たしている.

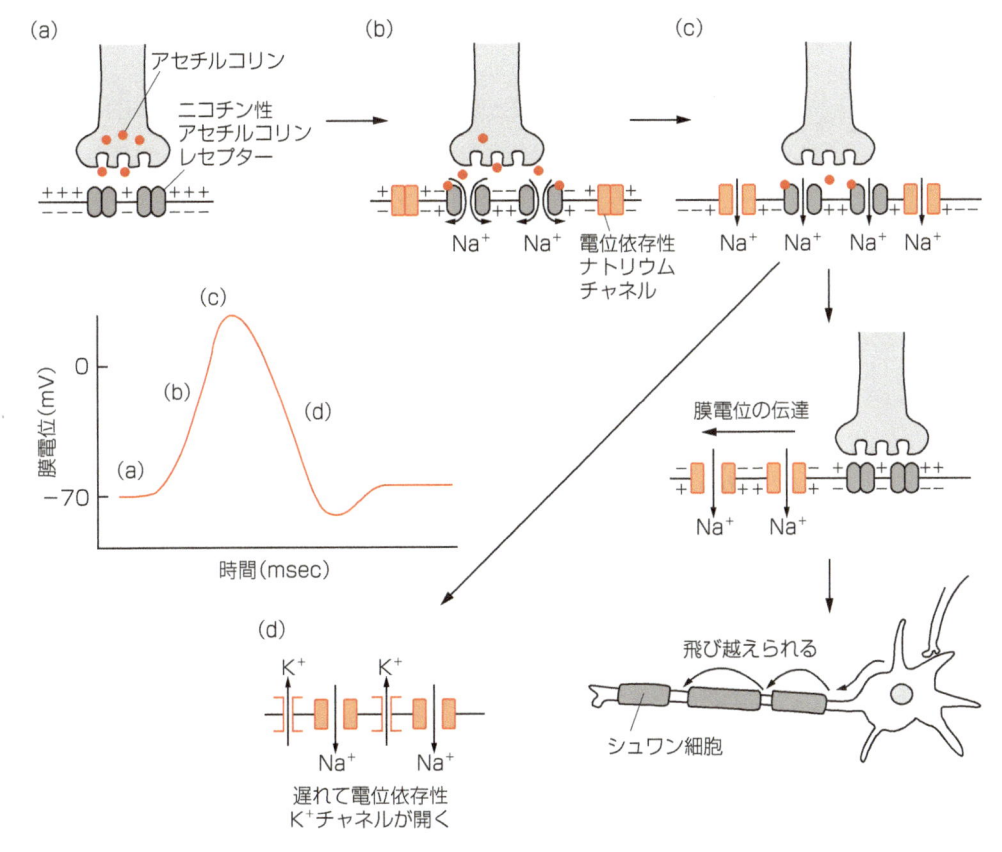

図 13.10 活動電位と膜電位の伝達
図中(a)〜(d)はグラフ中(a)〜(d)の膜電位状態を模式的に示している.

　神経細胞は興奮するものばかりではない.抑制される場合もある.たとえば,神経伝達物質である **GABA**(gamma aminobutyric acid,γ-アミノ酪酸)がシナプス中に分泌されたとする.GABA受容体はクロライド(塩素)イオンチャネルであるので(アセチルコリン同様,2種類の受容体があり,このタイプを $GABA_A$ 受容体という),リガンドが結合するとマイナスイオンである Cl^- を細胞外から細胞内に通す.この電気的な流れはナトリウムのときと逆になるので,静止電位はよりマイナス方向へシフトしていく.この状態を**過分極**(hyperpolarization)といい,いわば神経が抑制されている状態である.

　受容体はイオンチャネルであるとは限らない.たとえば,アセチルコリンのもう一つの受容体であるムスカリン性アセチルコリン受容体(mAChR)は7回膜貫通型で,Gタンパク質と共役している.したがってmACh受容体にアセチルコリンが結合すると,細胞内ではジアシルグリセロールの産生とカルシウムの上昇が起こる.これによりさまざまな酵素およびチャネルが活性化され,9章で学んだような細胞内シグナル伝達が起こる.さらに細胞内

のイオン濃度依存的に電位依存性のイオンチャネルが機能するため，電気シグナルも発生する．

おもな神経伝達物質とその細胞内シグナルを表 13.1 に示した．

13.2.4　神経の可塑性──記憶・学習のしくみ？

「可塑性」という言葉を，初めて耳にする人も多いのではないだろうか．可塑性を辞書で引くと「固体に，ある限界以上の力を加えると連続的に変形し，力を除いても変形したままで元にもどらない性質」とある．いわば「変化しうる性質」である．われわれの記憶のメカニズムは完全にはわかっていないが，神経細胞にもこの可塑性に似た現象が存在する．

上述のように，前シナプスから神経伝達物質が分泌されて，後シナプスにある受容体に結合し，電気的な信号となって伝えられる．今，前シナプス神経細胞にある一定の電気的刺激を与えると，神経伝達物質が分泌されて，後シナプス神経では図 13.11 に示すような活動電位が記録される．ついで，テタヌス刺激と呼ばれる短時間高頻度の刺激 (100 Hz, 10 秒) を前シナプスに与えた後，先ほどとまったく同様の電気的刺激を与えると，図に見られるように活動電位が増大する．このテタヌス刺激が誘導した後シナプスにおける活動電位の増大は数時間も続く場合があることから，この現象は**長期増強** (long term potentiation: LTP) と呼ばれている．少し見方を変えると，神経がテタヌス刺激を数時間記憶していたように見える．可塑性が記憶のメカニズムの一つではないかといわれる所以である．

では，どのようにして後シナプス神経の活動電位が増大し，それがしばらく持続するのであろうか．まず考えられるのは，分泌される神経伝達物質の量がテタヌス刺激によって増える可能性である．もう一つは受容体の量あるいは質的変化により，同じ刺激量 (神経伝達物質量) であっても，発生する活動電位が大きくなる可能性である．神経によってそれぞれ異なった機構で，この長期増強が起こっているようであるが，最近，後シナプスから前シナプ

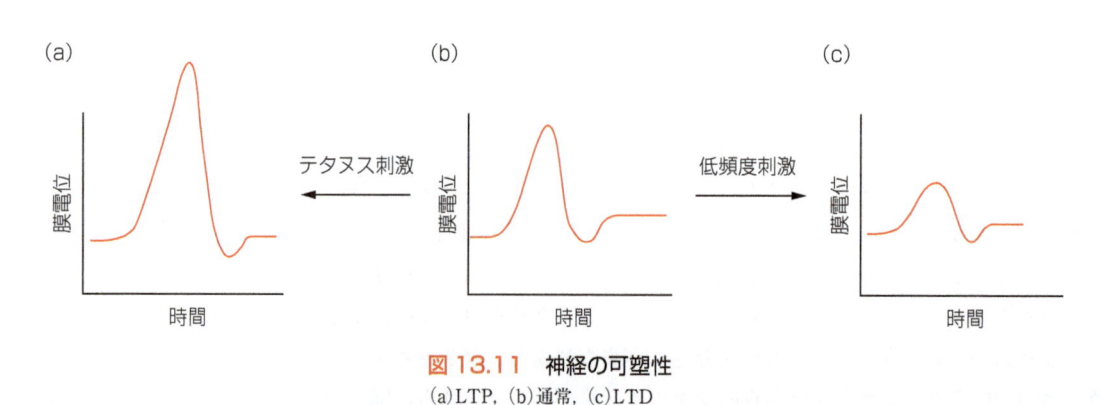

図 13.11　神経の可塑性
(a) LTP，(b) 通常，(c) LTD

スへの入力(逆行性伝達物質)により，前シナプスの神経伝達物質量が調節されることなどもわかってきている．

また，長期増強とは反対に低頻度刺激(1 Hz, 10分)を与えると，今度は後シナプスでの活動電位が小さくなる．これは**長期抑制**（long term depression: LTD）と呼ばれており，運動調節機能などに関与していると考えられている．

13.2.5　神経疾患の分子生物学

最近の分子生物学の進歩によって，神経疾患にかかわる分子機構も明らかになってきている．ここではアルツハイマー病，パーキンソン病について少し触れる．

アルツハイマー病（Alzheimer disease）は認知機能の低下や人格の変化な

Column

病は気から？　神経系と免疫系のクロストーク

昔から「病は気から」というが，これはまったく根拠のない話ではない．たとえば，実際ストレスを感じていたり精神的に疲れていたりすると，病気になりやすいことがある．その要因の一つが神経系と免疫系が互いに影響し合っていることにある．

このメカニズムを理解するにはまず，自律神経について話さなくてはならない．神経には，われわれが意識して動かすことのできる随意神経と，心臓や腸を動かしている神経のように意識して動かさなくても常に働いている不随意神経とがある．この不随意神経を自律神経ともいう．自律神経は交感神経と副交感神経から成り立っており，われわれが興奮したときや活発に動いているときにおもに働いているのが交感神経，リラックスしたり寝たりしているときに働いているのが副交感神経である．この交感神経から分泌される神経伝達物質がノルアドレナリンやアドレナリンであり，副交感神経から分泌されるのがアセチルコリンである．交感神経が働いてノルアドレナリンがたくさん分泌されるときには，血圧が上昇したり心拍が速くなったりするし，逆に副交感神経からアセチルコリンが分泌されると，血圧は下降し心拍は遅くなる．

実は免疫細胞には，これらの神経伝達物質の受容体をもつものがある．たとえば，好中球などはアドレナリン受容体をもっているし，T細胞はアセチルコリン受容体を発現している．また，マクロファージはアドレナリンとアセチルコリンの受容体の両方を有している．つまり，免疫系も神経系の制御を少なからず受けている．たとえば，アドレナリンが分泌されると好中球などは増殖するといわれている．また，交感神経からのノルアドレナリン分泌はT細胞などの働きを抑え，逆に副交感神経からアセチルコリンが分泌されるとB細胞やキラーT細胞を活性化すると考えられている．すなわち，体調が悪かったりストレスを受けたりすると，大脳の視床下部に影響し，神経伝達物質が分泌され，免疫担当細胞が減少したり，抑制系の免疫細胞が増えたりすることで免疫力が低下することがあるらしい．また，逆に免疫系も神経系に影響を及ぼしている．免疫担当細胞がつくり出すサイトカインは，一部の神経細胞にも働く．たとえば，IL-6は神経細胞の分化を誘導するし，視床下部に働いて体温上昇をもたらす．このように，免疫系と神経系は互いに深く絡み合って，生体防御や体内の恒常性維持を行っているようである．

どを症状とする痴呆性疾患である．アルツハイマーには，遺伝子の変異が原因であり遺伝性を示す家族性アルツハイマーと，遺伝とは関係なく起こる孤発性アルツハイマーがある．後者はアルツハイマーの大半を占め，老年期に発症するのに対し，前者はその割合は少ないものの比較的若い時期に発症する．最近，ある家族性アルツハイマーの家系から，その原因遺伝子が同定された．その遺伝子はプレセニンというタンパク質をコードしていた．一方，アルツハイマーの患者の脳は神経細胞が脱落しているとともに，老人斑という特徴的な構造物が認められる．この老人斑にはさまざまなタンパク質が凝集しているが，そのなかにβアミロイド（Aβ）がある．Aβは40ないし42アミノ酸のペプチドで，大きな前駆体膜タンパク質からセクレターゼという酵素で切断されることにより生成する．先のプレセニンがセクレターゼの重要な構成成分であることがわかってきた．したがって，孤発性のアルツハイマーにもプレセニンやAβの関与が着目されている．

パーキンソン病（Parkinson disease）は手の震えや歩行障害を伴い，中脳の黒質[*8]のドーパミン神経が脱落していることと，レビー小体[*9]という構造物をもつことを特徴とする．パーキンソン病にも家族性のものが存在し，ある家族性パーキンソン病では，このレビー小体に含まれるα-シヌクリレインというタンパク質をコードする遺伝子に変異が認められた．このことから，パーキンソン病発症にはα-シヌクリレインが重要な鍵を握っていると考えられている．また，他の家族性パーキンソン病では，タンパク質を分解するユビキチン-プロテアソーム系に変異が見つかっていることから，異常タンパク質の凝集と疾患の関係が着目されている．

*8 中脳にある神経核で，ニューロメラニンを含み，黒みを帯びて見える．ドーパミン産生ニューロンを多く含む．

*9 もともと運動障害をおもな症状とするパーキンソン病患者の中脳黒質の神経細胞の内部に見られる異常な円形状の構造物であるが，レビー小体病では大脳皮質の神経にも認められる．

練習問題

1. 自然免疫と獲得免疫の違いを説明しなさい．
2. 免疫記憶がわれわれにとって重要な理由を述べなさい．
3. 次の文章の正誤を判断し，間違っている場合はその理由も述べなさい．
   ① アレルギーに深くかかわっているのはIgEである．
   ② 異物（抗原）が侵入したとき，最初に産生される抗体はIgGである．
   ③ T細胞はリンパ球であって，白血球ではない．
   ④ グリア細胞は神経細胞の物理的支えとなっているだけであり，その他の重要な機能はもっていない．
   ⑤ 神経細胞には核はあるが，細胞小器官はない．
4. LTP（長期増強）のメカニズムとして考えられる要因を二つ述べなさい．
5. 活動電位が発生するしくみを解説しなさい．

参考図書

■ 基　礎
1) 菊山宗弘, 酒泉 満編著, 『理系のための基礎生物学』, 化学同人(2010)
2) 亀崎直樹著, 『現代を生きるための生物学の基礎』, 化学同人(2007)
3) 前野正夫, 磯川桂太郎著, 『はじめの一歩のイラスト生化学・分子生物学』, 改訂第2版, 羊土社(2008)

■ 全　般
1) B. Alberts ほか著, 中村桂子, 松原謙一監訳, 『Essential 細胞生物学』, 原書第2版, 南江堂(2005)
2) B. Alberts ほか著, 中村桂子, 松原謙一監訳, 『細胞の分子生物学』, 第5版, ニュートンプレス(2010)

■ 1〜9章
1) P. Y. Bruice 著, 大船泰史ほか監訳, 『ブルース有機化学(上・下)』, 第5版, 化学同人(2009)
2) D. Voetほか著, 田宮信雄ほか訳, 『ヴォート基礎生化学』, 第3版, 東京化学同人(2010)
3) T. McKee, J. R. McKee 著, 市川 厚監修, 福岡伸一監訳, 『マッキー生化学』, 第4版, 化学同人(2010)
4) J. D. Watsonほか著, 中村桂子監訳, 滋賀陽子ほか訳, 『ワトソン遺伝子の分子生物学』, 第6版, 東京電機大学出版局(2010)
5) 中込弥男著, 『絵でわかるゲノム・遺伝子・DNA』, 講談社サイエンティフィク(2002)
6) 嶋本信雄, 郷 通子編, 『シリーズ・ニューバイオフィジックス 遺伝子の構造生物学』, 共立出版(1998)
7) 田村隆明, 山本雅之編, 『転写因子・転写制御キーワードブック』, 羊土社(2006)
8) 東京大学生命科学教科書編集委員会編, 『生命科学』, 改訂第3版, 羊土社(2009)

■ 10〜13章
1) 田沼靖一著, 『アポトーシス』, 東京大学出版会(1994)
2) J. Slack 著, 大隅典子訳, 『エッセンシャル発生生物学』, 改訂第2版, 羊土社(2007)
3) 高井義美, 秋山 徹編, 『がん研究のいま がん細胞の生物学』, 東京大学出版会(2006)
4) D. Male ほか著, 高津聖志ほか監訳, 『免疫学イラストレイテッド』, 原著第7版, 南江堂(2009)
5) Z. W. Hall 著, 吉本智信, 石崎泰樹監訳, 『脳の分子生物学』, メディカル・サイエンス・インターナショナル(1996)

■ その他
1) 生化学若い研究者の会編著, 石浦章一監修, 『光るクラゲがノーベル賞をとった理由』, 日本評論社(2009)
2) 村上康文編, 『ポストゲノムの分子生物学入門』, 講談社サイエンティフィク(2007)
3) 大嶋泰治ほか編著, 『バイオテクノロジーのための基礎分子生物学』, 化学同人(2004)
4) A. M. Lesk 著, 高木淳一訳, 『ポストゲノム時代のタンパク質科学』, 化学同人(2007)

索引

アルファベット

APC 遺伝子	209
ATP	7
Bak	178
Bax	178
Bcl-2	178
BCR	220
B 細胞	215
B リンパ細胞	94
cAMP	152
cdc 変異	169
CDK	171
CDK 活性	171
CH/π 相互作用	108
C 末端	102
C 領域	94
DNA	4, 18
DNA のメチル化	196
DNA ヘリカーゼ	210
DNA ポリメラーゼ I	73
Ds	96
EF ハンド	109
ES 細胞	195
F アクチン	130
G_1 期	168
G_2 期	168
GABA	229
GFP	134
G アクチン	130
G タンパク質結合型受容体	149
HLA 遺伝子	221
Hox 複合体	193
H 鎖	94
iPS 細胞	195
J 領域	94
LINE	98
L 鎖	94
MAP キナーゼカスケード	156
MCM 複合体	79
MHC	223
miRNA	60
MPF	169
mRNA	7, 51
mRNA 前駆体	40
mRNA の品質管理	47
M 期	168, 172
M 期促進因子	169
NMD	55
NSD	56
N 末端	102
oriC	78
PCR 法	74
PDZ ドメイン	113
PH ドメイン	114
PKC	120
pre-mRNA	40
RecA	90
RISC	60
RNA	6, 18
RNAi	61, 99
RNA 干渉	61, 99
RNA ポリメラーゼ	33, 37
rRNA	7
SH2 ドメイン	113
SH3 ドメイン	113
SINE	98
Src	119, 206
SR タンパク質	42
S—S 結合	109
S 期	79, 168
Tap-p15 二量体	53
TATA ボックス	35
Toll 様受容体	223
tRNA	7, 51, 58
T 細胞	215
T ループ	29
UsnRNP	43
V 領域	94
Wnt シグナル伝達経路	209
α ヘリックス	105
β シート	105
γ-アミノ酪酸	229
λ ファージ	93

あ

亜鉛フィンガー	108, 113
アクチン	129
アクチン繊維	129
アクチン調節タンパク質	131
アゴニスト	149
足場非依存性増殖	204
アセチルコリン	158
アダプター	58
アダプタータンパク質	211
アデニル酸シクラーゼ	152
アデノシン三リン酸	7
アドヘレンスジャンクション	139
アドレナリン	160
アノイキス	143
アポトーシス	177
アポトーシス促進因子	178
アミノアシル tRNA 合成酵素	59
アミノ酸	3, 102
誤りがち修復	86
アルツハイマー病	231
アンチコドン	59
アンテナペディア複合体	192
イオン結合	108
イオンチャネル	153
イオンチャネル型受容体	149
イソタイプ	219
1 細胞周期	168
一次構造	105
一次精母細胞	187
一次メッセンジャー	147
一次卵母細胞	186
1 分子イメージング	134
遺伝暗号	18
遺伝子	18
インスレーター	32, 36
インテグリン	141, 163
イントロン	18, 42
ウイルス	24
ウェルナー症候群	210
羽化ホルモン	147
液性免疫応答	216
エキソン	40
エキソン境界複合体	52
エストロゲン	160
エピジェネティクス	195
エピジェネティック	28
エピジェネティックな初期化	195
エンハンサー	32, 36
エンベロープ	25
岡崎フラグメント	75
オーキシン	165
オクルーディン	139
オータコイド	148
オートクリン	148
オペロン	22, 41
折りたたみ	68, 111
オルガネラ	11

か

介在配列	42
介在複合体	36
解離定数	103
核	13, 24
核酸	4, 18
獲得免疫	217
核内受容体	149
核様体	22
カスパーゼ	178
家族性大腸ポリポーシス	209
活性化ループ	120

活性部位	116
活動電位	159, 227
カドヘリン	139
過分極	229
可変領域	217
下流シグナル分子	153
カロリー制限	212
がん	202
がん遺伝子	206
がん化	202
がん幹細胞	202
がん関連遺伝子	205
間期	168
幹細胞	30, 168
がん細胞	200
がん細胞株	204
環状 AMP	152
がん抑制遺伝子	176, 206, 209
キアズマ	184
基底膜	140
キナーゼドメイン	114
キネシン	135
キネトコア	29
機能獲得変異	206
機能欠損変異	206
基本転写因子	33, 38
逆転写酵素	25
逆方向反復配列	96
キャップ構造	39
ギャップジャンクション	140
キャプシド	25
境界配列	32
共鳴	105
局所ホルモン	148
極体	186
切れ目	83
グアニル酸シクラーゼ	157
組換え	88
組換えホットスポット	92
クラススイッチ	219
グリア細胞	225
グリセリド	9
クローディン	139
クロマチン	28
形質転換	20
結合組織	137
血清要求性	203
血糖値	212
ゲノム	18
ゲノムインプリンティング	197
原核生物	11
原がん遺伝子	206
減数分裂	183
減数分裂期組換え	92

コアクチベーター	38
抗アポトーシス因子	178
抗原提示	215
交叉	88
交叉型	90
交叉型組換え	88
光子	161
校正機能	82
構成的スプライシング	48
酵素結合型受容体	149
好中球	215
酵母	12
5′非翻訳領域	51
コート	24
コドン	58
コドンの揺らぎ	59
コネキシン	140
コヒーシン	29
コラーゲン	140
ゴルジ体	14

さ

細菌	11, 22
サイクリン	171
サイクリン依存性キナーゼ	171
サイトカイニン	165
細胞運動	123, 143
細胞外マトリックス	137, 140
細胞核	24
細胞骨格	123, 129
細胞小器官	11
細胞性免疫応答	216
細胞接着	123, 129, 137
細胞接着斑	141
細胞の老化	200
細胞分裂	168, 172
細胞膜	13, 123
細胞膜受容体	149
サイレンサー	32, 36
残基	102
三次構造	107
3′非翻訳領域	51
三量体 G タンパク質	150
色素性乾皮症	84
シグナル伝達	147
シグナル伝達カスケード	147
始原生殖細胞	185
自己複製配列	78
脂質	8, 123
脂質アンカー型膜タンパク質	125
脂質二重層	123
ジスルフィド結合	109
自然免疫	217
質量分析法	114

シナプス	226
シナプス後膜	227
シナプス前膜	227
脂肪酸	8
姉妹染色分体	88
シャペロン	68
終止コドン	58, 66
主溝	4
樹状細胞	215
受精	188
受精能獲得	189
腫瘍形成	204
主要組織適合遺伝子複合体	223
受容体	149
受容体型チロシンキナーゼ	159
腫瘍マーカー	202
シュワン細胞	227
上皮組織	137
小胞体	14
除去修復	84
真核生物	11, 24
神経伝達物質	147, 227
人工多能性幹細胞	195
浸潤能	202
伸長反応	63
水素結合	108
ステロイド	10, 124
スピンドルチェックポイント	176
スフィンゴ脂質	9, 124
スプライシング	42
スプライソソーム	43
制限酵素	78
精原細胞	187
精細胞	187
精子	184
精子形成	187
成熟卵	186
生殖	182
生殖細胞	182
生殖腺	185
精巣	185
セカンドメッセンジャー	152
接合子	188
接触阻害	203
接着複合体	141
繊維状接着	141
前核	188
染色体	18, 26, 27
染色体の交叉	184
先体反応	189
選択的スプライシング	48
セントラルドグマ	25
セントロメア	29
増殖因子	126

索引

相同組換え	88	7回膜貫通型受容体	150	部位特異的組換え	93, 95
疎水結合	109	ナノス	194	プロテアソーム	70
損傷チェックポイント	175	二次構造	105	フォールディング	111
損傷乗り越えDNA合成	85	二次精母細胞	187	副溝	4
		二次メッセンジャー	152	複製	72
た		二重鎖切断	89	複製開始点	78
体細胞	182	二重らせん構造	72	複製起点認識複合体	79
体細胞分裂	183	二次卵母細胞	186	複製チェックポイント	175
大腸菌	12, 22	二糖	4	複製フォーク	74
タイトジャンクション	138	ニューロン	225	不死化	201
ダイニン	136	ヌクレオソーム	27, 32, 33	プライマー	74
脱分極	227	ヌクレオチド	4	プラス端	130
脱リン酸化	153	ヌクレオチド除去修復	84	プラスミド	23
多糖	4	ヌクレオポリン	53	フリップフロップ	128
ダブルホリデイ構造	89	ヌードマウス	204	フリーラジカル	210
ターミネーター	32	ネクローシス	178	プログラム細胞死	177
炭水化物	4	能動輸送	126	プロセシング	37
単糖	4			プロテインキナーゼ	153
タンパク質	2, 102	**は**		プロテインキナーゼC	120
タンパク質の特異的分解	174	配位結合	108	プロテインホスファターゼ	153
タンパク質翻訳領域	51	パイオニアラウンドの翻訳	54	プロテオグリカン	140
チェックポイント	175	配偶子	183	プロモーター	32, 34
チャネル	126	バイコイド	194	プロモータークリアランス	39
中間径フィラメント	136	胚性幹細胞	195	分散力	107
中枢神経系	225	バイソラックス複合体	192	分子擬態	66
超可変領域	217	胚発生	191	分裂期	168
長期増強	230	ハイブリダイゼーション	45	ベクター	208
長期抑制	231	パーキンソン病	232	ヘッジホッグ	195
長寿バイオマーカー	212	バクテリオファージ	20	ヘテロクロマチン	28, 197
定常領域	217	発がん	200	ペプチジル転移反応	64
低分子量Gタンパク質	156	ハッチソン・ギルフォード・プロジェリア症候群	210	ペプチド結合	2, 102
デスモソーム	139			ヘミデスモソーム	141
テロメア	26, 29, 200	パラクリン	148	ヘリックス・ターン・ヘリックス	106
テロメアリピート	77	反復配列	19, 27	ペルオキシソーム	16
テロメラーゼ	29, 200	半保存的複製モデル	73	ヘルパーT細胞	220
転移能	202	反やじり端	130	胞胚	191
転写	32	非極性相互作用	109	傍分泌	148
転写伸長因子	40	非交叉型	89	ホスホグリセリド	123
転写調節因子	33, 38	非交叉型組換え	88	ホスホリパーゼC	152
転写調節領域	36	微小管	133	母性効果遺伝子	195
同義置換	82	微小管形成中心	133	保存的複製モデル	73
動原体	29	微小管プラス端集積因子	134	ホメオーシス	192
糖鎖修飾	118	ヒストン	27, 32, 33	ホメオティック遺伝子	192
頭部	123	ヒストンコード	28	ホメオドメイン	113, 192
透明帯	189	ヒストンタンパク質の修飾	197	ホメオボックス	192
ドメイン	111	非相同組換え	88	ポリ(A)短鎖化	57
ドメインシャッフリング	115	非相同末端結合	91	ポリ(A)付加配列	46
トランスポゼース	96	ビタミン	11	ポリシストロン性mRNA	41
トランスポゾン	25, 27, 88, 95	非同義置換	82	ポリソーム	67
トランスポーター	126	尾部	123	ホリデイ構造	88
貪食	215	表層反応	189	ポリペプチド	102
		ピリミジンダイマー	83	翻訳	26, 32, 62
な		ファゴサイトーシス	215	翻訳後修飾	117
投げ縄構造	43	ファンデルワールス力	107	翻訳の開始	63

索引

ま

マイクロRNA	60
マイクロアレイ法	45, 205
マイナス端	130
マウス白血病ウイルス	207
膜貫通型タンパク質	125
膜タンパク質	125
膜表在性タンパク質	125
マクロファージ	215
末梢神経系	225
末端複製問題	76
ミエリン鞘	227
ミオシン	133
ミクロフィラメント	129
ミスマッチ修復	82
ミセル	123
ミトコンドリア	14, 23, 178
ミトコンドリア共生説	23
無性生殖	182
メディエーター	36
免疫記憶	221
免疫グロブリン	94, 217
免疫システム	215
網膜芽細胞腫	209
モチーフ	106
モルフォゲン勾配	195

や

やじり端	130
有性生殖	182
遊走	143
誘導適合	117
ユークロマチン	28, 197
ユビキチン	70, 174
ユビキチン化	118
溶菌サイクル	93
溶原化	93
溶原サイクル	93
葉緑体	15, 23
葉緑体共生説	24
四次構造	110

ら

ラウス肉腫ウイルス	206
ラギング鎖	75
ラフト	129
ラリアット構造	43
卵	184
卵形成	185
卵原細胞	186
卵巣	185
リガンド	149
リガンド結合部位	116
リソソーム	16
リゾルベース	90
リーディング鎖	75
リーフレット	128
リボソーム	51, 59
流動性	128
緑色蛍光タンパク質	134
リンカー	33
臨界濃度	130
リン酸化	118, 153
リン脂質	9
リンホカイン	215
レトロウイルス	25
レトロトランスポゾン	98
ロイシンジッパー構造	107
ろう	9
老化	209
老化関連遺伝子	211
ロスマンフォールド	106
ロドプシン	161

編著者略歴

深見　泰夫（ふかみ　やすお）

1951年　兵庫県生まれ
1978年　大阪大学大学院理学研究科博士課程修了
現　在　神戸大学名誉教授
専　門　分子生物学
理学博士

基礎生物学テキストシリーズ2　分子生物学

第1版　第1刷　2011年2月28日	編 著 者　深見　泰夫
第4刷　2024年9月10日	発 行 者　曽根　良介
検印廃止	発 行 所　㈱化学同人

〒600-8074　京都市下京区仏光寺通柳馬場西入ル
編集部　TEL 075-352-3711　FAX 075-352-0371
企画販売　TEL 075-352-3373　FAX 075-351-8301
振　替　01010-7-5702
e-mail　webmaster@kagakudojin.co.jp
URL　https://www.kagakudojin.co.jp

印刷・製本　㈱ウイル・コーポレーション

JCOPY　〈出版者著作権管理機構委託出版物〉
本書の無断複写は著作権法上での例外を除き禁じられています。複写される場合は、そのつど事前に、出版者著作権管理機構（電話 03-5244-5088, FAX 03-5244-5089, e-mail: info@jcopy.or.jp）の許諾を得てください。

本書のコピー、スキャン、デジタル化などの無断複製は著作権法上での例外を除き禁じられています。本書を代行業者などの第三者に依頼してスキャンやデジタル化することは、たとえ個人や家庭内の利用でも著作権法違反です。

Printed in Japan　©Yasuo Fukami et al. 2011　無断転載・複製を禁ず　ISBN978-4-7598-1102-5
乱丁・落丁本は送料小社負担にてお取りかえいたします。